U0323060

"双高"建设规划教材

高职高专"十四五"规划教材

冶金工业出版社

烧结生产与操作

主编 刘燕霞 冯二莲

扫码获取
全书数字资源

北 京
冶 金 工 业 出 版 社
2025

内 容 提 要

本书内容共分为 10 章,前 7 章主要介绍了烧结生产各工序基本原理、主要设备及生产操作,包括原料的准备与处理、配料、混料、布料、点火、烧结及成品处理等,第 8 章介绍了烧结节能与环保技术,第 9 章介绍了优化配矿、低硅烧结等烧结新技术,第 10 章从烧结产能、质量、消耗、生产成本四个方面介绍了烧结生产技术经济指标。

本书可作为职业本科和职业技术学院冶金类专业教材,也可作为冶金行业职业技术培训教材和技术资料。

图书在版编目(CIP)数据

烧结生产与操作/刘燕霞,冯二莲主编.—北京:冶金工业出版社,
2022.1 (2025.1 重印)

"双高"建设规划教材

ISBN 978-7-5024-9016-4

Ⅰ.①烧… Ⅱ.①刘… ②冯… Ⅲ.①烧结—生产工艺—教材
Ⅳ.①TF046.4

中国版本图书馆 CIP 数据核字(2021)第 275555 号

烧结生产与操作

出版发行	冶金工业出版社		电　话	(010)64027926
地　址	北京市东城区嵩祝院北巷 39 号		邮　编	100009
网　址	www.mip1953.com		电子信箱	service@ mip1953.com

责任编辑　卢　敏　姜恺宁　美术编辑　彭子赫　版式设计　禹　蕊
责任校对　梁江凤　责任印制　禹　蕊
三河市双峰印刷装订有限公司印刷
2022 年 1 月第 1 版, 2025 年 1 月第 4 次印刷
787mm×1092mm 1/16; 14.5 印张; 329 千字; 217 页
定价 48.00 元

投稿电话　(010)64027932　投稿信箱　tougao@cnmip.com.cn
营销中心电话　(010)64044283
冶金工业出版社天猫旗舰店　yjgycbs.tmall.com
(本书如有印装质量问题,本社营销中心负责退换)

"双高"建设规划教材
编 委 会

主　任	河北工业职业技术大学	付俊薇
	河北工业职业技术大学	韩提文
副主任	河北工业职业技术大学	袁建路
	河北工业职业技术大学	马保振
委　员	河北工业职业技术大学	董中奇
	河北工业职业技术大学	黄伟青
	河北工业职业技术大学	孟延军
	河北工业职业技术大学	张树海
	河北工业职业技术大学	刘燕霞
	河北工业职业技术大学	石永亮
	河北工业职业技术大学	杨晓彩
	河北工业职业技术大学	曹　磊
	山西工程职业学院	郝纠纠
	山西工程职业学院	史学红
	莱芜职业技术学院	许　毅
	包头钢铁职业技术学院	王晓丽

吉林电子信息职业技术学院	秦绪华
天津工业职业学院	张秀芳
天津工业职业学院	林 磊
邢台职业技术学院	赵建国
邢台职业技术学院	张海臣
新疆工业职业技术学院	陆宏祖
河钢集团钢研总院	胡启晨
河钢集团钢研总院	郝良元
河钢集团石钢公司	李 杰
河钢集团石钢公司	白雄飞
河钢集团邯钢公司	高 远
河钢集团邯钢公司	侯 健
河钢集团唐钢公司	肖 洪
河钢集团唐钢公司	张文强
河钢集团承钢公司	纪 衡
河钢集团承钢公司	高艳甲
河钢集团宣钢公司	李 洋
河钢集团乐亭钢铁公司	李秀兵
河钢舞钢炼铁部	刘永久
河钢舞钢炼铁部	张 勇
首钢京唐钢炼联合有限责任公司	王国连
河北纵横集团丰南钢铁有限公司	王 力

前　言

烧结生产是钢铁冶金过程中一个非常重要的环节，其工艺流程长、设备庞大、工艺技术参数多，一直是广大冶金工作者关注的对象。近期，教育部大力提倡职业性本科教育，重视高层次技术技能人才培养，在此背景下，编者联合企业实践经验丰富的专家，校企合作，共同编写适合职业性本科和职业技术学院的烧结教材，满足企业用人和技术技能型人才培养需求。

全书共分为10章，主要内容包括：烧结用原料及准备处理、配料理论与操作、混料理论与操作、布料、点火理论与操作、烧结理论与操作、烧结成品矿处理、烧结节能与环保技术、烧结技术进步、烧结主要技术经济指标。其中前7个章节以烧结生产主要工序为划分，讲解了烧结生产各工序基本原理、工艺技术与操作、主要设备结构与维护，此外，为了满足烧结生产及技术发展的需求，紧跟行业发展新动态，介绍了烧结生产节能环保、新工艺、新技术，突出创新意识和技术应用能力的培养。

本书立足拓展读者专业视野，致力于培养技术技能型人才，突出以下特点：(1) 侧重基本原理与工艺技术相结合，内容深度适宜，通俗易懂；(2) 紧跟冶金行业发展动态，结合我国烧结工艺技术取得的重大进展，在基本原理的基础上介绍最新的铁矿粉烧结技术与工艺；(3) 增加了环境保护、节能环保方面的知识，以适应目前行业发展的需求；(4) 配备大量数据资源，构建立体化教材。

本书由企业及高等院校联合编写。由刘燕霞、王素平（河北工业职业技术大学）、冯二莲（乌海包钢万腾钢铁有限责任公司）主要编写，副主编有赵秀娟、韩立浩、陈敏（河北工业职业技术大学），参与编写的有孙会兰（河北科技大学）、王文涛、付菁媛、黄伟青、杨晓彩、齐素慈（河北工业职业技术大学），主审为河钢集团钢研总院张志旺。本书可作为职业性本科和高职院校冶金类专业教材，也可作为冶金、化工和材料等专业参考书和冶金企业工程技术人员、管理人员培训教材。

　　由于作者水平有限，不当之处敬请各位读者批评指正。

作　者

2021. 6

目　录

1 概　　述

1.1　铁矿造块的意义

铁是组成地壳的重要元素之一，在地壳中约占各种元素总质量的51%。然而，在自然界中，金属状态的铁是极少见的，一般都和其他元素结合成化合物，而且铁品位在70%以上的矿石很少，大部分铁矿石中的铁品位在25%～50%之间。由于含铁品位低，炼铁前必须进行选矿处理，提高铁品位。贫矿在选矿过程中需要破碎和细磨，经细磨选矿后得到的高品位铁精矿粒度很细（小于74μm铁精矿≥90%），不符合高炉冶炼的要求。对于富矿来说，需要经过破碎、筛分，使粒度均匀。天然富矿在破碎、筛分过程中所产生的小于8mm的粉矿和贫矿经选别后得到的细粒精矿，都必须经过造块加工后才能供高炉冶炼使用。通过造块过程，可以改进原料的物理化学性能，从而强化高炉冶炼过程，提高冶炼效果。

所谓造块，即人造块矿的方法，将深度精选得出的铁精矿、矿山产生的铁粉矿以及经过处理的含铁二次原料，在一定的工艺条件下，进行加热焙烧固结成多孔块状或球状的物料，从而满足高炉冶炼的要求。造块所得产品统称为人造块矿或人造富矿。

通过造块过程，可以改进冶炼原料的物理化学性能，如孔隙率、粒度组成、机械强度、化学成分、还原性、膨胀性、低温还原粉化性、高温还原软化性等，从而强化高炉冶炼过程，提高冶炼效果，是高炉高产、优质、低耗的主要技术措施。

1.2　铁矿造块的方法

目前钢铁生产中，生产人造块矿的方法主要有烧结法、球团法和压团法。

（1）烧结法。

烧结法是将含铁料（精矿粉和富矿粉）、熔剂、固体燃料按一定比例配制成混合料，经加水润湿和混匀制粒后布于烧结机上，通过强制抽风和高温加热，料层内燃料自上而下燃烧并放热。混合料在高温作用下发生一系列物理、化学变化，产生一定液相，在不完全熔化的条件下黏结成块。

（2）球团法。

球团法是将细粒物料（细精矿粉）经过加水润湿和造球而形成生球，通过高温焙烧固结成球的方法。

（3）压团法。

压团法是将粉状物料在一定外部压力作用下，使之在模型内受压，形成形状和大小一定的团块的方法。

（4）烧结法和球团法比较。

钢铁企业两大主要造块法是烧结法和球团法，其过程均为高温氧化性气氛。烧结法与球团法区别如表1-1所示。

表1-1　烧结法和球团法比较

造块法	过程气氛	主要热源	黏结造块	产品外形	主要铁料
烧结法	氧化性气氛	碳与空气经燃烧放热提供热源	主要靠液相黏结扩散，黏结起次要作用	不规则多孔状；大气孔；粒度较均匀	富矿粉；精矿粉
球团法	氧化性气氛	煤粉经燃烧的气体提供热源	主要靠固相黏结液相，黏结相很少	较规则球形；微气孔；粒度均匀	精矿粉

（5）烧结生产的目的。

1）充分合理利用铁矿石资源，满足钢铁工业发展的需求，将富矿粉和精矿粉造块制成具有一定高温强度的烧结矿，满足高炉冶炼的要求。

2）通过烧结为高炉提供品位高、碱度适宜、化学成分稳定、有害杂质少、粒度组成均匀、粉率低、转鼓强度高、冶金性能良好的炼铁炉料，为高炉高产、优质、低耗、长寿提供优质原料条件。

3）通过烧结，铁矿粉与熔剂反应使难还原或还原时易粉化或体积膨胀的矿石可以转变成性能稳定和易还原或易造渣的矿物成分；烧结高温造块处理，可以脱除矿石中的结晶水、CO_2气体、部分有害或无用成分，富集有用成分，改善矿石还原性能；烧结矿的多孔结构具有良好的还原性和造渣性能；通过烧结可以脱除原料中部分硫（S）、氟（F）、砷（As）、钾（K）、钠（Na）等有害杂质。这些都使烧结矿具有比天然铁矿石更好的冶金性能。

4）通过烧结有效综合利用冶金工业和化工副产品，降低原料成本，减少污染物外排，保护环境，提高经济效益和社会效益。

1.3　烧结生产工艺流程

1.3.1　烧结方法的分类

烧结方法按其送风方式和烧结特性不同，可分为抽风烧结、鼓风烧结和在烟气内烧结；按烧结设备不同，又可分为连续式的带式烧结机烧结、环式烧结机烧结、步进式烧结机烧结、回转窑烧结以及间歇式的烧结盘烧结、烧结锅烧结、平地吹烧结等。具体划分方式如表1-2所示。

国内外烧结生产中应用最广泛的是连续带式抽风烧结法。连续带式抽风烧结法具有生产率高、原料适应性强、机械化程度高、劳动条件好和便于大型化、自动化等优点，所以世界上90%以上的烧结矿都是这种方法生产的。带式抽风烧结机的大小一般用风箱的有效抽风面积表示。

表1-2 烧结方法的分类

烧结方法	按照烧结设备和供风方式分类		
鼓风烧结	烧结锅烧结、平地吹烧结、土法烧结		
抽风烧结	连续式	带式烧结机	
		环式烧结机	
	间歇式	固定式烧结机	盘式
			箱式
		移动式烧结机	步进式
在烟气中烧结	回转窑烧结、悬浮烧结		

1.3.2 烧结生产工艺过程

根据原料特性，选择相应的烧结方法、加工程序及工艺制度，以获得预期的产品，这一过程称为烧结生产工艺选择过程。选择生产工艺必须保证技术先进可靠，经济上合理，获得先进的技术经济指标。在生产中，烧结生产工艺随着原料条件、对产品质量要求和生产规模不同，其工艺流程也有差异。图1-1所示为现行常用的烧结生产工艺流程。

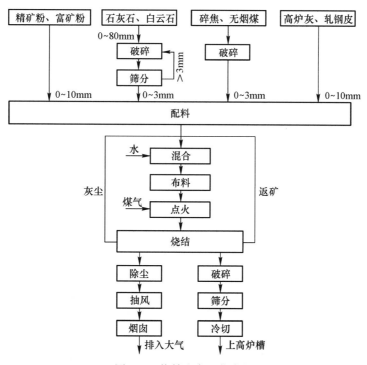

图1-1 烧结生产工艺流程

动画—78平方米步进式烧结机工艺流程

动画—烧结系统工艺流程

微课—烧结生产工艺流程

动画—烧结厂巡视

1.4　烧结发展的历史

1.4.1　烧结法的起源

烧结生产起源于资本主义发展较早的英国、瑞典和德国。大约在 1870 年，这些国家就开始使用烧结锅，用来处理矿山、冶金、化工等厂的废弃物。1892 年，美国也出现了烧结锅。1910 年，世界第一台带式烧结机在美国投入生产，这台烧结机的面积为 8.325m²，当时处理高炉炉尘，每天生产烧结矿 140t。它的出现引起了烧结生产的重大革新，从此带式烧结机得到了广泛应用。

1.4.2　我国烧结工业的发展

我国第一台烧结机于 1926 年在鞍钢建成投产，烧结面积为 21.8m²。此后又在 20 世纪 30~40 年代建成两台 50m² 烧结机和若干台小型烧结机。1949 年以前全国共有烧结机 10 台，总面积 330m²，烧结矿最高年产量达到 24.7 万吨（1943 年），主要生产酸性热烧结矿。新中国成立后，经过三年恢复时期，烧结矿产量增至 138 万吨。以设备规格、产品特性和工艺技术的发展为线索，可将六十余年来我国烧结工业的发展分为四个阶段。

第一阶段（1953~1970 年）为新中国烧结的起步期。在苏联的帮助下，鞍钢、本钢、武钢、包钢、马钢先后建成了 22 台 75m² 烧结机，太钢投产 2 台 90m² 烧结机，此间还建成了 20 余台 65m² 以下的烧结机。这些烧结机全部生产碱度在 1.0~1.3 之间的自熔性烧结矿。这一时期的烧结工艺很不完善，料层厚度低于 200mm，无自动配料、烧结矿整粒、铺底料等设施，大部分无烧结矿冷却设施，烧结技术经济指标非常落后。

第二阶段（1970~1985 年）是我国烧结发展的探索期。20 世纪 60 年代后期，随着苏联专家的撤出，我国开始探索自主设计和建造烧结机，并于 1970 年在攀钢建成投产 130m² 烧结机，随后又在酒钢、梅山、本钢等地建成了 7 台相同规模的烧结机。这些烧结机工艺开始采用自动配料，增设烧结矿整粒和铺底料设施，实施烧结矿冷却技术，并开始发展高碱度和厚料层烧结技术。1985 年料厚平均提至 350mm，碱度平均升至 1.5 倍，烧结利用系数为 1.34t/(m²·h)，烧结矿平均铁品位为 52.01%，工序能耗为 85kg/t。

第三阶段（1985~2000 年）是我国烧结发展的转折期。在此期间，我国烧结生产实现了设备由小到大、料层由薄到厚、产品碱度由低到高的全面转变。1985 年，宝钢从日本引进的 450m² 大型烧结机投产，此后在消化吸收宝钢和国外烧结新技术的基础上，自主设计建成 300~500m² 烧结机 6 台，同时新建 90~180m² 烧结机 24 台，积累了自主建设现代化大型烧结机的丰富经验。此间，我国的烧结工艺技术得到进一步发展，一批大中型企业建成中和料场；燃料分加、小球团烧结、低温烧结、混合料预热、热风保温烧结等技术投入应用；烧结过程实现自动操作、监视、控制及管理；料层厚度继续提高、高碱度烧结矿生产更加广泛，主要技术经济指标进一步提高。

　　第四阶段（2000～2013年）是我国烧结发展的繁荣期。进入21世纪后，我国的烧结工业进入了空前高速发展阶段。在此期间，一大批大型烧结机建成投产。在山西太钢新建的烧结机面积达$660m^2$，在设备大型化方面赶上了世界先进国家发展的步伐。在自动控制方面，采用了自动配料技术、烧结终点自动控制技术、烧结过程的模糊控制技术、烧结专家系统等，使得烧结矿质量更加稳定和提高，烧结工序能耗指标不断降低。这一时期也是我国烧结大量研发和采用新工艺、新技术、新设备的时期。高铁低硅烧结、新型点火、偏析布料、超高料层烧结、降低漏风技术被广泛采用；烧结余热回收利用、烟气净化技术在大部分钢铁企业获得应用；高碱度烧结矿（$R=1.8～2.2$）得到普遍发展。

　　经过新世纪十余年的快速发展，我国烧结不仅在产量上遥遥领先世界其他国家，而且一批重点大中型企业的技术经济指标也跨入世界先进行列。

课后复习题

1. 简述烧结生产的钢铁企业中的作用。
2. 简述烧结法和球团法比较。
3. 描述烧结生产工艺过程。

试题自测1

2 烧结用原料及准备处理

烧结原料是烧结的基础，其原料种类、性质及质量不同，对烧结产量、质量影响不同。为生产出合格烧结矿，各种原料必须通过一定的加工处理工作才能达到烧结对原料的要求。

2.1 烧结用原料种类、性质及质量要求

2.1.1 含铁原料

铁料占烧结原料的76%~80%，其种类、性质、质量直接影响造球、燃料的消耗、烧结矿的产量及质量。

2.1.1.1 矿物、岩石、矿石、脉石

(1) 矿物。

矿物是地壳化学元素受物化作用和生物作用形成的自然元素或自然化合物。极少数以自然元素形态存在，如自然金（Au）、自然铜（Cu）等，大多以自然化合物形态存在，如黄铜矿（$CuFeS_2$）、黄铁矿（FeS_2）等，多呈固态存在，少数呈胶体、液态（常温自然汞）和气态存在。矿物是组成岩石的基础，是无机物，煤和石油不属于矿物。

矿物具有较均一的内部结晶构造和化学成分，具有一定的物理化学性质。物理化学性质主要取决于其结晶构造和化学成分。

(2) 岩石。

岩石是地壳中由一种或多种矿物组成的具有一定结构构造的集合体。不同岩石含铁品位差别很大。并非所有的岩石都是矿石。

(3) 矿石。

矿石是一定技术经济条件下可从中提取金属、化合物或其他有用矿物的岩石，分为金属矿石和非金属矿石。复合矿石是一定技术经济条件下可同时提取两种或两种以上有用矿物的矿石。我国四川攀西地区的钒钛磁铁矿、辽宁丹东地区的硼镁铁矿均属于复合矿石。

1) 金属矿石。

金属矿石已探明储量的有50余种，根据金属元素性质和用途分类：

①黑色金属矿。工业上能提取铁、锰、铬、钛、钒等黑色金属元素的矿物资源。铁元素在地壳中约占51%的数量，常见含铁矿物储量很大的有磁铁矿（Fe_3O_4）、赤铁矿

（Fe_2O_3）、褐铁矿（$2Fe_2O_3 \cdot 3H_2O$）、菱铁矿（$FeCO_3$）及黄铁矿（FeS_2）。

②有色金属矿。除黑色金属矿以外的所有金属矿，包括铜、铅、锌、镍、钴、钨、锡、铋、钼、锑、汞等重金属矿，铝、镁等轻金属矿，金、银、铂族等贵金属矿，铀、钍等放射性金属矿，锂、铌等稀有金属矿，钪等稀土金属矿和分散金属矿等。

用于烧结球团和高炉炼铁的金属矿石主要有铁矿、锰矿、钛矿、钒矿等。

2）非金属矿石。

非金属矿石已探明储量的有90余种，主要品种有金刚石、石墨、自然硫、硫铁矿、菱镁矿、方解石、萤石、宝石、玉石、石灰岩、白云岩、石英岩、硅藻土、高岭土、陶瓷土、耐火黏土、膨润土、花岗岩、钾盐、镁盐、碘、溴、砷、硼矿、磷矿等。

用于烧结球团和高炉炼铁的非金属矿石主要有硫铁矿、菱镁矿、方解石、萤石、石灰岩、白云岩、石英岩、膨润土等。

（4）脉石。

矿石中能提取金属或金属化合物的矿物，称为有用矿物；非金属部分，没有经济价值，不能利用的矿物，称为脉石矿物。

铁矿石主要由一种或几种有用矿物和脉石矿物组成。绝大多数脉石呈酸性，酸性脉石成分主要是SiO_2，碱性脉石成分主要是CaO和MgO，中性脉石为Al_2O_3。

2.1.1.2 矿物的性能概述

（1）矿物的形态。

自然界矿物的形态是多种多样的，这是矿物的化学成分、内部结晶以及生成环境不同所造成的。矿物的形态可分为单体形态和集合体形态，矿物呈单体形态出现较少，通常以集合体形态出现。常见的集合体形态有：

葡萄状集合体：由许多圆球状矿物聚集而成，形似葡萄，如硬锰矿。

鲕状集合体：由许多像鱼子一样的颗粒聚集而成，如鲕状赤铁矿。

肾状集合体：由放射状晶群密集而成的外表光滑如肾脏的块体，如肾状赤铁矿。

豆状集合体：由大小像豆样的球形颗粒聚集而成，如铬铁矿粒状集合体。

致密块状集合体：由极细小的矿物颗粒组成的致密块体。

土状、粉末状集合体：由均匀而细小的物质组成的疏松块体，外形和土壤相似。

针状及柱形集合体：由细长状的矿物所组成的集合体。

叶片状集合体：由许多片状晶体所组成的集合体。

结核状集合体：是球形或瘤形的矿物聚集体。

树枝状集合体：是形如树枝的矿物聚集体。

（2）矿物的物理性质。

由于不同的矿物具有不同的化学成分和内部构造，因此不同的矿物必然反映出各种不同的物理性质。根据这些不同矿物的性质来鉴定矿物。

1）矿物的光学性质。

矿物的光学性质是矿物对光线的吸收、折射和反射所表现的各种性质。

①颜色。矿物有各种各样的颜色，这是由于矿物的组成部分含有某种色素离子

（即有颜色的化学元素），如色素离子 Fe^{2+} 为绿色，Fe^{3+} 为褐色或红色。当矿物中含有杂质时，由于杂质的影响，矿物的颜色也会改变。

②条痕。矿物的条痕就是矿物粉末的颜色。矿物的颜色常有变化，但矿物的条痕则较为固定。如磁铁矿的条痕色是铁黑色，赤铁矿的条痕色是砖红色。矿物的条痕也是可靠的鉴定矿物的方法之一。

③光泽。光线投到矿物表面时，一部分光被折射和吸收，而另一部分则从其表面反射出来，这种反射光就构成了矿物的光泽。根据光泽的强弱可分为：

金属光泽。光泽极强，像新的金属制品那样光亮，如自然金、方铅矿。

半金属光泽。较金属光泽弱，像用久了的金属制品，如磁铁矿、赤铁矿。

非金属光泽。反光的能力最弱，具有此种光泽的矿物多为透明和半透明矿物，如云母、金刚石。

④透明度。矿物透光的能力叫透明度，根据矿物透光的能力不同可分为：

透明矿物。能允许绝大部分光线通过，隔之可以清晰地透视另一物体，如水晶、萤石。

半透明矿物。光可以部分通过，但隔之不能透视另一物体，如闪锌矿、辰砂。

不透明矿物。光不能透过，如磁铁矿。

2）矿物的力学性质。

矿物在外力作用下所呈现的性质称为矿物的力学性质。

①解理与断口。熟矿物被敲打后，如果沿着共定方向有规则地裂开呈光滑平面的性质叫作解理；另外也有一些矿物敲打后呈无规则的裂开，叫作断口。

②硬度。暗矿物的软硬程度叫硬度。

③密度。矿物的质量与其体积的比值。

④韧性。当矿物受压轧、切割、锤击、弯曲或拉引等外力作用时，所呈现的抵抗性能，叫作矿物的韧性。韧性可分以下几种：

脆性：即矿物容易被击碎或压碎的性质。

柔性：矿物能被切割或以刀尖刻时能留平滑光亮的痕迹，且粉末不易飞扬，这种性质叫柔性，如石青矿物。

延展性：矿物在锤击之下能呈薄片或在外力拉引时能拉成细丝，这种性质叫延展性，如自然金。

弹性：矿物受外力作用发生弯曲，当外力去掉后，自己能恢复为原来形状，此性质叫弹性，如云母矿。

挠性：矿物受外力作用发生弯曲，当外力去掉后，自己不能恢复原来的形状，此性质叫挠性，如缘泥石。

3）矿物的磁学性质。

矿物的磁性是矿物可被磁铁吸引或排斥的性质。绝大多数磁性物质与其中的铁、钴、镍、锰、铬等元素有关。按磁性来说，一般矿物可分两类，一类称为顺磁性矿物，即能为磁石所吸引；一类称为抗磁性矿物，即能为磁石所排斥，如自然银。

矿物磁性的强弱以磁化系数的大小来表示，按磁化系数大小可将矿物分为下列四类：

强磁性矿物。磁化系数大于 3000×10^{-6}，此类矿物在较弱的磁场中（$900 \sim 1200 Oe$）

就能容易与其他矿物分离，如磁铁矿、磁黄铁矿。

中磁性矿物。磁化系数为 $300 \times 10^{-6} \sim 3000 \times 10^{-6}$，要选此类矿物磁场需 $1600 \sim 4000 Oe$，如假象赤铁矿。

弱磁性矿物。磁化系数为 $25 \times 10^{-6} \sim 300 \times 10^{-6}$，选此类矿物磁场需高至 $16000 Oe$，如赤铁矿、褐铁矿、菱铁矿。

非磁性矿物。磁化系数低于 25×10^{-6}，如石英、方解石、萤石。

利用矿物的磁性不仅可以鉴定矿物，还可以进行磁力选矿和磁力探矿。

4）矿物的膨胀性、润湿性。

膨胀性：指矿物受热后体积增大的性质，如石英。

润湿性：指矿物能被液滴所润湿的性质，分为亲水性和疏水性。水滴在物料表面上能铺展开，即能被水润湿，具有亲水性；水滴在物料表面上不能铺展开，水仍呈球形，即不易被水润湿，具有疏水性。亲水性矿物有方解石、石英等；疏水性矿物如自然硫等。

烧结生产使用的铁矿粉、熔剂、固体燃料都具有亲水性。不能用物料粒度粗细评价其亲水性和疏水性。烧结返矿相对于烧结熔剂和固体燃料来说粒度较粗，但极易吸水，亲水性很强；钢铁企业各种除尘灰粒度很细，但疏水，极不易被水润湿。

2.1.1.3 铁矿粉的种类及性质

烧结用铁矿粉有磁铁矿、赤铁矿、褐铁矿、菱铁矿、高硫矿、富矿粉、精矿粉。

A 按自然界铁氧化物的存在形态铁矿粉划分

按自然界铁氧化物的存在形态不同铁矿粉分为磁铁矿、赤铁矿、褐铁矿、菱铁矿四大类。

（1）磁铁矿。

磁铁矿又称"黑矿"。其化学式为 Fe_3O_4，组织结构比较致密坚硬，难还原和破碎，具有磁性。一般开采出来的磁铁矿含铁量为 $30\% \sim 60\%$。磁铁矿很少直接入高炉冶炼，大多经过选矿和烧结球团造块后再用于高炉冶炼。

在自然界中，由于氧化作用，可使部分磁铁矿氧化成赤铁矿，成为既含 Fe_2O_3，又含 Fe_3O_4 的矿石，但仍保持原磁铁矿结晶形态。这种现象称为假象化，多称为假象赤铁矿或半假象赤铁矿。为衡量磁铁矿的氧化程度，通常以全铁（TFe）与氧化亚铁（FeO）的比值即磁性率来区分。比值越大，则说明该矿石氧化程度越高，FeO 越高；比值越小，磁性率越大。但该规律对碳酸铁和硅酸铁等则不适用，即

当 TFe/FeO = 2.33 时为纯磁铁矿；

TFe/FeO < 3.5 时为磁铁矿；

TFe/FeO = 3.5 ~ 7.0 时为半假象赤铁矿；

TFe/FeO > 7.0 时为假象赤铁矿。

磁铁矿中主要脉石有石英、硅酸盐和碳酸盐，有时还含有少量黏土。此外，矿石中还可能含有黄铁矿和磷灰石，甚至还含有黄铜矿和闪锌矿等，S、P 杂质含量高。

磁铁矿孔隙率小，不易被水润湿，黏结性差，湿容量小，亲水性和成球性差。磁铁矿虽熔点高（1597℃），因其在高温处理时氧化放热，且 FeO 易与脉石成分形成低熔点化合物，故造块节能和结块强度好，是烧结生产主要铁矿粉之一，烧损小，出矿率高。

（2）赤铁矿。

赤铁矿又称"红矿"，其化学式为 Fe_2O_3，理论含铁量为 70%。赤铁矿的组织结构多种多样，由非常致密的结晶体到疏松分散的粉体；矿物结构成分也具多种形态，晶形为片状和板状。外表呈片状具金属光泽，明亮如镜的叫镜铁矿；外表呈云母片状而光泽度不如前者的叫云母状赤铁矿；质地松软，无光泽，含有黏土杂质的为红色土状赤铁矿（又称铁赭石）；以胶体沉积形成鲕状、豆状和肾形集合体赤铁矿。其结构一般皆较坚实。

结晶的赤铁矿外表颜色为钢灰色或铁黑色，其他为暗红色，但所有的赤铁矿条痕皆为暗红色。赤铁矿密度为 4.8~5.3t/m^3，硬度视赤铁矿类型而不一样。

一般开采出来的赤铁矿含铁量为 40%~60%。所含 S 和 P 杂质比磁铁矿少。呈结晶状的赤铁矿，其颗粒内孔隙多，而易还原和破碎。但因其软化和熔化温度高，故其可烧性差，固体燃料消耗比磁铁矿高。

赤铁矿是生产烧结矿的主要铁矿粉，是氧化烧结的主晶相。

（3）褐铁矿。

褐铁矿为含结晶水的赤铁矿（$mFe_2O_3 \cdot nH_2O$）。自然界中的褐铁矿绝大部分以褐铁矿（$2Fe_2O_3 \cdot 3H_2O$）形态存在，其理论含铁量为 59.8%。

褐铁矿的外表颜色为黄褐色、暗褐色、黑色，呈黄色或褐色条痕，密度为 3.0~4.2t/m^3，硬度为 1~4，无磁性。褐铁矿是由其他矿石风化而成，密度小，含水量大，气孔多，且在温度升高时结晶水脱除后又留下新的气孔，故还原性皆比前两种铁矿高。

自然界褐铁矿富矿很少，一般含铁量为 37%~55%，其脉石主要为黏土、石英等，但杂质 S、P 含量较高。

褐铁矿因烧损大、烧结过程收缩率大、自身固结强度低，当配比过高时降低烧结矿转鼓强度，随着对褐铁矿烧结基础特性的深入研究和合理配矿优劣互补，并在生产操作中采取有效技术措施，褐铁矿成为降低烧结原料成本的主要铁矿粉。

（4）菱铁矿。

菱铁矿其化学式为 $FeCO_3$，理论含铁量达 48.2%，在四大类铁矿物中属最低，实际铁含量一般在 30%~40%，FeO 达 62.1%，S、P 杂质含量少，受热分解释放出 CO_2 后，不仅提高铁含量，而且变成多孔状结构，还原性很好，无磁性。因此尽管铁含量较低，仍具有较高的冶炼价值。

常见的菱铁矿致密坚硬，外表颜色呈灰色或黄褐色，风化后转变为深褐色，具有灰色或黄色条痕，有玻璃光泽，密度为 3.8t/m^3，硬度为 3.5~4，无磁性。

因菱铁矿的贮量少、具有开采价值的矿山少、铁含量低、烧损大、可烧性差等原因，烧结生产很少使用菱铁矿。

（5）黄铁矿。

黄铁矿是以硫化物形态存在的铁矿石，是地壳中分布最广的硫化物，化学分子式

FeS_2，理论铁含量 46.67%，理论硫含量 53.33%，成分中常存在微量钴、镍、铜、金、硒等元素，浅黄铜色，绿黑色条痕，具有强金属光泽，硬度 6~6.5，密度 4.9~5.2t/m³。

黄铁矿为高硫铁矿，烧结过程中发生分解和氧化放热反应，脱硫率高。

B 铁矿粉的烧结特性

铁矿粉的烧结特性与其密度、颗粒大小、形状及结构、黏结性、湿容量、烧损、软化和熔化温度等因素有关。

（1）磁铁精矿粉烧结特性。

磁铁精矿粉组织结构致密坚硬，形状较规则，密度大，混合料颗粒之间有较大的接触面积，烧结时不需要太多的液相即可成型，能在较低温度和较少固体燃料下与脉石成分作用形成低熔点化合物，得到熔化度适当、还原性和转鼓强度较好的烧结矿，但磁铁精矿粉的黏结性差，湿容量小，不利于成球，且烧结过程中过湿带较明显。

鉴于以上特性，磁铁精矿粉配比较高时，采取强化制粒改善烧结过程料层透气性、降低烧结料水分、低配碳、适当降低烧结料层厚度等措施，以减小其对烧结矿产量的影响。

（2）赤铁矿粉烧结特性。

赤铁矿粉组织结构多种多样，由非常致密的结晶体到疏松分散的粉体，高碱度下赤铁矿粉与 CaO 发生固相反应促进生成铁酸一钙液相，有利于提高烧结矿还原性和转鼓强度。

赤铁矿粉高碱度烧结，除低温还原粉化率 RDI+3.15mm 较低外，转鼓强度、粒度组成、粉率、还原性等综合指标优于磁铁精矿粉烧结，主要原因如下：

1）烧结矿的矿物结构决定烧结矿指标。

赤铁矿粉高碱度烧结，烧结过程氧位高，500~670℃烧结温度下，Fe_2O_3 与 CaO 发生固相反应生成固态铁酸一钙（$CaO \cdot Fe_2O_3$，简写 CF），控制烧结温度在 1230~1280℃ 生成固结强度高、还原性好的针状铁酸一钙黏结相。但当烧结温度高于 1280℃ 时，铝硅铁酸钙（$CaO \cdot Fe_2O_3 \cdot SiO_2 \cdot Al_2O_3$，简写 SFCA）开始分解，铁酸一钙数量减少，且由针状转变为柱状，强度上升但还原性下降，且高温易产生大量氮氧化物 NO_x 和致癌物质二噁英。另外赤铁矿粉烧结，游离 Fe_2O_3 增加，快速冷却时易形成骸晶 Fe_2O_3，烧结矿低温还原粉化指标 RDI+3.15mm 变差。

磁铁精矿粉高碱度烧结，矿物组成一般以钙铁橄榄石（$CaO \cdot FeO \cdot SiO_2$）为主，只有在氧化性气氛下 Fe_3O_4 经氧化生成 Fe_2O_3 后，才有机会形成少量铁酸一钙液相且微观结构主要以板状和柱状为主，固结强度和还原性都不及针状铁酸一钙（CF）。

2）烧结过程料层透气性是影响烧结矿指标的主要因素。

赤铁矿粉烧结，因赤铁矿粉本身为颗粒料，无须苛求强化制粒，可通过优化配矿控制原料中黏附粉和核颗粒的比例，改善烧结过程料层透气性。

磁铁精矿粉烧结，必须通过强化制粒才能改善烧结过程料层透气性，且制粒小球强度不及原矿，烧结过程料层透气性差。

鉴于以上烧结特性，赤铁矿粉烧结应遵循铁酸钙理论，采取高碱度、低温、强氧化性气氛、配矿控制 Al_2O_3/SiO_2 不超 0.4、设置保温炉、加大表面点火强度、适当加快烧结机速、保证烧好前提下终点后移等措施，发挥赤铁矿粉烧结综合指标优良和烧结产能高的优势。

（3）褐铁矿粉烧结特性。

褐铁矿的物理特性是组织结构疏松，密度小，孔隙率大，表面粗糙，亲水性强，毛细力和分子结合力大，所需烧结料水分大，成球性指数高；化学特性是挥发物多，结晶水含量高，烧损大。基于以上特性，褐铁矿在烧结过程中表现出多重烧结特性，因同化温度低，且结晶水分解变得疏松多孔，加快同化反应速度并形成初生细赤铁矿，同化性和液相流动性良好，易与 CaO 反应生成低熔点化合物，液相黏度低，铁酸钙系生成能力好，改善烧结矿转鼓强度和还原性。但褐铁矿配比过大时，结晶水剧烈分解而热裂，降低烧结料层热态透气性，液相过度流动，料层收缩率大，易形成多孔薄壁结构的烧结矿。同时褐铁矿软化温度较低，软熔性能较差，黏结相强度和自身连晶固结强度差，降低烧结矿转鼓强度。使用大颗粒褐铁矿粉，烧结低温还原粉化严重，降低烧结矿低温还原粉化率 RDI+3.15mm。

因褐铁矿烧结性能中等，价格相对较低，非常有利于降低烧结原料成本，将褐铁矿作为烧结重要铁矿粉之一，研究褐铁矿粉高配比低成本烧结具有现实意义。

褐铁矿高配比低成本烧结时，如果因液相量过多而降低转鼓强度和烧结生产率，需增加结构致密且流动性较差的赤铁矿粉和磁铁精矿粉配比。

从结晶水分解吸热的角度考虑，褐铁矿粉烧结需适当增加固体燃耗，保持一定的烧结温度；但从同化性和液相流动性好的角度考虑，褐铁矿粉烧结又需适当降低固体燃耗，最终要根据具体配矿和生产实践决定，不能盲目增减固体燃耗。

（4）菱铁矿粉烧结特性。

烧结温度下，菱铁矿 $FeCO_3$ 首先吸热分解成 FeO 和 CO_2 气体，因 FeO 是不稳定相，FeO 发生氧化放热反应生成 Fe_3O_4 和 Fe_2O_3，相同条件下菱铁矿烧结比磁铁矿烧结固体燃耗高，但比赤铁矿烧结固体燃耗低。因菱铁矿烧损大和分解逸出 CO_2 气体，矿物颗粒不能紧密接触，形成疏松多孔结构的烧结矿。菱铁矿烧结具有水分低、烧结后铁品位提高幅度大、转鼓强度低等特点，因烧损大需将其粒度控制在 6mm 以下为宜。

C　按处理流程划分

按处理流程不同可分为富矿粉和精矿粉。

（1）富矿粉。

富矿是铁含量高，经破碎和筛分处理后即可用于烧结和高炉冶炼的原生铁矿石，富块矿是经过破碎和筛分处理后+5mm 大粒级的富矿，可直接入高炉冶炼。富矿粉是经过破碎和筛分处理后-5mm 小粒级的富矿，用于烧结造块。

（2）精矿粉。

1）精矿粉的含义。

贫矿经破碎磨细、选矿等加工处理，富集出高品位的铁矿粉，称为精矿粉。

2）精矿粉分类。

按选矿方法不同，分为重力选、磁力选、正浮选、反浮选精矿粉等。

按铁氧化物存在形态不同，分为磁铁精矿、赤铁精矿、磁赤或磁赤褐铁精矿粉等。

3）精矿粉和富矿粉的区别。

精矿粉和富矿粉外观区别是粒度粗细不同，精矿粉粒度很细，用网目表示，一般 −200 目粒级达 85% 以上；富矿粉粒度较粗，用 mm 表示，一般平均粒径 2~3mm。

与富矿粉比较，因精矿粉经过选矿处理，故精矿粉水分高，铁品位高。

D　根据碱度划分

铁矿石脉石四元碱度的计算如下：

$R_4 = (CaO+MgO)_{铁矿石} / (SiO_2+Al_2O_3)_{铁矿石}$；

$R_4 < 1.0$ 为酸性铁矿石；

$1.0 \leq R_4 \leq 1.3$ 为自熔性铁矿石；

$R_4 > 1.3$ 为碱性铁矿石。

2.1.1.4　冶金工业和化工副产品

（1）高炉炉尘。

高炉炉尘是从高炉煤气系统中回收的高炉瓦斯灰，它主要由矿粉、焦粉及少量石灰石粉组成。含铁 30%~50%，含碳 15%~40%。目前高炉每炼 1t 生铁，炉尘量为 10kg 左右，若原料粉末过多或原料强度不好，炉尘量还会更多。

近年来高炉炉尘中锌及其氧化物含量很高，直接将高炉炉尘用于烧结，会使高炉锌负荷超过 0.15kg/t，给高炉生产带来危害，宜将含锌高的高炉炉尘脱锌后再用于烧结。烧结过程中 K、Na 脱除率低且不易脱除 Zn，应关注高炉炉尘尤其布袋除尘带入的 K_2O、Na_2O、Zn 在烧结和高炉炼铁之间的循环富集，需定期检测并控制高炉碱负荷和锌负荷不超标。

高炉炉尘用于烧结的弊端是其粒度极细，亲水性差，一定程度上影响烧结料水分、混匀和制粒效果、料层透气性等。

（2）氧气转炉炉尘和钢渣。

氧气转炉炉尘是从氧气转炉的炉气中经除尘器回收的含铁原料，含铁量高达 50%~60%，主要成分是 Fe_3O_4，还有 16%~30% 的金属铁，它含铁量高，粒度极细，亲水性差，一定程度上影响烧结料水分、混匀制粒效果、料层透气性等，可作为烧结辅助铁料，回收其中铁含量。

转炉钢渣是氧气转炉产生的炉渣，含有一定量的铁和较多碱性氧化物 CaO、MgO，还含有 S、P 等杂质，其矿物组成中有低熔点物质，用于烧结回收其中的铁，代替部分铁矿粉，同时代替部分碱性熔剂，具有降低烧结温度，提高烧结矿转鼓强度，降低烧结原料成本的效果。但转炉钢渣中磷含量较高，为 0.47% 左右，烧结和炼铁过程中均不去除磷，易使磷富集，烧结料中转炉钢渣配比不宜过高，以控制生铁磷含量不超标为宜。

转炉钢渣 TFe 较低，化学成分和粒度组成波动很大，通过破碎磁选成为 TFe 较高、化学成分稳定、粒度小于 3mm 的钢渣磁选粉，是一种很好利用转炉钢渣的处理方法。

（3）轧钢皮。

轧钢皮是轧钢过程中剥落下来的氧化铁皮。轧钢皮一般占总钢材的 2% 左右，含铁 60% ~ 70%，且有害杂质少、密度大，是很好的烧结原料。轧钢皮用于烧结时，其中的 FeO 在烧结过程中氧化放热，所以轧钢皮用于烧结不仅可以提高烧结矿品位，同时有利于降低烧结固体燃耗。因轧制过程中轧钢皮中混有较多的杂物，烧结使用轧钢皮前应筛除大块杂物，控制轧钢皮粒度小于 5mm。

（4）硫酸渣。

硫酸渣是化工厂用黄铁矿制硫酸的副产品。含铁量 40% ~ 55%，但含硫较高。由于硫酸渣含有在低温下难以除掉的硫酸盐，故它作为烧结原料时，应考虑脱硫问题，其配比应根据混合料中的含硫量来确定。

（5）烧结返矿。

烧结返矿包括热返矿和冷返矿。热返矿是由烧结机卸下的烧结矿经破碎、筛分后所得的筛下物，其温度在 500 ~ 700℃，是由小颗粒烧结矿和一部分未烧透的夹生料所组成；冷返矿是经冷却后的烧结矿再进一步整粒，筛下的小于 5mm 的烧结矿粉末。

烧结过程配加返矿的作用为：

1）可以提高料温，减少过湿层，改善料层透气性，加速烧结过程的进行，提高烧结矿产量。

2）返矿基本上是颗粒状的熟料，而且本身具有疏松多孔的结构，因此配加返矿烧结时，可以提高成球效果，料层透气性得到改善。

3）返矿中已有生成的液相物质，因此在烧结过程中有助于液相物质的生成，能提高烧结矿的机械强度。

返矿的品质和数量，对烧结过程有着很大的影响。

返矿中细粒级多，说明返矿中夹生料多，这样的返矿达不到改善料层透气性和促进低熔点液相物质生成的目的，反而使烧结料的含碳量不好控制。相反，返矿粒度过大会影响混合料的制粒，同时，在烧结过程中，由于烧结高温时间保持较短，粗粒返矿来不及产生液相和发生黏结，达不到烧结目的。一般返矿中小于 2mm 的数量应在 10% 以下，粒度上限最好不大于 10mm。

在一定范围内烧结矿的产量和强度，随返矿添加量的增加而提高，但超过一定限度后，由于烧结料的混匀，制粒效果差，透气性过好而达不到烧结所需要的温度，以及返矿量稍有波动而引起水、碳较大的波动等原因，使烧结矿产量和强度下降。合适的返矿用量在 15% ~ 30% 之间，各烧结厂由于烧结原料性质不同而有所差异。一般说来，以细磨精矿为主要烧结原料时，返矿量需要多一些；而以粗粒富矿粉为主要原料时，返矿用量要少一些。

另外，由于返矿中残留有固定碳，因此返矿数量的变化不可避免地带来烧结料中水分和固定碳的波动，影响烧结过程的正常进行。所以，设法固定返矿添加量，对稳定烧结生产是非常重要的。

（6）球团返矿。

球团返矿比烧结返矿品位更高，杂质更少，粒度更均匀，因此对烧结的强化更有利。

2.1.1.5 烧结对铁矿粉的质量要求

铁矿粉是烧结生产的主要原料，它的物理化学性质对烧结矿质量影响最大，主要是要求其品位高、成分稳定、杂质少、脉石成分适用于造渣，粒度和水分适宜。由铁矿粉配合而成的混匀矿综合烧结特性良好。具体要求如下：

（1）含铁量（矿石品位）。

铁矿粉的含铁量是衡量其质量的主要指标。含铁量越高，生产出的烧结矿含铁量也高，经济价值就越高。

（2）脉石成分及数量。

从现有的铁矿资源情况来看，铁矿石的脉石成分绝大多数为酸性，SiO_2 含量较高。在烧结生产中为生产熔剂性烧结矿，需加碱性熔剂。因此，SiO_2 含量越高，需加入的碱性熔剂也越多，渣量增加，烧结矿品位降低。所以要求铁矿粉脉石矿物 SiO_2、Al_2O_3 含量要少但要适量，而 CaO 和 MgO 含量高一点，经济价值高。

（3）有害杂质。

铁矿石中常见的有害杂质有硫、磷、砷以及铅、锌、钾、钠、铜、氟等。

1）硫。硫在钢铁中以 FeS 形态存在于晶粒接触面上，熔点低（1193℃），当钢被加热到1150~1200℃时，硫被熔化，使钢材沿晶粒界面形成裂纹，即所谓的"热脆性"。烧结和炼铁过程中可除去部分硫。

2）磷。磷和铁结合成化合物 Fe_3P，此化合物与铁形成二元共晶 Fe_3P-Fe，聚集于晶界周围减弱晶粒间的结合力，使钢材在冷却时发生所谓"冷脆性"。烧结和炼铁过程都不能去磷。

3）砷。砷在铁矿石常以硫化物毒砂（FeAsS）等形态存在，它能降低钢的机械性能和焊接性能。烧结过程只能脱除小部分，在高炉还原后熔于铁中。

4）铜。铜在铁矿中主要以黄铜矿（$FeCuS_2$）等形态存在。烧结过程不能去铜，高炉冶炼铜全部还原到生铁中。钢中含少量的铜可以改善钢的抗腐蚀性能，但含量超过0.3%时会降低焊接性能并产生"热脆"现象。

5）铅。铅在铁矿中常以方铅矿（PbS）形态存在，普通烧结过程不能去铅，高炉冶炼中铅易还原并不熔于生铁中，沉在铁水下面，渗入炉底砖缝起破坏作用，冶炼含铅矿石高炉易结瘤。

6）锌。锌在铁矿中常以闪锌矿（ZnS）形态存在，烧结过程不易脱除锌，高炉冶炼中锌易还原并不熔于生铁中，易挥发，破坏炉衬，导致结瘤，甚至堵塞烟道。

7）钾、钠。钾和钠在铁矿中常以铝硅酸盐形态存在，钾、钠在高炉冶炼中易还原、易挥发，破坏炉衬导致结瘤，烧结过程中可脱除少部分钾、钠。

铁矿石中有害杂质含量越少越好。

（4）铁矿粉的粒度。

精矿粉粒度与晶粒大小、磨矿选矿生产工艺有关，精矿粒度用网目表示，烧结对精矿粉粒度不做要求。

烧结要求富矿粉粒度小于 8mm。当生产高碱度烧结矿和烧结高硫矿粉时，为有利于生成铁酸钙系液相和提高脱硫率，富矿粉和高硫矿粉的粒度不宜大于 6mm。

富矿粉粒度需适宜，力求+8mm 粒级小于 10%，因为大颗粒物料影响制粒效果，而且烧不透，降低烧结温度，不能与其他矿粉熔融黏结，同时-3mm 粒级小于 45%，粒度组成趋于均匀，有利于改善烧结料层透气性。

（5）成分稳定。

铁矿粉成分稳定，生产出的烧结矿品位稳定，碱度稳定，有利于高炉顺行。一般要求 TFe 波动在±0.5%。

（6）水分。

铁矿粉水分大于 12%时，会影响配料准确性，混合时不易混合均匀。水分以不影响配料和混匀为宜，精矿粉水分小于 10%，富矿粉水分小于 8%。

（7）烧结对冶金工业副产品的质量要求。

烧结要求冶金工业副产品化学成分稳定，有害杂质满足炼铁界限，粒度控制在 8mm 或 6mm 以下。

2.1.2　熔剂

在烧结生产中加入熔剂，不仅可以改善烧结过程，强化烧结，提高烧结矿产量、质量，而且可以向高炉提供自熔性或高碱度的烧结矿，强化高炉生产。

2.1.2.1　熔剂的种类及性质

熔剂按其性质可分为中性、酸性和碱性三类熔剂，见表 2-1。

表 2-1　熔剂分类及其作用特点

分类	中文名称	化学分子式	作用	特点
碱性熔剂	生石灰（冶金石灰 白灰）	CaO	提供 CaO	CaO 高　遇水消化放热
	石灰石（方解石）	$CaCO_3$	提供 CaO	CaO 较高　需吸热分解
	消石灰（熟石灰）	$Ca(OH)_2$	提供 CaO	CaO 较高　微溶于水放热 580℃脱水成 CaO 与 CO_2 反应生成 $CaCO_3$
	白云石	$Ca \cdot Mg(CO_3)_2$	提供 CaO、MgO	CaO 低　MgO 低 含 CaO 和 MgO 碱性氧化物 需吸热分解
	菱镁石	$MgCO_3$	提供 MgO	MgO 高　需吸热分解

分类	中文名称	化学分子式	作用	特点
酸性熔剂	蛇纹石	$3MgO \cdot 2SiO_2 \cdot 2H_2O$	提供 SiO_2、MgO	SiO_2 较高　MgO 较高 含有酸碱两种氧化物 首先吸热分解结晶水 然后再结晶产生放热效应
	橄榄石	$(Mg \cdot Fe)_2SiO_4$	提供 SiO_2、MgO	SiO_2 低　MgO 较低 含有酸碱两种氧化物 不易发生分解和吸热反应
	石英石（硅石）	SiO_2	提供 SiO_2	SiO_2 高　无须分解
中性熔剂	三氧化二铝	Al_2O_3	提供 Al_2O_3	唯一中性熔剂

由于我国铁矿石的脉石多数是酸性氧化物（SiO_2），所以普遍使用碱性熔剂。常用的有石灰石（$CaCO_3$）、白云石（$CaCO_3 \cdot MgCO_3$）及生石灰（CaO）等。

（1）石灰石。

石灰石的主要化学成分是 $CaCO_3$，理论含 CaO 为 56%，石灰石呈块状集合体，硬而脆，易破碎，颜色呈灰白色或青黑色。

（2）白云石和菱镁石。

白云石的主要成分是碳酸钙和碳酸镁，化学式为 $CaCO_3 \cdot MgCO_3$，理论上含 CaO 为30.4%，MgO 为21.8%。呈粗粒块状，较硬，难破碎，颜色为灰白或浅黄色，有玻璃光泽。在自然界中的分布没有石灰石普遍。

白云石亲水性差，不利于烧结料制粒。因白云石分解吸热，所以随着白云石配比的提高，需相应增加燃耗，且分解产生的 MgO 矿化形成镁橄榄石、钙镁橄榄石、铁酸镁等高熔点化合物。烧结温度下这些高熔点化合物不易形成液相而影响烧结固结强度。

烧结过程中，MgO 起难熔相的作用，液相线温度上升，由于生成含镁高熔点物质，MgO 矿化需较高烧结温度和较长高温保持时间，需适当降低垂直烧结速度。

烧结配加白云石相应增加燃耗，提高烧结负压，降低垂直烧结速度，提高终点温度，利于提高烧结成品率和烧结矿转鼓强度。如烧结配加白云石主要是调整烧结矿 MgO 含量，调整高炉炉渣 MgO/Al_2O_3 比值，降低炉渣黏度，改善炉渣的流动性，提高炉渣的脱硫能力和软熔性能。以白云石作为 MgO 源其粒度应尽可能细，-3mm粒级大于90%，平均粒径1.5mm左右。

菱镁石的主要成分是碳酸镁，化学式为 $MgCO_3$，理论上含 MgO 为47.6%，颜色为白、黄、褐等，条痕为白色。

（3）生石灰。

生石灰是石灰石经高温煅烧后的产品，主要成分是 CaO。利用生石灰代替一部分石灰石作为烧结熔剂，可强化烧结过程。这是因为生石灰遇水后，发生消化反应生成消石灰，消石灰表面呈胶体状态，吸水性强，黏结性大，可以改善混合料的成球性。同时，消化过程放出热量，可以提高料温，减少烧结过程的过湿现象。生石灰的用量一般为4%~5.5%。用量过多，其强化效果不明显，还对烧结矿强度带来不利影响。

使用生石灰注意方面：

并非生石灰配比越高越好，须根据原料性质适量配加。因为生石灰用量过多，一是使熔剂成本升高（生石灰单价比石灰石贵），不经济；二是使烧结料过分疏松，堆密度降低，加快垂烧速度，烧结矿脆性增大，机械强度下降，返矿率上升；三是生石灰消化比表面积剧增且激烈放出消化热，可能引起水分激烈蒸发，料球因体积膨胀而破碎，反而恶化料层透气性；四是生石灰配比加到一定程度后，烧结生产率增长幅度平缓甚至减小。

根据生石灰用量控制加水量和消化时间，力争在一次混合机内完全消化。一是起到消化放热提高料温的作用，二是起到制粒黏结剂的作用，三是防止未消化的生石灰烧结过程中吸水消化产生体积膨胀，而破坏料球和恶化料层透气性，以及降低脱硫率。

要求生石灰粒度上限小于 5mm，最好小于 3mm，促进生石灰充分完全消化。要求生石灰生烧率和过烧率之和小于 15%，充分发挥其提高料温、强化制粒等作用。

用活性度 280~300mL 的生石灰，加快水化反应速度。

生石灰运贮过程中避免受潮，防止失去 CaO 作用和事先消化产生蒸气污染环境。

（4）消石灰。

消石灰是生石灰加水消化后的熟石灰，其化学式为 $Ca(OH)_2$，消石灰表面呈胶体状态，吸水性强，黏结力大，可以改善烧结混合料成球性。消石灰密度小，大量使用会降低混合料的堆密度，影响烧结矿的强度和成品率，一般用量不大于 5%~7%。

（5）蛇纹石。

蛇纹石因其外表分化呈灰白、石红色网纹似蛇皮而得名。蛇纹石属于低品位橄榄石，是一种层状高镁高硅矿物，化学式为 $3MgO \cdot 2SiO_2 \cdot 2H_2O$，理论 MgO 含量 43.64%，$SiO_2$ 含量 43.36%，结晶水含量 13.04%。

烧结配加蛇纹石，同时带入 SiO_2 和 MgO，使烧结矿品位降低，从这点来看蛇纹石配比不宜过高，以满足烧结矿 SiO_2 含量水平即可。

当烧结使用低硅铁矿粉或低硅精矿粉时，为了提高烧结矿 SiO_2 含量以保证烧结液相量，配加酸性熔剂蛇纹石比配加碱性熔剂白云石和酸性熔剂石英石或硅石效果要好，有助于改善烧结矿低温还原粉化性能，对烧结矿质量和烧结工艺均有利。

为改善烧结矿的质量，蛇纹石的粒度应细一些为宜。

随着蛇纹石配比的提高，烧结燃耗降低，烧结利用系数和转鼓强度升高，粒度组成趋于合理，烧结矿还原性 RI 和低温还原粉化率 RDI+3.15mm 提高。因为蛇纹石改善烧结过程矿化均匀，烧结料层中氧位提高，铁酸钙生成量增加。

（6）橄榄石。

橄榄石是一种岛状结构、含镁硅酸盐的矿物，因常呈橄榄绿色而得名。橄榄石是由铁橄榄石（$2FeO \cdot SiO_2$）和镁橄榄石（$2MgO \cdot SiO_2$）组成的固熔体，化学分子式为 $(Mg \cdot Fe)_2SiO_4$。

在烧结球团或直接入高炉配加适量（2% 左右）橄榄石，主要作用是生成铁酸镁相，对碱金属蒸气的凝聚和碱金属铁酸盐的生成有很强的抑制作用，并能改善炉料的低温还原粉化性能和高温软化性能。

2.1.2.2 优化烧结熔剂结构

熔剂的种类不同，其性能不同，在烧结过程中起到的作用和使用成本也不同，需要根据当期原料条件和所受到的成本压力，以及不同种类熔剂在烧结过程中发挥的作用，进行熔剂结构的优化。

以赤铁矿和褐铁矿富矿粉为主料的烧结条件下，富矿粉本身具有大量的颗粒料及自身良好的制粒性能和吸水性，若配加大量的生石灰则制粒效果过于优良，料层透气性过高，固体燃料燃烧产生的高温热量过多被烧结废气带走，不利于烧结矿的固结并浪费燃料。同时生石灰堆比重小，造成混合料堆比重小，烧结矿收缩大，形成大孔薄壁烧结矿，强度低且烧结矿成品率低。赤铁矿和褐铁矿配比高，烧结料湿容量大，烧结过程的过湿现象影响明显减弱，也不需要配加生石灰抑制过湿带。

注意熔剂结构的优化程度以不破坏烧结过程为宜，根据使用的富矿粉制粒条件，配加生石灰比例3%~5%，其余以石灰石为碱性熔剂调整烧结矿碱度满足高炉要求。若使用制粒性能较差的精铁矿粉或配加精矿粉，生石灰比例可适当高些，同时为保证石灰石的充分分解和矿化，避免烧结矿中产生"白点"现象，控制石灰石中小于3mm的粒级达85%以上，且大于5mm的粒级在5%以下。

对于镁质熔剂的使用和结构优化，在参考钙质熔剂的基础上，还要考虑不同镁质熔剂与铁矿粉的化合能力，MgO含量与烧结矿中 Al_2O_3、SiO_2 脉石含量的匹配及对烧结矿产质量指标的影响，炉渣性能及对高炉冶炼影响等方面的因素。

2.1.2.3 烧结对熔剂的质量要求

对碱性熔剂的要求是：化学成分稳定，有效成分高，有害杂质少，粒度和水分适宜。

（1）有效熔剂性高。

即碱性氧化物（CaO+MgO）含量要高，而酸性氧化物（SiO_2+Al_2O_3）含量要低。

有效熔剂性是指根据烧结矿碱度要求，扣除本身酸性氧化物所消耗的碱性氧化物外，所剩余的碱性氧化物的含量。即

有效熔剂=$(CaO+MgO)_{熔剂}$-$(SiO_2+Al_2O_3)_{熔剂}\times[(CaO+MgO)\div(SiO_2+Al_2O_3)]_{烧结矿}$

烧结矿二元碱度 R_2 下，有效熔剂=$(CaO)_{熔剂}$-$(SiO_2)_{熔剂}\times R_{2烧结矿}$。

（2）有害杂质S、P要低。

熔剂中的有害杂质要低，含S一般为0.01%~0.08%，含P一般为0.01%~0.03%。

（3）粒度和水分。

从有利于烧结过程中各种成分之间的化学反应迅速、完全这一点来看，熔剂粒度越细越好，若熔剂粒度粗，则反应速度慢，生成的化合物不均匀程度大，甚至残留未反应的CaO"白点"，对烧结矿强度有很坏的影响。但是，熔剂破碎过细，不仅造成设备和电能消耗增加，使生产成本提高，而且使烧结料透气性变坏。从目前生产条件上看，熔剂粒度一般控制在小于3mm，且小于3mm的粒度应大于85%。

若在厂内破碎块状石灰石、菱镁石、白云石时，要求其进厂的粒度上限为80mm。

生石灰进厂不应含水，一般多用密封罐车运输，否则遇水后发生消化，在矿槽中蒸发，使生石灰从下料口喷出，影响配料，甚至烧伤人。石灰石、白云石含水以1%～3%为宜。

2.1.3　燃料

2.1.3.1　燃料的种类和性质

烧结生产使用的燃料分为点火燃料和烧结燃料两种。

（1）点火燃料。

点火燃料一般用气体燃料。气体燃料分为天然和人造两种。天然气体燃料为天然气，仅有少数国家使用。大部分皆使用人造气体燃料，人造气体燃料主要是焦炉煤气、高炉煤气、转炉煤气及其混合煤气。烧结点火气体燃料的种类及特点如表2-2所示。

表2-2　烧结点火气体燃料种类及特点

燃料	发热值/MJ·m⁻³	CH₄/%	H₂/%	O₂/%	CO/%	N₂/%	CO₂/%
天然气	31.4～62.8	99					
焦炉煤气	9～19.18	23～28	54～59	0.3～0.7	5.5～7	3～5	1.5～2.5
转炉煤气	5～6.60	<0.1	<1.5	<1	40～55	20～40	15～20
高炉煤气	2.9～4	<0.1	<3	<1	20～28	49～60	15～23

焦炉煤气单独使用，高炉煤气与转炉煤气混合使用，为防止点火烧嘴堵塞，要求点火气体燃料含尘浓度（标态）≤20mg/m³。

（2）烧结燃料。

烧结燃料是指在烧结料层中燃烧的固体燃料。一般常用的固体燃料主要是碎焦粉和无烟煤粉。

1）无烟煤。

无烟煤是所有煤中固定碳最高，挥发分最少的煤。它是很好的烧结燃料。

无烟煤俗称白煤或红煤，有金属光泽，与其他煤种相比具有埋藏年代久远、炭化程度高；挥发分低（小于10%）；结构致密，机械强度大，坚硬不易破碎，进厂粒度小于25mm，使用前应破碎到3mm以下；着火点高，不易点燃；燃烧火焰短而少烟，不结焦等特性，热值25.12～32.65MJ/kg。

挥发分高的煤不宜作烧结燃料，因为它能使抽风系统挂泥结垢。无烟煤最突出的特点是挥发分低，一般在4%～10%，符合烧结工艺要求；其他煤种的挥发分大于10%，不符合烧结工艺要求，不能用作烧结固体燃料。不同煤种挥发分比较见表2-3。

表 2-3　不同煤种挥发分比较

煤种	无烟煤	贫煤	烟煤	褐煤	泥煤
挥发分/%	<10	10~20	20~40	>40	>70

2）碎焦粉。

焦炭是炼焦煤在隔绝空气的条件下高温干馏的产品。碎焦粉是焦化厂筛分出来的或是高炉用的焦炭中筛分出来的焦炭粉末。它具有固定碳高、挥发分少、灰分低，含硫低等优点，焦粉的挥发分一般小于 2.5%，低于任何煤种的挥发分，符合烧结工艺要求。

焦炭硬度比无烟煤大，破碎较困难，但使用前必须破碎到 3mm 以下。

2.1.3.2　固体燃料的质量评定

烧结要求固体燃料的固定碳高，灰分低，挥发分低，硫含量低，粒度组成和水分适宜，燃烧性和反应性好。

（1）工业分析成分。

焦炭和无烟煤工业分析成分包括固定碳、灰分、挥发分、硫及水分，主要组成部分是固定碳和灰分，二者互为消长，固定碳高，则灰分低。

1）固定碳。

固定碳含量高，燃料的发热量高，有利于减少燃料的消耗。

2）灰分。

固体燃料的灰分分析包括 SiO_2、Al_2O_3、CaO、MgO，灰分主要由 SiO_2 和 Al_2O_3 组成，二者之和约占 75%~85%。灰分低，则固定碳含量相对高，发热值高，烧结固体燃耗低；灰分低，灰分带入 SiO_2 和 Al_2O_3 低，可减少碱性熔剂用量。固体燃料烧结后，灰分的主要成分是 SiO_2。

3）挥发分。

烧结过程中，固体燃料中的部分挥发分在预热带挥发进入烧结废气中，不能参与燃烧化学反应。固体燃料的挥发分高，不仅影响燃烧效率，且一部分挥发分在料层温度较低处凝结，恶化料层透气性；另一部分被抽入抽风系统，被废气带走，冷凝后黏附在机头电除尘器阳极板和黏结在主抽风机转子叶片上，导致挂泥结垢，降低除尘效率，且会使主抽风机转子失去平稳发生振动，危及主抽风机正常生产，甚至造成设备事故，因此烧结必须使用焦粉和无烟煤，不能使用其他煤种。

固体燃料燃烧放热是烧结主要热源，固体燃料的挥发分高，则固定碳含量相对低，导致固体燃耗升高。所以一般规定挥发分含量不应超过 8%。

4）硫。

硫含量低，带入烧结料中的硫含量低，降低烧结硫负荷。另外固体燃料中硫被氧化成 SO_2 挥发，会腐蚀设备和污染环境。

5）水分。

固体燃料的适宜水分为 5%~10%，以不影响带料和破碎加工为宜。

（2）粒度。

固体燃料入厂粒度一般应小于 25mm，在烧结工序进行破碎，破碎后粒度控制在小于 3mm，且小于 3mm 的粒度应大于 70%～76% 为宜。

固体燃料的粒度对于烧结的生产率及烧结矿的品质有着重大的影响。当粒度过大时，将发生下列不利影响：

1）固体燃烧带变宽，从而使烧结料层透气性变坏。

2）固体燃料在料层中分布不均。在大颗粒燃料附近，将熔化得厉害，而离燃料较远的地方物料不能很好地烧结。

3）固体在无燃料处，空气得不到利用，因而烧结速度降低。

4）在向烧结机台车布料时，容易发生燃料偏析现象，大颗粒燃料集中在料层下部。但下部通常要求燃料量要比上部少，这使烧结料层的温度差异变大，使烧结矿上下部的品质不一样，即上层烧结矿强度差，下部烧结矿产生过熔并 FeO 含量高。

同样，固体燃料粒度过小也是不适宜的：

1）固体燃料粒度过小，燃烧速度快，在烧结料传热性能不好时，燃料所产生的热量难以使烧结料达到熔化温度，烧结料黏结不好，从而导致烧结矿强度下降。

2）小粒度燃料，在料层中会阻碍气流运动，降低烧结料层的透气性，并有可能被气流带走。

研究表明，固体燃料最合适的粒度为 0.5～3mm。但在实际生产中，只能尽可能保证粒度的上限，而粒度的下限很难保证，因为在生产条件下，筛去 0.5mm 以下的焦粉使工艺复杂化，且经济上也是不合算的，所以烧结工序一般只控制粒度上限，即燃料的合适粒度范围为 0～3mm，反应性强的无烟煤粒度上限可适当放宽到 4.5mm。

（3）固体燃料的化学性质。

固体燃料的化学性质主要指其燃烧性和反应性。燃烧性指一定温度下，固体燃料中 C 与 O_2 的反应速度。反应性指一定温度下，固体燃料中 C 与 CO_2 的反应速度。

固体燃料的燃烧性预示烧结过程是否完全燃烧，直接影响固体燃耗。完全燃烧指燃烧产物为 CO_2 和 H_2O 等不能再进行燃烧的稳定物质。

一般情况下，固体燃料碳的反应性与燃烧性成正比关系。

燃烧性和反应性取决于固体燃料的种类、化学成分、粒度等。烧结料水分中 H^+ 与 OH^- 有利于固体燃料的燃烧反应。

2.2 原料的准备与处理

烧结原料有含铁原料、熔剂和固体燃料三大类，各种原料在进入烧结工序之前，必须经过接受、储存和加工，以达到烧结工艺所要求的物理化学性能，并形成对烧结工序的稳定供给，这个接受、储存和加工的过程就称为烧结原料的准备。

烧结原料准备的作用主要有：

（1）对烧结原料进行接受、储存，保证烧结原料的正常供给，使生产顺利进行。

（2）对烧结原料进行中和混匀，使其化学成分稳定、均匀、波动小，以保证烧结矿的化学成分稳定，更好地满足高炉冶炼的要求。

（3）对烧结原料进行破碎加工作业，使其粒度满足烧结要求，有利于烧结过程的进行，改善烧结矿质量，降低能耗。

2.2.1　原料的验收

烧结原料无论采用何种接受方式，都应严格入厂原料的验收制度。验收是烧结原料的进入关口，对烧结厂的产量、质量、成本以及经济效益有着重要的作用。验收人员必须按标准化作业程序进行操作。

原料验收主要是对进厂原料的质量和数量进行验收。验收人员应掌握各种原料贮存情况及运输车辆调配情况。通过原料验收，保证烧结原料符合验收标准，杜绝不合格原料进厂。

原料质量验收一般以部标或厂标为准，验收人员如果发现原料质量、品种与货号不符，应立即向有关部门汇报，对质量存疑的原料应取样检验。

2.2.2　原料的接受

由于烧结所处的地理位置、生产规模以及原料的来源不同，所采用的运输和接受方式也不尽相同。一般来说，沿海地区、离江河较近的烧结主要采用船运方式，因而设有专门的原料码头和大型、高效的卸料机，卸下的原料由皮带机运至原料场。不具备船运条件的烧结则以陆运方式为主。大中型烧结陆运含铁原料主要以火车运输为主，大多采用翻车机进行翻卸，再由皮带机输送至仓库或料场；也有少数采用抓斗吊车或其他卸车设备将车皮内的原料卸至仓库或受料槽；较小规模的厂家或用量较小的原料品种一般以汽车运输为主，采用自卸车将原料卸至受料槽、仓库或堆场。

2.2.2.1　原料接受的形式

根据烧结所用原料来源及生产规模不同，原料接受可分为四种形式，各种形式均有相应的受料设备。

（1）原料码头。地处沿海主要使用进口原料的大型烧结车间，进口原料由专用货船从国外运输至原料码头，并由专门的卸料机将卸下的原料由胶带机运至原料场。

（2）翻车机。内陆大型烧结车间一般采用翻车机接受来自火车运输的富矿粉和块矿、石灰石、白云石等物料；来自冶炼厂的高炉灰、碎焦炭、生石灰等辅助原料则用受矿槽接收。受矿槽来料常用螺旋卸料机或汽车翻料的方式卸料，因为这种设备结构简单、扬尘少，烧结辅助原料都能适应。

动画—翻车机

（3）原料仓。中、小型烧结车间，可采用接受与贮存合用的原料仓。在原料仓库一侧，采用门型刮板、桥式抓斗或链斗式卸料机受料。原料数量品种较多时，可根据实际情况，采用受矿槽接受数量少和易扬尘的原料。

（4）其他形式。小型烧结车间对原料受料可因地制宜，采用简便形式：如用电动手扶拉铲和地沟胶带运输机联合卸车，电耙造堆，原料棚贮存；或设适当容积的配料槽，以解决原料接受与贮存问题，另外还可在铁路的一侧挖一条深约 2m 的地沟，安装胶带机，用电动手扶拉铲直接将原料卸至胶带机上，再转运至配料矿槽或其他小矿仓内，这种接受方式无须较大投资。

2.2.2.2　主要接受设备

原料接受的设备主要包括卸料设备和受料设备。卸料设备主要包括卸船机、翻车机、抓斗吊车、螺旋卸车机等。受料设备主要为受料仓、受料矿槽等。受料仓上部的卸车设备多采用螺旋卸车机。

（1）翻车机。翻车机是一种大型的卸车设备，机械化程度高，有利于实现卸车作业自动化或半自动化，具有卸车效率高、生产能力大、耗电少等优点，适用于翻卸各种散状态物料，如矿石、煤炭、焦炭、块矿、粉矿和球团矿等，在大中型钢铁企业得到广泛应用。

（2）螺旋卸车机。螺旋卸车机的适应性较广，适用于敞车装载的各种粉状物料的卸车，如无烟煤、碎焦、石灰石、高炉尘、硫酸渣、富矿粉、精矿粉、轧钢皮等。它有单跨和双跨两种形式，双跨比单跨多一套小车移动机构，以便适合双排卸料槽卸料。

（3）受料仓。受料仓用来接受钢铁厂的杂料及某些辅助原料。对于中、小钢铁厂，受料仓也接受铁矿石和熔剂。

2.2.3　原料的贮存

烧结所用原料量大，品种多，且一般都远离原料产地，因此为保证烧结生产持续稳定进行，应设置原料场或原料仓库储存一定量的原料。

原料场的设置中，可简化储矿设施和给料系统，也取消了单品种料仓，使场地和设备利用得到改善。

没有原料场的钢铁企业需设置原料仓库来储存一定数量的含铁原料、熔剂和燃料以稳定烧结生产；有原料场的，原料在料场混匀后直接送入配料仓，不再单独设置原料仓库，但根据需要可在烧结车间设置熔剂、燃料缓冲仓。

设置原料仓库主要考虑以下因素：

（1）铁路运输受各方面因素影响较多，难以保证均匀来料，因此，在无原料场的情况下应设原料仓库保证一定的储存量。

（2）烧结车间卸车设备的检修影响进料，需设置原料仓库，储存一定数量的原料以保证烧结的连续生产。

（3）不同种类的原料在原料仓库内应占有一定比例的储量，以便对烧结料的化学成分进行调整，满足烧结矿质量的要求。

原料场和原料仓库的大小应根据具体情况加以确定。目前，国外一些钢铁厂设有供烧结 40 天用料量的原料场。

为保证烧结生产连续稳定进行，国内部分大中型钢铁企业一般都设有机械化的原料场。原料场包括一次料场和二次料场，其中一次料场的作用是按品种、成分的不同分别堆放、贮存原料，保证生产的连续进行；二次料场作用是为了满足生产工艺的要求而进行多种原料的中和（主要是铁料），即在二次料场（混匀料场）完成含铁原料的混匀作业。

2.2.3.1 一次料场（原料贮存）

一次料场主要是对原料按品种不同进行分别堆放、贮存。大中型烧结厂一般应有连续作业的堆、取料设备，一般采用摇臂式堆料机和斗轮式取料机分别进行堆、取料作业。

（1）摇臂式堆料机。

摇臂式堆料机由悬臂皮带机、变幅机构、回转机构、行走机构、尾车等组成，如图2-1所示。其特点是设备重量轻，操作灵活，易于实现自动化控制。

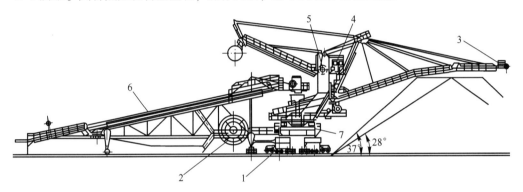

图2-1 摇臂式堆料机

1—行走机构；2—电缆卷筒；3—前臂皮带；4—操纵室；5—变幅机构；6—尾车；7—回转机构

一般堆料常用的作业方式有两种，定点堆料和回转堆料。定点堆料就是将臂架根据需要固定在某一高度和某一角度堆料，待物料达到要求高度后，将臂架回转另一角度下堆料；回转堆料就是将臂架根据需要固定在某一高度在回转过程中堆。定点堆料能耗低、操作简单、司机劳动强度低，一般多用定点堆料。

（2）斗轮式取料机。

斗轮式取料机包括单斗轮和双斗轮，它由斗轮机构、悬臂皮带机、回转机构、变幅机构、行走机构等组成，其结构如图2-2所示。

斗轮式取料机有两种取料方式，一种为旋转分层取料，另一种为连续行走取料。

旋转分层取料又可分为分段取料和不分段取料。分段取料就是根据要求将料场条形物料分成几段取完；不分段取料亦称全层取料法，就是将分段取料工艺中的给定取料长度，变成整个料堆长，臂架旋转将整个料堆每层全部取完后再转向下一层。此法适用较低较短的料堆。

连续行走取料就是斗轮取料机在行走过程中进行取料，作业效果较好，取料量稳定。但连续行走功率消耗大，一般不采用，只适用于清理正常取料范围外的小料堆。

微课——一次料场工作

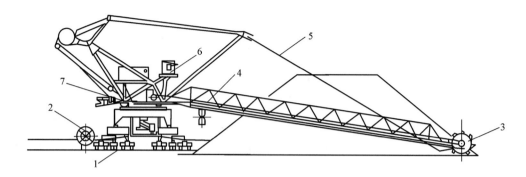

图 2-2 斗轮式取料机

1—行走机构；2—电缆卷筒；3—斗轮机构；4—前臂皮带；5—变幅机构；6—操作室；7—回转机构

2.2.3.2 二次料场（中和混匀）

（1）二次料场的作用。

二次料场主要是对含铁原料进行中和混匀。目前大多数烧结厂所用铁料种类多，成分波动大，对烧结矿质量影响较大。为保证铁料成分稳定，需要对含铁原料按照一定的配比进行预配料，并在二次料场对这些铁料进行中和混匀。

所谓中和混匀是指利用混匀设施将各种含铁原料按顺序铺成很多平行的条堆（第一层），然后在原来的（第一层）条堆之上铺第二层，再铺第三、第四层，一层一层铺上去，直到铺好一大堆为止，矿堆可高达 10~15m。用时，从矿堆上沿垂直方向切取，这种方法也称为平铺直取法。经混匀后的含铁原料称为混匀矿，垂直切取的混匀矿质量比较均匀，化学成分和粒度都比较稳定。

（2）混匀设备。

中和混匀作业一般采用专门的堆、取料机完成。大中型钢铁企业含铁原料中和混匀所采用的设备主要是堆料机和取料机，目前普遍采用堆取合一的斗轮堆取料机。

斗轮堆取料机按照工艺可分为堆料机、取料机、堆取料机、混匀堆料机、混匀取料机等；按照结构可分为臂架式、门式和桥式等。两种分法是相互交叉的，例如，堆取料机既有悬臂式，也有门式和桥式。

1）堆料机。其基本功能是将散料堆放在料场内，形成料堆，作业对象可以是煤炭、铁矿石，也可以是水泥、磷矿石、粮食等各类散料。地面胶带机系统通过尾车与堆料机相连，散料沿着尾车爬升，到达一定高度后，抛落到悬臂胶带机，随着悬臂胶带机运转，从卸料臂向地面堆场抛料，形成料场，如图 2-3 所示。

2）取料机。其基本功能是在料场上取料。取料机的悬臂长度决定了设备能够取料的范围。取料机悬臂长，取料范围广，但同时也意味着整机设备重量增加，制造成本高。悬臂短，设备重量轻，但取料范围窄，不能将料堆中远离取料机侧的物料取走，如图 2-4 所示。

3）斗轮堆取料机。通过对堆料和取料工艺加以规划，划分合理的作业时段，将堆料和取料功能集中到一台设备上，能够大幅降低设备成本，这种设备就是斗轮堆取料机，通常简称为斗轮机，如图 2-5 所示。

图 2-3 堆料机

图 2-4 取料机

图 2-5 斗轮堆取料机

斗轮堆取料机按结构又分臂架型和桥架型两类。桥架式斗轮堆取料机按桥架形式又分为门式和桥式两种。

①臂架型斗轮堆取料机。有堆料和取料两种作业方式。堆料是由带式输送机运来的散料经尾车卸至臂架上的带式输送机，从臂架前端抛卸至料场。通过整机的运行，臂架的回转、俯仰可使料堆形成梯形断面的整齐形状。取料是通过臂架回转和斗轮旋转连续

实现的。物料经卸料板卸至反向运行的臂架带式输送机上，再经机器中心处下面的漏斗卸至料场带式输送机运走。通过整机的运行，臂架的回转、俯仰，可使斗轮将储料堆的物料取尽。臂架型斗轮堆取料机如图 2-6 所示。

图 2-6　臂架型斗轮堆取料机

②门式斗轮堆取料机。门式斗轮堆取料机如图 2-7 所示，它有一个门形的金属结构架和一个可升降的桥架。门架横梁上有一条固定的和一条可移动且可双向运行的堆料带式输送机，在门架一侧的料场带式输送机线上设有随门架运行的尾车。斗轮通过圆形滚道、支承轮、挡轮套装在可沿升降桥架运行的小车上，桥架内装有带式输送机。堆料时，物料经料场带式输送机、尾车转至堆料带式输送机上，最后抛卸至料场。通过门架的移动及其上堆料带式输送机的运行，使物料形成一定形状的料堆。取料时，由横向运行的小车及其上旋转的斗轮连续取料，物料在卸料区卸到桥架带式输送机上，最后转卸到料场带式输送机运走。通过桥架的升降和门架的运行，可将料堆取尽。

图 2-7　门式斗轮堆取料机

（3）混匀堆取料方式。

混匀料场堆料一般采用行走堆料法。行走堆料，就是根据需要将堆料机的臂架固定在贮料场的某一高度和角度，然后利用大车行走、往复将物料均匀布置在料场，有人字形堆料方式和菱形堆料方式两种。

1）人字形堆料方式（截面为三角形）。将堆料机臂架固定在料条的某一角度，让其悬臂皮带机的落点在料条的中心线上，大车固定始、终点位置，大车由始点到终点行走，臂架固定一个高度进行往返行走堆料，堆料至一定高度后臂架抬高一个预定高度，如此循环堆至要求高度。

2）菱形堆料方式。在混匀料条内选定初始位置，堆料机大车连续行走堆完第一列料堆后，臂架回转一个预定角度进行第二列连续行走堆料，重复上述过程堆完第一层；然后臂架升高一个预定高度，从第一层的第一列、第二列之间的凹处为第二层的第一列，按要求列数重复第一层堆料过程，完成第二层，依次下去完成所要求的层数。

混匀取料方式采用垂直切取法，即采用取料机从矿堆上沿垂直方向切取，垂直切取的混匀矿质量比较均匀，化学成分和粒度都比较稳定。

2.2.4 熔剂的破碎

（1）熔剂破碎目的。

烧结生产对熔剂粒度的要求为0~3mm粒级含量大于90%，适宜的熔剂粒度是保证烧结优质、高产、低耗的重要条件。而通常入厂石灰石和白云石的粒度为0~40mm，有的甚至达80mm以上，因此，在配料前必须将熔剂破碎至生产所要求的粒度。

（2）破碎筛分流程。

为了保证熔剂破碎产品的质量和提高破碎机的生产能力，目前烧结熔剂破碎普遍采用由破碎机和筛分机共同组成的闭路破碎流程，其中闭路破碎流程又可分为预先筛分及检查筛分两种流程，如图2-8所示。

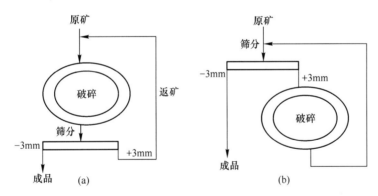

图2-8 破碎筛分流程图

（a）检查筛分闭路流程；（b）预先筛分闭路流程

流程（a）为一段破碎与筛分组成的检查筛分闭路流程，原矿首先进行破碎，再进行筛分，筛下为合格产品，不合格的筛上物返回与原矿一起破碎。流程（b）为预先筛分与破碎组成的闭路流程，原矿首先经过筛分，分出合格的细粒级，粒度不合格的筛上物进入破碎机破碎后再返回与原矿一起进行筛分。

由于进厂石灰石和白云石原矿0~3mm粒级数量较少，一般在20%以下，故烧结熔剂破碎通常采用流程（a），即采用检查筛分闭路流程。如果熔剂原矿中0~3mm粒级含量大于40%，则应考虑采用流程（b），即采用预先筛分闭路流程。

（3）熔剂破碎设备。

熔剂破碎常用设备为锤式破碎机，其最大给矿粒度可达80mm，破碎比（原料粒度与产品粒度的比值）在10~15之间，小于80mm的石灰石可以直接破碎至3mm以下。

锤式破碎机的工作原理是原料进入破碎机中首先遭受到高速回转的锤头冲击而破碎，破碎后的物料从锤头处获得动能，以高速向机壳内壁破碎板和算条冲击，受到二次破碎。小于算条缝隙的矿石即从缝隙中漏下，然后从底部排料口排出。而较大的块在破碎板和算条上还将受到锤子的冲击或研磨而破碎，在破碎过程中也有矿石之间的冲击破碎。

锤式破碎机按转子旋转方向，分为可逆式与不可逆式两种形式。与不可逆破碎机相比，可逆式破碎机作业率高，锤头倒向使用寿命长，且能保证较好的破碎效率。因此，目前普遍使用可逆式锤式破碎机，其结构如图2-9所示。

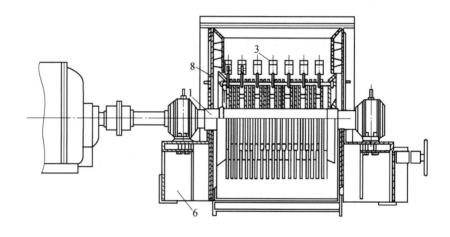

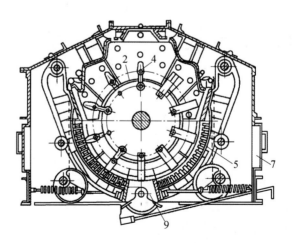

图2-9　可逆式锤式破碎机结构示意图

1—转子轴；2—转子；3—锤头；4—悬挂锤头小轴；5—算条；6—轴承座；

7—检查孔门；8—机罩；9—迎料板

（4）熔剂筛分设备。

为保证烧结对熔剂粒度的要求（小于 3mm 占 90%以上），破碎后的熔剂应进行机械筛分。目前，烧结熔剂破碎中，与锤式破碎机组成闭路系统所用的筛子多为自定中心振动筛，也有采用惯性筛、胶辊筛、共振筛及其他类型的筛子。自定中心振动筛与其他类型筛子相似，具有筛分效率高、耗电量少等优点，故在烧结厂得到了普遍应用。

2.2.5 固体燃料的破碎

由于烧结固体燃料粒度通常为 0~25mm，而生产上则要求固体燃料粒度在 0~3mm，为此，需要对固体燃料进行破碎以满足烧结生产的要求。

（1）破碎流程。

烧结所用固体燃料有碎焦粉和无烟煤，其破碎流程根据进厂燃料的粒度和性质来确定。

四辊破碎机是破碎燃料的常用设备，当燃料粒度小于 25mm 时，可采用一段四辊破碎机开路破碎流程（如图 2-10（a）所示），此工艺可一次将燃料粒度破碎至 3mm 以下，无须进行检查筛分；当燃料粒度大于 25mm 时，应考虑两段开路破碎流程（如图 2-10（b）所示），用对辊破碎机或反击式破碎机把固体燃料破碎至 15mm 以下后，再进入四辊破碎机破碎至 3mm 以下。

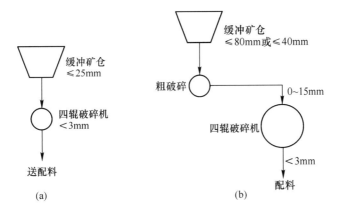

图 2-10　燃料破碎流程图
（a）一段开路破碎流程；（b）两段开路破碎流程

（2）破碎设备。

目前，国内烧结用于固体燃料破碎的设备有对辊破碎机、四辊破碎机、反击式破碎机等。

四辊破碎机是烧结常用的固体燃料破碎设备（图 2-11），一般用作细破设备，在燃料粒度小于 25mm 时，能一次破碎到小于 3mm 的粒度，不需筛分，破碎系统简单，操作维护方便。其缺点是破碎比较小（3~4），产量较低，辊皮磨损不均匀，生产能力受给料粒度影响较大，粒度越大产量越低。

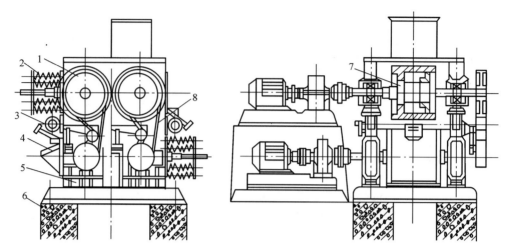

图 2-11　四辊破碎机结构示意图

1—辊子；2—调整螺杆；3—液压机构；4—车辊机构；5—下料槽；

6—混凝土基础；7—辊轴；8—传动皮带

课后复习题

1. 简述烧结生产常用铁矿粉的性能。
2. 简述烧结添加高炉炉尘注意事项。
3. 简述烧结过程配加返矿的作用。
4. 简述烧结对铁矿粉的质量要求。
5. 简述烧结生产中熔剂的作用。
6. 简述烧结对燃料的质量要求。

试题自测 2

3 配料理论与操作

3.1 配料的目的

由于烧结所使用的原料种类很多，且物理化学性质差异也很大，这就需要把各种成分不同的含铁原料、熔剂和燃料等，根据炼铁对烧结矿的质量要求进行精确配料，确定各种原料的合适比例，以保证烧结矿的含铁量、碱度、FeO 含量以及有害杂质含量等在规定的范围内，从而获得化学成分和物理性能都稳定的烧结矿，符合高炉冶炼的要求，并使烧结料具有良好的透气性以获得较高的烧结生产率。一般烧结矿的含铁量主要取决于原料的品位；烧结矿碱度主要取决于高炉和烧结矿强化的要求；燃料的配加量主要通过实验确定。

3.2 配料方法

目前，我国普遍采用的配料方法有容积配料法、质量配料法和成分配料法。

3.2.1 容积配料法

容积配料法是基于物料具有一定堆密度，借助于给料设备控制物料容积，达到按比例配料的一种配料方法。为了提高配料精度，通常辅助以质量检查。

该法的优点是设备简单，操作方便。缺点是物料堆密度随粒度和水分等因素变化，靠人工调整配料设备的闸门开度控制给料量，配料精度差，调整时间长，质量检查劳动强度大，难以实现自动配料，目前烧结不采用容积配料法。

3.2.2 质量配料法

质量配料法是按物料的质量，借助于皮带电子秤和定量给料自动调节系统，实现自动配料的方法，通常称为连续质量配料法。

配料时，每个料仓配料圆盘下的皮带电子秤发出瞬时送料量信号，此信号输入调速圆盘自动调节系统，调节部分即根据给定值信号与电子皮带秤测量值信号的偏差，自动调节圆盘转速，达到要求的给料量。

与容积配料法比较，质量配料法易于实现自动配料，精度高，国内外烧结普遍采用质量配料法。

微课—烧结
配料过程

3.2.3 成分配料法

成分配料法是采用在线检测仪分析烧结料化学成分，通过计算机控制化学成分波动，按原料化学成分配料的方法。

成分配料法是最理想的配料法，国外采用成分配料法，我国尚无企业采用。

3.3 配料计算

确定原料配比，首先根据高炉对烧结矿的要求，如碱度、MgO 含量、转鼓强度、有害元素等进行配矿研究，即根据不同矿种化学成分、有害元素、烧结基础特性进行配矿设计，扬长避短合理配矿，通过烧结杯试验检测不同配矿方案下烧结生产率、转鼓强度等技术指标，得出最优烧结矿物化性能和冶金性能、成本经济的配矿方案，应用于烧结生产。

3.3.1 配料计算原则

将烧结内返和固体燃料作为外配原料参与计算。新料（含铁料、熔剂、循环利用物）配比之和 100%且通过合理性检查。以干基为准进行计算。因各原料水分不一，差别较大，且烧结矿成分以干基为准进行化验。

烧结过程物料平衡关系式：

混匀矿（湿）= 铁矿粉（湿）+高炉返矿（干）+副产品（湿）+工艺加水量

新原料（湿）= 混匀矿（湿）+熔剂（湿）+副产品（湿）+工艺加水量

烧结料（湿）= 新原料（湿）+固体燃料（湿）+烧结内返（干）+工艺加水量

烧结饼（干）= 烧结料（湿）−物理水量−烧损+铺底料（干）

= 成品烧结矿（干）+烧结内返（干）+铺底料（干）

3.3.2 反推算法

配料计算是在配料与给定烧结矿指标之间进行一系列演算的过程。

烧结过程涉及热力学、动力学、传热学、流体力学、结晶矿物学等多学科理论，许多物理化学变化错综复杂，有固体燃料燃烧、热交换、水分蒸发与冷凝、碳酸盐和结晶水的分解、铁氧化物的氧化还原、硫化物的氧化和脱除、固相反应、液相生成和冷凝结晶、烧结矿再氧化等瞬息万变的过程，原料成分和水分随时在波动，要精确进行配料理论计算尤为繁琐，所以现场配料计算一般多采用简易计算即反推算法。

反推算法是先假定一个原料配比，根据各种原料化学成分、水分、烧损等原始数据，理论计算出烧结矿化学成分，按此原料配比组织生产。如果实物烧结矿化学成分与理论计算值偏差较大，则修订理论计算值与实物烧结矿化学成分吻合。下发原料配比作业指导书，生产岗位执行原料配比和碱度中线值要求。

原料配比作业指导书是生产操作岗位的指导方向，规定原料配比和烧结矿碱度中线值，配料岗位人员通过调整铁矿粉（调整烧结矿 SiO_2 含量）、熔剂（碱性熔剂调整烧结矿 CaO 和 MgO 含量，酸性熔剂调整烧结矿 SiO_2 含量）、固体燃料（调整烧结矿 FeO 含量）配比，使烧结矿质量符合考核要求和满足高炉需求。执行原料配比作业指导书过程中，烧结矿 TFe、Al_2O_3、S、P、K_2O、Na_2O、As 等有害杂质含量由物质不灭定律和烧结过程有害杂质脱除率决定，岗位人员不能调整其含量，不属于配料调整成分的范畴。

3.3.3 烧损、残存、烧成率、成品率、矿耗

（1）烧损。

烧损指干物料在高温烧结状态下灼烧后失去质量的百分数。烧结物料烧损越小，烧结过程中体积收缩越小，出矿率越高。

（2）残存和出矿率。

残存指 100% 湿基烧结料在高温烧结状态下脱除物理水分和灼烧后的残留物料量。一定原料配比下，理论残存为小于 1 的一个小数，换算成百分数为出矿率。

出矿率指烧结机机头 100% 湿基烧结料经高温烧结脱除物理水分和灼烧（烧损）后在机尾所得烧结饼（即残留物料量）的百分数。出矿率与烧结料的烧损有关，与生产操作好坏关系不大。

（3）烧结饼、烧成率、成品率、内返率、矿耗、单耗。

烧结机机尾烧结饼落下后，过程损耗忽略不计，经过破碎筛分整粒，分为成品烧结矿和烧结内返量（视铺底料恒定不变），即烧结饼=成品烧结矿量+烧结内返量。

烧成率指干基烧结料灼烧成烧结饼后经破碎筛分整粒产生成品烧结矿的百分数。烧成率与烧结物料的烧损有关，同时与生产操作好坏有很大关系。

成品率指烧结饼经破碎筛分整粒产生成品烧结矿的百分数。

内返率指烧结饼经破碎筛分整粒产生内返量的百分数。

矿耗指生产 1t 成品烧结矿所需干基烧结料的吨数或公斤数。

单耗指生产 1t 成品烧结矿所需某干基物料的吨数或公斤数。

3.3.4 有效熔剂性

碱性熔剂有效熔剂性是根据烧结矿碱度的要求，扣除碱性熔剂中和本身酸性氧化物后的剩余碱性氧化物含量。

有效熔剂=$(CaO+MgO)_{熔剂}-(SiO_2+Al_2O_3)_{熔剂}\times[(CaO+MgO)/(SiO_2+Al_2O_3)]_{烧结矿}$

烧结矿二元碱度 R_2 下，有效熔剂=$(CaO)_{熔剂}-(SiO_2)_{熔剂}\times R_{2烧结矿}$。

3.3.5 调整烧结矿碱度

结合烧结过程分析配料计算过程，如表 3-1 所示，烧结料从烧结机机头布料，通过物理水蒸发、结晶水分解、碳酸盐分解、铁氧化物氧化还原、脱硫脱硝等一系列错综复杂的物理化学变化，进行"五带"演变到烧结机机尾形成烧结饼，那么配料计算过程则是烧结料从烧结机机头投入，经扣除物理水分和烧损后到烧结机尾残留烧结饼的物料平衡过程。

表 3-1　烧结过程与配料计算过程对照表

项目	烧结过程		配料计算过程	
烧结机头	物理水分蒸发（成为干基烧结料）		烧结机尾	
	结晶水分解、碳酸盐分解、铁氧化物氧化还原、脱硫脱硝等（烧损）			
湿配比	∑湿配比×（1-水分）=∑干配比		烧结饼	成品烧结矿+内返
	∑干配比×（1-烧损）=残存			铺底料
物料 CaO	CaO烧结料=∑物料湿配比×（1-水分）×CaO物料		CaO烧结矿=CaO烧结料/残存	
物料 SiO₂	SiO₂烧结料=∑物料湿配比×（1-水分）×SiO₂		SiO₂烧结矿=SiO₂烧结料/残存	
⋮	⋮		⋮	
出矿率	出矿率=（烧结饼/干基烧结料量）×100%			
烧成率	烧成率=（成品烧结矿量/干基烧结料量）×100%			
成品率内返率	成品率=（成品烧结矿量/烧结饼）×100%			
	内返率=（内返量/烧结饼）×100%			
	成品率+内返率=100%			

3.3.5.1　调整烧结矿碱度配料计算

（1）已知烧结原料成分和配比（副产品配比忽略不计）如表 3-2 所示，外配烧结内返和焦粉且返矿平衡，烧结残存 0.8512，用石灰石调整碱度，调整石灰石同时混匀矿配比随着变化，新原料干配比 100%，要求烧结矿碱度 R 为 2.2，简易计算所需石灰石配比和烧结矿 TFe。计算结果保留小数点后两位小数。

表 3-2　烧结原料成分和配比

原料名称	烧损/%	TFe/%	SiO₂/%	CaO/%	MgO/%	干配比/%
混匀矿	8	54.2	5.1	1.4	0.5	
石灰石	43		2.1	49.6	3.7	
生石灰	7.2		1.6	84.5	1.6	4.3
白云石	44		1.7	31.2	18.4	2.3
焦粉	83		7.5	0.7	0.4	外配4.2

解：

设混匀矿配比为 X（%），石灰石配比为 Y（%）。

根据"碱度 $R_{烧结矿}$=碱度 $R_{烧结料}$=CaO料/SiO₂料"有：

$X+Y=100-4.3-2.3$

$2.2=(1.4X+49.6Y+84.5×4.3+31.2×2.3)/(5.1X+2.1Y+1.6×4.3+1.7×2.3)$

解得：混匀矿配比 $X=84.17$（%）

石灰石配比 $Y=9.23$（%）

烧结料 TFe = 84.17%×54.2% = 45.62%

烧结矿 TFe = 45.62%/0.8512 = 53.59%

（2）某原料配比下，烧结料残存 0.86，生石灰 CaO 含量 82%，忽略其他因素对烧结矿 CaO 含量的影响，计算生石灰配比增加 1 个百分点，烧结矿 CaO 含量增加多少个百分点。计算结果保留小数点后两位小数。

解：

烧结矿 CaO 含量增加百分点 = 1×82%/0.86 = 0.95

（3）某原料配比下，烧结料残存 0.86，烧结矿 CaO 含量 9.69%，SiO_2 含量 5.1%，生石灰 CaO 含量 78%，SiO_2 含量 2.1%，忽略其他因素对烧结矿碱度的影响，计算生石灰配比从 5% 增加到 7%，烧结矿碱度增加到多少？计算结果保留小数点后两位小数。

解：

有效 $CaO_{生石灰}$ = 78−2.1×（9.69/5.1）= 74.01（%）

烧结矿 CaO 含量增加百分点 = （7−5）×74.01%/0.86 = 1.72

烧结矿 CaO 含量从 9.69% 增加到 9.69%+1.72% = 11.41%

烧结矿碱度增加到 11.41%/5.1% = 2.24

（4）烧结生产中，当生石灰或石灰石断料时，如何对调生石灰和石灰石配比？

解：

增减生石灰配比×有效 $CaO_{生石灰}$ = 减增石灰石干配比×有效 $CaO_{石灰石}$

其中有效 $CaO_{生石灰}$ = $CaO_{生石灰}$ − $SiO_{2生石灰}$×$R_{烧结矿}$

有效 $CaO_{石灰石}$ = $CaO_{石灰石}$ − $SiO_{2石灰石}$×$R_{烧结矿}$

3.3.5.2 返矿和搭配烧结内返配料计算

（1）烧结内返对配料的影响。

正常情况下烧结返矿平衡，配料计算和生产操作不考虑内返，要在发现内返量增长的初期及时小幅度加大内返配比控制仓位不上涨，同时采取措施减少内返产生量。内返配比增加幅度控制在 2 个百分点以下时，可以不考虑内返对烧结矿质量和生产操作的影响；如果内返恶性循环继续上涨，配比增加超过 2 个百分点，需要考虑内返数量和质量对烧结料水分、配碳、风量、烧结矿化学成分等的影响，必须搭配烧结内返进行配料计算。

当检修和突发事故等原因造成烧结内返量猛增（配比增幅超过 2 个百分点）时，要关注以下方面：

1）加大内返加水量和混合机内加水量（因为内返为干料且孔隙率大，极易吸水），稳定烧结料水分。

2）考虑内返中+5mm 粒级含量增多的影响。

如果内返尤其内返中+5mm 粒级为小粒熟料，则内返化学成分与成品烧结矿基本相同；如果内返为矿粉生料，则内返化学成分与成品烧结矿差别大，要关注内返的残碳和碱度变化。

内返中+5mm 粒级不能作为制粒核心，更有可能破坏制粒料，影响烧结料粒度组成和烧结料层透气性，要根据情况调整烧结风量等操作参数。

3）考虑内返对固体燃耗和转鼓强度的影响。

与新料比较，内返的黏结性差，随着内返量的增加需增加固体燃耗，保证烧结矿转鼓强度不降低。

（2）搭配烧结内返配料计算。

1）当烧结矿碱度连续同向废品时，内返碱度也同向废，应搭配内返进行配料计算，适当调整熔剂配比，保证成品烧结矿碱度合格。

2）当较大幅度变更原料配比，尤其大幅度变更烧结矿碱度时，应考虑仓存内返的影响，测算仓存内返和新内返切换时间节点，相应调整熔剂配比。

表3-3所示为烧结内返影响因素及调整措施。

表3-3　考虑烧结内返影响因素及调整措施

序号	考虑烧结内返影响因素	调整措施
1	烧结矿碱度连续同向低废时，考虑低碱度内返对烧结矿碱度的影响	需加熔剂配比
2	大幅提高烧结矿碱度变料时，考虑低碱度内返对烧结矿碱度的影响	
3	烧结矿碱度连续同向高废时，考虑高碱度内返对烧结矿碱度的影响	需减熔剂配比
4	大幅降低烧结矿碱度变料时，考虑高碱度内返对烧结矿碱度的影响	
计算	加（减）熔剂配比×熔剂有效CaO＝外配内返配比×内返有效CaO	

（3）实例。

配料室上料量和相关化学成分见表3-4，熔剂使用白云石和生石灰，当烧结矿碱度中线值由1.75提高到1.9时，抵消仓存内返对烧结矿碱度的影响，应如何调整生石灰配比。计算结果保留小数点后两位小数。

表3-4　配料室上料量和相关化学成分

项目	混匀矿、固体燃料、白云石等	生石灰	烧结内返
干基上料量/t·h^{-1}	290.58		76.86
CaO含量/%		83.25	9.25
SiO$_2$含量/%		1.80	5.29

解：

有效CaO$_{生石灰}$＝83.25－1.8×1.9＝79.83（%）

有效CaO$_{内返}$＝5.29×1.9－9.25＝0.801（%）

烧结内返配比＝[76.86/（76.86＋290.58）]×100%＝20.92%

根据"加（减）生石灰配比×有效CaO$_{生石灰}$＝内返配比×有效CaO$_{内返}$"有：

生石灰配比×79.83%＝20.92×0.801%

生石灰配比＝0.21（个百分点）

抵消仓存内返对烧结矿碱度的影响，生石灰配比应增加0.21个百分点。

3.4 配料设备

将烧结各种原料准备好后,需要用料时由皮带机送到配料设备,完成各种原料的配料量控制。

为获得优质烧结矿,满足高炉生产需要,必须向烧结机连续提供合适的配合料。通过严格控制各种原料的配比,正确地给定料量和实际料量,保证配料准确。把实际下料量的波动值控制在允许的范围内,不发生大的偏差。

配料系统的设备主要有配料矿槽、圆盘给料机、螺旋给料机/直拖皮带机和电子皮带秤等。对配料设备的要求是下料通畅、给料量均匀、稳定和便于调节。

3.4.1 配料矿槽

料槽是能否实现均匀精确配料的关键设备之一。设计和制造时要考虑贮矿槽的数量、单个槽的容积、形状和顺利排料等问题。

料槽的结构过去是用钢筋混凝土建造,上部为方形,下部为方锥形。由于这种料槽在排料过程中容易发生粘料现象,现在已改用钢板建造。为了节省投资,有的采用折中方式,即料槽上部用钢筋混凝土,下部缩颈处采用钢板制作。

料槽的容积应当与烧结机生产能力相匹配,一般主原料槽装满后应能满足烧结机生产 6~7h 的需要。

为了精确配料,必须对料槽内料位进行控制。各料槽可以配置料位计或称量设备。一般料槽内料应控制在料槽容积的 50%~80%。

对于一些实际配比对烧结矿质量有较大影响的原料,例如焦粉等,应配置自动测定原料水分含量的装置,如红外测水仪、微波测水仪。

为了使原料能从料槽内顺利排出,防止堵塞,需注意以下几点:排料口应尽量扩大;槽内壁敷设光滑的衬板,减少粘料;如果原料黏性较大,如精矿粉或黏性大的矿粉等,可以配置振动器,其安装位置和方法应视槽内挂料情况而定;即使考虑了种种因素而设计的料槽仍会出现粘料现象,因此料槽应设置清槽装置。

3.4.2 给料设备

给料设备是根据使用计划,按比例将原料从贮矿槽给出的设备。目前烧结厂常用的给料设备为圆盘给料机、直拖皮带机、插板阀+星型卸灰阀或插板阀+螺旋给料机。

3.4.2.1 圆盘给料机

圆盘给料机具有给料粒度范围大(0~50mm)、给料均匀准确、运转平衡可靠、便于调节和维修方便等特点,适用于精矿、粉矿、熔剂、煤粉等原料的供给,国内烧结厂广泛采用。

圆盘给料机由传动装置、圆盘、给料套筒、调节排料量的闸门和刮刀、润滑系统和电控系统组成，其结构如图3-1所示。

其工作原理是：电动机通过卧、立式减速机带动圆盘旋转，圆盘转动时，料仓内的物料随着圆盘的转动向出料口方向移动，经闸门排出套筒外，在刮刀的作用下，物料卸在称量胶带上，物料排出量的大小可用调节圆盘的转速和闸门开口度来控制。

闸门和刮刀安装在给料套筒上，圆形的套筒内还焊有一个锥套，它的作用是将套筒内的一部分物料托起，以防止整个盘面被物料压结；在套筒和盘面之间还安装有一圈弧形圆板，俗称"小套"，其作用是防止物料从套筒与盘面之间的缝隙中挤出；在盘面上还焊有筋条，正常运转时，筋条之间填满物料，既避免了物料直接摩擦盘面，延长了盘面的使用寿命，又增加了盘面的粗糙度。

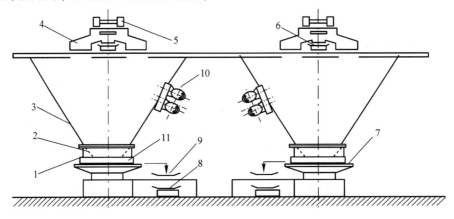

图3-1 圆盘给料机配料示意图

1—大套；2—锥套；3—矿槽；4—进料漏斗；5—可移动式卸料小车；6—胶带运输机；
7—圆盘给料机；8—主胶带；9—电子皮带秤；10—振动器；11—小套

3.4.2.2 螺旋给料机

螺旋给料机由传动装置、插板阀、螺旋本体、称量皮带秤、称量装置、润滑系统、电控系统等组成，其结构如图3-2、图3-3所示。

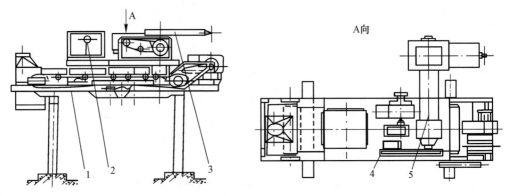

图3-2 螺旋给料机示意图

1—称量胶带机；2—称量装置；3—插板阀；4—传动装置；5—螺旋本体

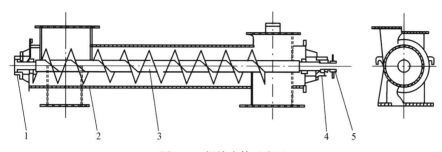

图 3-3　螺旋本体示意图

1—轴承；2—箱体；3—螺旋体；4—轴承；5—链轮

螺旋给料机直接从料仓底部出口接料，由带有螺旋状叶片的转轴在箱体内旋转，带动物料向前运行，通过调节螺旋的转速改变输送量，转速越快，输送量越大，转速越慢则输送量越小。输出的物料卸入称量胶带机，通过计算和反馈，自动调节螺旋和胶带机的转速，达到自动定量给料的目的。

螺旋给料机密封性能好，一般适用于配比小、扬尘大的粉状细粒物料，如生石灰、轻烧白云石、轻烧菱镁石等。

3.4.2.3　电子皮带秤

电子皮带秤适用于输送固体散状物料的计量，直接称量胶带机上的瞬时送料量和累计物料总量，并能进行输料量的自动调节，实现自动给料。目前国内大、中型烧结厂普遍把电子皮带秤和圆盘给料机一并使用，实现自动给料。

（1）系统构成及性能。

电子皮带秤由秤框、传感器、测速头及仪表所组成。

秤框用以决定物料有效称量；传感器用以测量重量并转换成电量信号输出；测速头用以测量皮带轮传动速度并转换成频率信号；仪表由测速、放大、显示、积分、分频、计数、电源等单元组成，用以对物料重量进行直接显示及总量的累计，并输出物料重量的电流信号作调节器的输入。

电子皮带秤基本工作原理如下：按一定速度运转的皮带机有效称量段上的物料重量 p，通过秤框作用于传感器上，并通过测速头，输出频率信号，经测速单元转换为直流电压 u，输入到传感器，经传感器转换成电压信号输出，电压信号 Δu 通过仪表放大后转换成 $0\sim10mA$ 的直流电 I_0 信号输出，I_0 变化反映了有效称量段上物料重量及皮带速度的变化，并通过显示仪表及计数器，直接显示物料重量的瞬时值及累计总量，从而达到电子皮带秤的称量及计算目的。

该设备灵敏度高，精度在 1.5% 左右，不受皮带拉力的影响。由于采用电动滚筒作为传动装置，电子皮带秤灵敏、准确，结构简单，运行平稳可靠，维护量小，经久耐用，便于实现自动配料。

（2）圆盘给料机-电子皮带秤自动给料原理。

配料时，料仓下面的圆盘给料机下的皮带电子秤发出瞬时送料量信号，该信号输入

现场视频—
配料设备
电子秤

调速圆盘给料机的自动控制调节系统，调节系统即根据设定值信号与电子皮带秤测量值信号的偏差，自动调节圆盘转速，达到要求的给料量，如图 3-4 所示。

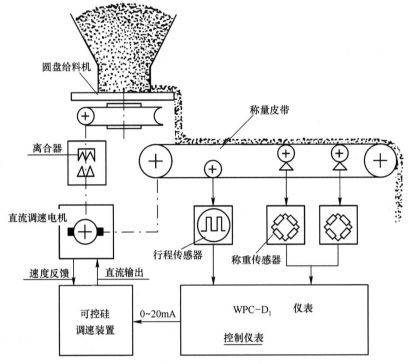

图 3-4　圆盘给料机-电子皮带秤自动给料原理

3.5　配料操作

3.5.1　影响配料精度的因素

影响配料精度的因素有很多，只有在了解和掌握了各种影响因素的基础上，通过勤观察、勤称量、勤联系、勤分析、勤调整，才能达到较理想的效果。一般影响配料精度的因素主要有以下几个方面。

3.5.1.1　原料变化

（1）化学成分变化。

对于大中型烧结车间来说，一般都建立了大型中和混匀料场，原料的化学成分在一段时间内应该是相对稳定的，基本上控制在允许波动范围内。因此，这时配料计算和配料比不会有较大调整，重点在保证下料量的准确。

对于没有中和混匀料场的小型烧结车间，或者有中和混匀料场但是在混匀料堆变堆或因某种原因造成混料时，原料的化学成分就会波动较大。此时，如果仍按原设定的配

现场视频—
配料系统
视频

料比进行配料操作，就会对配料质量产生较大影响，致使生产出来的烧结矿 TFe、R 等指标达不到技术标准，严重时还会产生废品。

判断原料化学成分变化最好的办法是取样化验，但化验结果滞后。现场工作人员可根据经验，通过观察物料的颜色、光泽、重量、粒度的变化，来判断原料的化学成分，及时发现原料化学成分的变化，然后采取必要的措施，减少对配料精度的影响。

几种判断原料化学成分的方法如下：

1）精矿：颜色深、手感重、粒度细，其含铁量就高，CaO 和 SiO_2 含量则相应低些。精矿粒度太细，不易分辨，可用拇指和食指捏一小撮反复揉搓，分辨出粒度粗细。

2）粉矿：粉矿的不同颜色较多，主要取决于矿种，以磁铁矿为主的粉矿颜色相对要深，以赤铁矿为主的颜色呈铁红色或土红色，以褐铁矿为主的粉矿为浅褐色到深褐色或黑色。颜色深、手感重、有光泽，含铁量则高，SiO_2 含量相对低些。抓一把粉矿置于手掌中，上下掂动，以感觉其重量。

3）熔剂：白云石颜色泛红，石灰石颜色泛青色。石灰石颗粒中颜色呈灰白色的越多，CaO 的含量就越高。可直接观察，也可用水冲洗后观察。

4）固体燃料：无烟煤通过外观的光泽度及重量可进行判断。一般当光泽度高、重量轻时，则固定碳含量高；反之，固定碳含量低。

如果是因为混料而造成原料化学成分波动，可以从圆盘的出料颜色辨认，物料的颜色深浅不一，很容易发现。此时，必须停配该圆盘的物料而改配同一品种其他圆盘的物料，并及时查明混料原因报告有关部门；再根据混料的情况，以较小的配比与同种物料一起配用，使混料的影响降到最低。

在配用同类原料品种较多时，即使原料的成分波动小，但有几个品种的成分波动同时处于上限或下限时，也会影响到配料的精度。因此，根据原料成分变化，及时验算和调整配比是十分必要的。

（2）粒度变化。

原料粒度波动，一是造成原料的堆密度变化；二是导致原料化学成分的波动，二者都会影响配料精度。出现原料粒度波动时，必须对配比进行重新调整。

其他条件相同的情况下，原料粒度越大，给料量越大。

（3）水分变化。

原料水分的波动，不仅影响原料堆密度，还影响圆盘给料的均匀性，使配料的准确性变差。一般来说，原料水分降低时，实际配给原料量增加；原料水分增加时，实际配给原料量减少；如果水分过大时，往往会导致原料在圆盘中"打滑"而下料不畅，影响称量精度。

3.5.1.2 设备状况

配料设备状况主要包括料仓衬板完整性、给料机功能精度、电子秤计量精度及其负荷率、调速电机稳定性、配料皮带速度等。

（1）料仓衬板完整性。

保证料仓内原料受到稳定的摩擦力而均匀出料。

（2）给料机功能精度。

影响给料机功能精度的主要因素有给料机与料仓中心线的同心度；配料仓衬板磨损程度；给料机的水平度。

圆盘给料机具有出料均匀、调整方便、运转平稳可靠、易维护等特点。圆盘给料机盘面越粗糙，出料越平稳，配料误差越小。圆盘闸门开度过大，闸门出口处下料量时大时小。

（3）电子皮带秤精度。

电子皮带秤既是运输设备，更是称量设备，要求精度较高，在日常操作中必须加强检查和维护，及时清除胶带表面、托辊、秤架上的粘料，定期校秤，才能保证配料的精确性。

影响配料秤称量精度的关键是秤架和电子秤皮带机的稳定性，以及给料的均衡稳定性。秤架扭曲变形、电子秤皮带机头尾轮松紧度变化和润滑加油不到位、皮带机托辊磨损或锈蚀不转、称重传感器有杂物卡阻、皮带机跑偏或磨损、给料不均衡等，是影响配料秤称量精度的主要因素。

配料秤负荷率在100%±20%范围内时称量精度高，负荷率过大或过小时，调整给料机闸门开度在适宜范围。

（4）设备完好状况。

一般来说，设备完好，其下料准确。长期失修的设备，因其磨损严重或转动时有颤动现象，就会使下料量时多时少，不断变化，导致配料不精确，这样的设备必须检修后再使用。如果闸门、刮刀、锥套、小套严重磨损时，下料量难以控制，必须及时更换。

3.5.1.3　操作因素

（1）矿槽压力。

矿槽的压力是由矿槽中物料的多少决定的。随着物料的使用，矿槽的物料逐渐减少，矿槽的压力也逐渐下降，在圆盘转速不变的情况下物料的给出量也相应减少，从而影响配料的精度。因此，在矿槽物料减少到一定程度时就应及时上料，并经常捅干净槽壁四周的粘料，以保持矿槽压力相对稳定。另外，要经常注意矿槽内物料量的变化，一旦矿槽压力减少到一定程度，应及时倒换其他配料矿槽。

（2）大块物料及杂物。

原料中的大块物料及杂物进入配料矿槽后，会将圆盘闸门局部或全部堵塞，或卡在圆盘刮刀下，使圆盘下料量不准，甚至完全不下料。

对明显的堵塞容易发现，而对局部看不见的堵塞则容易忽视，往往会严重地影响配料的精度。因此，在配料操作中，这一问题成为配料工巡检的重点。

（3）圆盘给料量过小或过大。

圆盘给料量过小，会因其闸门的开口度太小，物料挤在闸门出料口处出不来或时大时小，且极易被杂物堵塞，影响配料的精度；反之，圆盘下料量过大，会因其闸门开口度过大，物料从圆盘内套下料不及时，使闸门出料口处的料时多时少，也会影响配料的精度。此时应采取用两个同料种的圆盘同时给料的方法，避免单个圆盘下料量过大的影响。

3.5.1.4 操作水平

配料的精度与操作人员的操作水平有着密不可分的关系。操作人员对原料条件和设备状况比较了解，就能够根据料流的大小，原料的颜色、光泽、粒度、水分等，及时掌握原料变化情况，依据这些变化来分析、调整、消除不利因素，保证配料比和给料量的准确性。因此，配料操作人员应注意观察、研究和分析，积累经验，提高配料操作技术，在自动配料条件下，更要结合计算机自动控制配料系统的特点，做到"一准二比三勤"：

一准：按照设定值，保证过程变量准确控制在误差范围内。

二比：将按设定配比计算的结果与化验结果相比，将设定值与秤的显示值相比。

三勤：勤观察、勤计算、勤联系。

3.5.2 配料调整

配料过程是一个不断调整的过程，当烧结矿质量波动时，能正确分析原因，并采取有效的调整措施。

(1) 烧结矿质量波动的原因。

1) 配料比计算不正确。

2) 原料化学成分发生变化或供料系统发生"混料"现象。

3) 物料给料量不准。

4) 配料矿槽因悬料或转空，圆盘发生故障停转等。

5) 返矿波动。

6) 除尘灰料量的影响。

7) 配料调整滞后。

8) 烧结矿取样无代表性。

当烧结矿化学成分与配料计算的结果产生较大的偏差，必须认真分析，找出原因。

(2) 配料调整时应注意的问题。

1) 滞后现象。

当配料比调整后，在调整后的第一个化验样中反映不出来，这就是配料调整中的滞后现象。造成这种滞后现象的主要原因有两个：一是调整配料比后的原料，需要经过一定的时间，才能到达成品取样点；二是返矿的影响，一般返矿量占混合料的30%左右，影响时间也较长。因此，调整配料比，必须充分考虑滞后现象，才能达到预想的结果。

2) 兼顾其他成分的变化。

当调整烧结矿的某一化学成分时，将会对其他成分产生影响。

3) 返矿影响。

返矿在配料调整中不仅会产生"滞后"现象，而且由于烧结矿与返矿的化学成分有差异，返矿量的波动对正常的配料操作会造成影响。

返矿与烧结矿相比，在化学成分上一般是 TFe 偏低。例如，当返矿量增加时，就会造成烧结矿 TFe 偏低；同理，当返矿量减少时，也会造成烧结矿 TFe 偏高。当生产不正常，返矿量波动时，很容易造成操作者的误判而进行调整；当生产恢复正常，返矿量稳定后，烧结矿的化学成分又会产生波动，因此，配料工在配料调整过程中，一定要充分考虑返矿的影响因素。

4）除尘灰影响。

国内烧结厂一般将除尘器收集的除尘灰进行再次利用，重新参与烧结配料。除尘灰一般含 TFe、CaO 较低，SiO_2 较高，必然会使烧结矿质量产生波动。

在配料操作中，要充分考虑除尘灰的影响，当除尘放灰时，要适当提高铁料、熔剂的配比；另外，尽量避免"集中放灰"，以减少对烧结矿产、质量的影响。

3.5.3　配料工艺操作要点

即使配料计算准确无误，如果没有精心操作，烧结矿的化学成分也是难以保证的。生产上，必须做到勤观察、勤分析、勤判断、勤调整。配料工艺操作要点如下：

（1）严格按配料单准确配料，保证下料稳定，下料量允许波动范围为：铁矿粉<±0.5kg/m，熔剂与燃料<±0.1~0.3kg/m。

（2）当电子秤不准确，误差超过规定范围时，应采用称料盘进行人工称料，并及时联系处理。

（3）与主控室加强联系，使固体燃料配比达到最佳值，稳定 FeO 含量，降低固体燃料燃耗。

（4）加强巡检，观察各矿槽的圆盘下料情况，发现堵料、断料等异常情况要查明原因及时处理。

（5）当原料成分、水分波动较大时，要根据实际情况做适当调整，确保烧结矿化学成分稳定，配料比变更时应在短时间内调整完成。

（6）某一种原料因设备故障或其他原因造成断料或下料不正常时，必须立即用同类原料代替并及时汇报。

（7）烧结矿化学成分波动大或产生废品时，能正确分析产生偏差的原因，并进行相应的调整。

（8）做好上料情况与变料情况的原始记录。

3.5.4　配料系统主要操作步骤

（1）开机前的准备工作。

检查各圆盘给料机、配料皮带秤、皮带机等所属设备，以及各安全装置是否完好；检查矿槽存料是否在 2/3 左右。

（2）开机操作。

集中联锁控制时，接到开机信号，将开关打到自动，由集中控制集中启动。

非联锁控制时，接到开机信号，将开关打到手动，按顺序启动有关皮带机，再开启所用原料的配料皮带秤，最后开启相应的圆盘给料机。

（3）停机操作。

集中联锁控制时，正常情况下由集中控制正常停机，有紧急事故时，应立即切断事故开关。

需要手动时，把操作台上的转换开关打到手动位置即可进行手动操作。

3.5.5 配料操作的注意事项

（1）随时检查下料量是否符合要求，根据原料粒度、水分及时调整。

（2）运转中随时注意圆盘料槽的粘料、卡料情况，保证下料畅通均匀。

（3）及时向备料组反映各种原料的水分、粒度杂物等的变化。

（4）运转中应经常注意设备声音，如有不正常音响应及时停机检查处理。

（5）应注意检查电机轴承的温度，不得超过55℃。

（6）圆盘在运转中突然停止，应详细检查，确无问题或故障排除后，方可重新启动。如再次启动不了，不得再继续启动，应查出原因后进行处理。

3.5.6 常见故障及处理方法

（1）生产常见故障及处理方法。

1）圆盘给料机卡杂物。

判断方法：大杂物通常堵塞下料口，使圆盘给料机无法下料；小杂物通常挤在小套、刮刀与盘面的间隙里将圆盘卡死，可将小套和刮刀下的料扒净，认真检查，即可发现故障点。

处理方法：处理大杂物时，如杂物是石块，可用大锤将其击碎，通过出料口转出；如果是钢板等杂物，则需将圆盘倒转，让其截面积小的一头朝着出料口，再正转即可转出；如果杂物大于料口，就只能用电、气焊工具进行切割处理。小杂物则需用大锤、撬棍等工具进行处理。在处理过程中应严格按岗位安全规程操作。

2）圆盘给料机压料。

判断方法：当按下圆盘启动键后，圆盘不动作且电流超过额定值，则表明圆盘被料压死。

处理方法：立即检查，若没有杂物卡住，通知电工打反转试转，若反转仍转不起来，用风管从小套与盘面缝隙处吹料或用水管对小套与盘面缝隙内注水，减少盘面与物料间的摩擦。压料严重时，需要卸掉小套进行清料处理，直到接手盘动灵活时，方可重新启动。

3）圆盘小套磨损严重。

判断方法：小套磨损严重时，小套与盘面距离尺寸明显增大，盘面边缘的料明显增厚，甚至散落在地面上。

处理方法：可用大锤击打小套上部，直至小套底部与盘面的间隙达到合适的尺寸（一般为10mm左右），再将固定小套的螺丝紧固。如果小套磨损严重，必须通知专业人员及时更换小套。

4）刮刀磨损严重。

判断方法：刮刀底部与盘面的间隙明显超过正常尺寸，圆盘给料量减少，盘面小套外围部分料层增厚，甚至沿边缘处撒料。

处理方法：在刮刀下部加焊一块铁板临时处理，或更换刮刀。

（2）部分机械故障原因及处理方法。

部分机械故障原因及处理方法见表3-5。

表3-5   部分机械故障原因及处理方法

序号	常见故障	原 因	处理方法
1	圆盘跳动	圆盘面上的衬板松脱或翘起擦刮刀； 有杂物或大块物料卡入圆盘盘面与套筒之间； 竖轴压力轴承损坏； 伞齿轮磨损严重	将衬板紧固、平整，磨坏的更换； 清除大块或杂物； 更换轴承； 更换伞齿轮
2	减速机响声异常	轴承损坏； 减速机内齿轮润滑不良； 齿轮损坏	更换轴承； 加润滑油； 更换齿轮
3	机壳发热	油变质； 透气孔堵塞； 润滑油较少； 压力轴承坏	换油； 疏通透气孔； 适当加润滑油； 更换压力轴承
4	传动轴跳动、接手处发生异常噪声	传动轴瓦磨损； 齿接手无油干磨； 立式减速机竖轴轴承坏； 卧式减速机尾轴轴承坏； 接手损坏	换轴瓦； 接手加油； 立式减速机定检换轴承； 卧式减速机定检换轴承； 更换接手
5	轴窜动间隙过大	滚珠压盖不紧； 滚珠粒及套磨损间隙大； 外套松动	调整压盖垫片； 换滚珠； 外套紧固
6	轴及端盖漏油	端盖接触不平； 螺丝松动； 出头轴密封不良； 油量过多； 回油槽堵塞	加热调整间隙； 紧固螺丝； 更换密封圈； 放油； 清洗回油槽

课后复习题

1. 简述理论配料的方法有哪些。

2. 简述烧损、残存、烧成率、成品率、矿耗定义。

3. 简述影响配料精度的因素有哪些。

4. 简述配料过程中，引起烧结矿。

试题自测3

4 混料理论与操作

混合作业的主要目的有二：一是使原料各组分仔细混匀，从而得到质量较均匀的烧结矿；二是加水润湿和制粒，得到粒度适宜，具有良好透气性的烧结混合料，促使烧结顺利进行。

为了获得良好的混匀与制粒效果，根据原料性质不同，混合作业可采用一段混合、两段混合和三段混合。目前烧结均采用两段或三段混合流程。两段混合工艺中，一次混合，主要是加水润湿，将配料室配制的各种原料混匀、预热，使混合料的水分、粒度和原料各组分均匀分布，并达到造球水分，为二次混合打下基础。二次混合除继续混匀外，主要作用是制粒，还可通蒸汽补充预热，提高混合料温度。这对改善混合料粒度组成，防止烧结过程中水分转移再凝结形成过湿层，提高料层透气性极为有利。

三段式混匀、制粒工艺是在二段式混匀、制粒工艺的基础上增加一段圆筒混合机。其作用一是强化制粒；二是将部分燃料分加。燃料在三段圆筒混合机的作用下，均匀地粘在混合料表面，有助于强化烧结和降低固体燃耗。

4.1 物料的混匀

混合料进入圆筒混合机后，物料随着圆筒混合机的转动而不断地运动着，物料在圆筒混合机内运动是很复杂的，它受到摩擦力、重力等合力的作用会产生剧烈的运动，因而被混合均匀。物料的混匀效果与原料性质、混合时间及混合方式等有很大关系，粒度均匀、黏度小的物料，颗粒之间相对运动激烈容易混匀，混合的时间越长，混匀效果越好。

衡量混匀的质量，可以用混匀效率来表示，混匀效率是用于检查混合料的质量指标，通常用于测定混合料中的铁、固定碳、氧化钙、二氧化硅、水分及粒度，其方法如下：

$$K_1 = C_1/C ; \quad K_2 = C_2/C ; \quad \cdots ; \quad K_n = C_n/C \tag{4-1}$$

式中　K_1，K_2，$\cdots$，K_n——各试样的均匀系数；

　　　C_1，C_2，$\cdots$，C_n——某一测定项目在所取各试样中的含量，%；

$$C = (C_1 + C_2 + \cdots + C_n)/n \tag{4-2}$$

式中　n——取样数目。

已知混合料的均匀系数 K_n，可按下式计算混匀效率：

$$\eta = K_{\min} / K_{\max} \times 100\% \tag{4-3}$$

式中　$K_{\min}$，$K_{\max}$——所取试样均匀系数的最大值和最小值；

动画—混料
系统

η——混匀效率，此值越接近 100%，说明混匀效果越好。

另外，混匀效率还与混合前物料的均匀程度有关。

4.2　制粒机理

制粒的目的是减少混合料中 0~3mm 级别颗粒，增加 3~8mm 级别，尤其是增加 3~5mm 级别的含量，球粒过大会导致垂直烧结速度过快，使烧结矿产、质量下降；球粒过小则料层透气性差，垂直烧结速度下降，同样影响烧结矿的产量和质量。

混合料制粒必须具备两个主要条件：一是物料加水润湿；二是作用于物料上的机械力。

细粒物料在被水润湿前，其本身已带有一部分水，然而这些水不足以使物料在外力作用下形成球粒。物料在圆筒混合机内加水润湿后，物料颗粒和表面被吸附水和薄膜水所覆盖，同时在颗粒与颗粒之间形成 U 形环，在水的表面张力作用下，使物料颗粒集结成团粒。此时，颗粒之间大部分空隙还充满空气，团粒的强度差，当水分一旦失去，团粒便立即成散状的颗粒。由于制粒设备的回转，使得初步形成的团粒在机械力的作用下，不断地滚动挤压，使颗粒与颗粒之间的接触越来越靠近，团粒也越来越紧密，颗粒之间的空气被挤出，此时，在毛细力的作用下，水分充填所有空隙，使团粒变得比较结实。这些团粒在制粒机内继续滚动，逐渐长成具有一定强度和一定粒度组成的烧结料。

4.2.1　混合制粒过程

为了便于分析，把混合制粒过程人为地分为三个形成阶段。

（1）第一阶段。

这一阶段具有决定意义的是加水润湿。当物料润湿到最大分子结合水后，成球过程才明显开始。当物料继续润湿到毛细阶段时，成球过程才得到应有的发展。当已润湿的物料在制粒机中受到滚动和搓动后，借毛细力的作用，颗粒被拉向水滴的中心形成母球。所谓母球就是毛细水含量较高的集合体。

（2）第二阶段。

成球第二阶段是紧接着第一阶段进行的。母球长大的条件是：在母球表面其水分含量要求接近于适宜的毛细水含量；在精矿层中其水分含量要求低一些，只需接近最大分子水含量。

第一阶段形成的母球在制粒机内继续滚动，母球就被进一步压紧，引起毛细管状和尺寸的改变，从而使过剩的毛细水被挤压到母球表面上来。过湿的母球表面在运动中就很容易粘上润湿程度较低的颗粒。母球长大过程是多次重复的，一直到母球中间颗粒间的摩擦力比滚动成型的机械压密作用力大时为止。

（3）第三阶段。

长大到符合标准要求尺寸的生球，在成球的第三阶段发生紧密。利用制粒机所产生的机械力的作用，即滚动和搓动使生球内的颗粒发生选择性地按接触面积最大的排列，并使生球内的颗粒被进一步压紧，使薄膜水层有可能相互接触，会使一个为若干颗粒所共有的总的薄膜水层形成。这样产生的生球，其中各颗粒靠着分子黏结力、毛细黏结力和内摩擦阻力的作用相互结合起来。这些力的数值越大，生球的机械强度就越大。如果将全部毛细水由生球中排除，便得到机械强度最大的生球。

上述三个阶段主要是靠加水润湿和用转动方法产生机械作用力来实现的。

必须指出，上述成球阶段是为了分析问题而划分的。第一阶段具有决定意义的是润湿；在第二阶段除了润湿作用外，机械作用也起着重大影响；而在第三阶段机械作用成为决定因素。混合料的成球机理简单来说就是：滴水成核，雾化长大，无水密实。

4.2.2 水分

混合料中的水分是影响烧结过程的一个重要因素。烧结混合料中水的来源有两个方面，一是混合料自带物理水；二是混匀制粒过程中添加的物理水。

4.2.2.1 水分在烧结过程中的作用

（1）制粒作用。在粉状的烧结料中加适当的水分，由于水在混合料粒子间产生毛细力，会在混合料的滚动过程中互相接触而靠紧，制成小球粒，改善料层的透气性，使烧结过程得以顺利进行。

（2）导热作用。由于烧结料中有水的存在，提高了烧结混合料的传热能力。这是因为水的导热系数远远超过矿石的导热系数，水的导热系数为 $126\sim419kJ/(m^2\cdot h\cdot ℃)$，矿石导热系数为 $0.63kJ/(m^2\cdot h\cdot ℃)$。改善了料层热交换条件，使燃烧带限制在较窄的范围内，减少了料层的气流阻力。同时，保证了在较少燃料消耗的情况下．获得必要的高温区。

（3）润滑作用。水分子覆盖在矿粉颗粒表面，起类似润滑剂作用，降低表面粗糙度，减少气流阻力。

（4）助燃作用。固体燃料在完全干燥的混合料中燃烧缓慢，因为根据 CO 和 C 的链式燃烧机理，要求有一定量的 H、OH 根，所以混合料中适当加湿是必要的。当然，从热平衡的观点看，去除水分要消耗热量，另外水分不能过多，否则会使混合料变成泥浆，不仅浪费燃料，而且使料层透气性变坏。因此烧结料中水分必须控制在一个适宜的范围。混合料的适宜水分是根据原料的性质和粒度组成来确定的。一般来说，物料粒度越细、比表面积越大，所需适宜水分越高。此外，适宜的水分与原料类型有关，表面松散多孔的褐铁矿烧结时所需水量达 20%，而致密的磁铁矿烧结时适宜的水量为 6%～9%。最适宜的水分范围很小，超过 ±0.5% 时，对混合料的成球性就会产生显著影响。

（5）抑尘的作用。物料加水润湿后，在输送过程中起到抑制粉尘飞扬的作用。

4.2.2.2 水分在造球过程中的形态与作用

水分在矿粉成球过程中起着重要的作用。干燥的细磨矿粉是不可能滚动成球的，如果水分过多或不足同样也会影响造球的效率。保持适宜的水分是矿粉成球的重要条件。

（1）吸附水。干燥物料表面所吸附的一部分水分子，形成很薄的一层吸附水。吸附水又称为固态水，具有不可移动性。一般认为适宜于造球的细磨物料中仅存在吸附水时，仍为散沙状，不能结合成团，成球过程尚未开始。

（2）薄膜水。在吸附水周围形成一层水膜，称为薄膜水。

（3）分子结合水。吸附水和薄膜水合起来组成了结合水（或称水化膜），分子结合水可以看作是矿粒的外壳，在外力的作用下与颗粒一起变形，而且分子水化膜使颗粒彼此黏结，这就是矿粉成球后具有强度的原因之一。当细磨物料表面润湿达到最大的分子结合水后，在揉搓时将表现出塑性性质。此时，在造球机中成球过程才明显地开始进行。

（4）毛细水。当物料颗粒之间的空隙（相当于毛细管）被水所填充时，物料之间形成毛细水。毛细水在细磨物料的成球过程中起主导作用。只有将物料润湿到毛细水阶段，成球过程才开始明显地进行。因为毛细水在毛细压力的作用下，可将物料颗粒拉向水滴中心而形成小球．

矿粉成球速度还取决于毛细水的迁移速度，迁移速度越快，成球速度就越快。而毛细水的迁移速度与物料的亲水性及毛细管直径有关。物料越亲水，且毛细管直径越小，毛细力越大，毛细水的迁移速度就越快。

（5）重力水。当水分超过最大毛细水含量，物料为水饱和时，多余的水为重力水。由于重力是向下的，所以重力水具有向下运动的性能；同时重力水对矿粉又具有浮力作用，因此重力水在成球过程中起着有害作用，易使生球变形和强度降低。所以，只有当水分处于毛细水含水量的范围时，细磨物料的成球过程才具有实际意义。在造球过程中，不允许有重力水出现。

造球时物料所含吸附水、薄膜水、毛细水、重力水的总含量称为全水量。

4.3　混料设备

烧结常用的混料设备是圆筒混合机。圆筒混合机混料范围广，能适应原料的变动，构造简单，生产可靠且生产能力大。但筒内有粘料现象且混料时间不足，同时振动较大。

4.3.1　圆筒混合机的结构

筒体是由钢板卷成后焊接成的圆筒，其内表面镶有保护衬板或长条角钢，筒体外有两圈辊道，进口辊道与齿环密贴，用螺栓连接，使之成为一体。筒体通过辊道靠固定于机架上的四组托辊支撑，使筒体中心线与水平线形成一定的倾角，并在托辊上转动。圆筒混合机结构如图4-1所示。

因筒体装置与水平线有一定的倾斜，必将产生一个水平分力，致使整个筒体在运转中具有向低处下滑的趋势，为了阻止筒体向低处滑移和转动中由轴向力引起的窜动，在筒体下方及各辊道两侧安装了一组挡轮，挡轮组用双头螺栓连接而成，并用螺栓固定在机架上。与齿圈啮合的齿轮组被电动机、弹性联轴节、减速器、齿形联轴器带动回转，并通过该齿轮体转动。

为了润湿混合物料，筒体内装有水管，它固定于圆筒的两端。一次混合机从进料端2m或3m处和出料端2m外装喷头，二次混合机（制粒机）从进料端3m处到滚筒长度的1/2处装喷头。

当物料由给料端进入回转的圆筒时，物料与筒壁之间产生一定的摩擦，因回转过程中物料受离心力的作用，物料沿着圆筒内壁被带到一定的高度，又因物料自身的重量大于离心力和摩擦力，在重力的作用下，物料按一定的轨迹下落，并沿轴向发生位移，作螺旋状向出料口运动，混合料如此循环，从而将物料成分混匀。混匀后的物料继续加水，继续作螺旋状运动，使物料逐步形成小球，成为符合烧结工艺要求的烧结料。

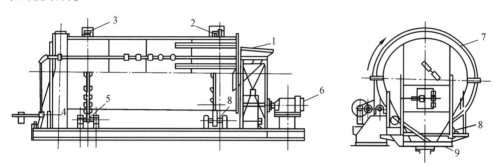

图4-1 圆筒混合机结构示意图

1—进料漏斗；2—齿圈；3—辊道；4—出料漏斗；5—定向轮；6—电动机；
7—圆筒；8—支撑托辊；9—机座

4.3.2 圆筒混合机的工作原理

混合料在圆筒内运动的情况是比较复杂的，如图4-2所示。混合料进入圆筒后，由于物料与筒壁之间产生摩擦力，在圆筒旋转时的离心力作用下，附于筒壁上升到一定的角度，然后靠重力的作用滚下来，与上升的物料产生相对运动而滚成球。混合料在多次往复运动的过程中，在混合机倾角的帮助下，不断地向前移动。这种轴向移动速度主要与圆筒安装倾角有关。倾角越大，其移动速度也越快，亦即混合造球时间越短，效果也就越差，故混合机安装倾角一般最大不超过2.5°。一次混合机为2°~2.5°，二次混合为1.3°~1.8°，混合机大小不一样而安装倾角也不同。

动画——次混料机结构

现场视频——一混全貌

现场视频——二混全貌

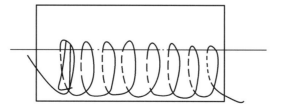

图4-2 物料运动轨迹

4.3.3　圆筒混合机的工艺参数

圆筒混合机工艺参数包括长度、转速、安装倾角、混匀制粒时间、填充率。

（1）长度。

混合机有效长度 L_e ＝实际长度 $L-1\text{m}$

混合机有效内径 D_e ＝实际内径 $D-0.1\text{m}$

长度和内径是决定混合机生产能力的主要参数，直接关系到混匀制粒效果。

随着烧结机大型化，混合机直径已达 4~5m，长度为 21~26m 不等。

（2）转速。

从圆筒的横断面上看，由于混合料层较厚，各部分受力情况相差很大，其上升时达到的高度也不同，并且在圆筒连续旋转的过程中，总是有一部分物料在上升，一部分在下落，物料上升或下落的多少，与圆筒的转速有关。如果转速过小，混合料所受到的离心力、圆周力也就越小，物料就不能上升到足够的高度，只堆积在圆筒下部，如图 4-3（a）所示。这种情况起不到混合与造球的作用。相反，如果圆筒转速过大，物料所受到的离心力大，致使物料紧贴附于筒壁而带到很高的部位才抛落下来，如图 4-3（b）所示。所以圆筒的转速有一个上限，这个上限转速叫临界转速。

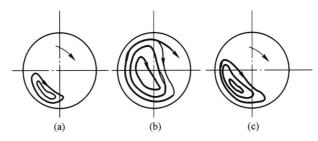

图 4-3　混合机转速及物料运动的影响
（a）转速过低；（b）转速过高；（c）转速合适

1）混合机临界转速。

混合机临界转速指物料在混合机内随滚筒旋转方向转动而不脱落的速度。

$$N_{\text{临}} = 30/R_e^{1/2} \tag{4-4}$$

式中　$N_{\text{临}}$——混合机临界转速，r/min；

　　　R_e——混合机有效半径，m。

2）混合机规范转速。

$$N_1 = (0.2~0.3)N_{\text{临}} \tag{4-5}$$

$$N_2 = (0.25~0.35)N_{\text{临}} \tag{4-6}$$

式中　N_1——一次混合机规范转速，r/min；

　　　N_2——二次混合机规范转速，r/min；

　　　$N_{\text{临}}$——混合机临界转速，r/min。

混合机实际转速在规范转速内，有利于混匀和制粒；实际转速在规范转速低限时，影响混匀制粒效果，需提高混合机转速。

设计二次混合机实际转速大于一次混合机，且二次混合机（制粒机）转速可调，根据不同物料调整转速，改善制粒效果。

小直径的制粒机转速可大些，大直径的制粒机转速稍小些，有利于制粒。

（3）安装倾角。

混合机的安装倾角决定物料在混合机的停留时间。倾角越大，物料混合时间越短，混匀与制粒效果越差。二次混合机的倾角应小于一次混合机。

（4）混合时间。

圆筒混合机混匀制粒时间与混合机长度成正比，与半径、转速及安装倾角成反比。

安装倾角一定，混料机加长，混合时间就延长，对混匀与制粒有利。烧结工艺要求混合机有足够的混匀制粒时间，混匀时间越长，混匀效果越好，但制粒时间越长，不一定制粒效果越好。尤其三次混合的时间不宜太长，否则黏附在料球上的颗粒会脱落下来。

$$t = L_e / (\pi De \cdot n \cdot \tan\upsilon) \tag{4-7}$$

式中　t——混合机混匀制粒时间，min；

　　L_e——混合机有效长度，m；

　　D_e——混合机有效内径，m；

　　n——混合机转速，r/min；

　　υ——混合料的前进角度，（°）；

$$\tan\upsilon \approx \sin\upsilon = \sin\alpha / \sin\psi \tag{4-8}$$

式中　α——混合机的安装倾角，（°）；

　　ψ——混合料的安息角，（°）。

一般设计一次混合机混匀时间 2.5~3min，二次混合机制粒时间 4.5~5min，三次混合机外裹固体燃料时间 1min 左右。

（5）填充率。

混合机填充率指圆筒内混合料体积占混合机有效容积的百分数。

$$\varphi = [Qt / (60\pi R_e^2 L_e \rho)] \times 100\% \tag{4-9}$$

式中　φ——混合机填充率，%；

　　Q——混合机生产能力，t/h；

　　t——混合机混匀制粒时间，min；

　　R_e——混合机有效半径，m；

　　L_e——混合机有效长度，m；

　　ρ——混合料的堆密度，t/m³。

混合机填充率与生产能力和工艺参数有关，适宜填充率才有利于混匀和制粒。

适宜填充率和转速，可获得适宜物料运动状态，有利于混匀和制粒。

填充率过大，混匀和制粒时间不变时，虽然提高混合机产能，但因料层增厚，物料运动受到限制和破坏，不利于混匀和制粒。

填充率过小，不仅混合机产能低，而且物料相互间作用力小，不利于混匀和制粒。

一般设计一次混合机填充率 12%~14%，二次混合机填充率 10%~12%。

4.3.4　常见故障处理

4.3.4.1　设备常见故障处理

圆筒混合机常见故障的判断和处理见表 4-1。

表 4-1　圆筒混合机常见故障的判断和处理

序号	常见故障	原　因	处理方法
1	减速机声音大	1. 轴承磨损； 2. 人字齿轮啮合错位	1. 调换新轴承； 2. 重新调整齿轮啮合
2	圆筒混合机筒体振动大或窜动	1. 四组托辊位置不正； 2. 辊道螺丝松动，垫板摇动； 3. 辊道开裂、变形，托辊或辊道掉皮； 4. 大型圆筒混合机托辊润滑不正常； 5. 筒体托辊的中心线与筒体的中心线不平行。上窜是指筒体向进料口方向移动，反之就是下窜	1. 调整托辊； 2. 调整垫板，拧紧螺帽； 3. 辊道、托辊修理或更换； 4. 查看托辊所润滑系统，恢复正常润滑； 5. 查找托辊和筒体中心线，使其二线平行
3	轴承过热	1. 轴承损坏； 2. 缺油或油脂过多	1. 检查更换轴承； 2. 适量加减油脂
4	减速机漏油	1. 油量过多； 2. 轴头密封不好	1. 减少油量； 2. 重新密封
5	转动小牙振动	1. 齿轮啮合不正，或地脚螺丝松动； 2. 轴承间隙过大	1. 重新找正，拧紧螺丝； 2. 检查更换轴承
6	喷水管水眼堵	1. 水质不好，泥沙较多； 2. 水眼被料堵死	1. 查明原因进行疏通； 2. 更换喷头
7	电动机不能启动	1. 未送电，事故开关未合上或系统选择开关不对； 2. 熔断器内熔丝断，电压过低； 3. 电机负荷过大，或传动机械有故障	1. 检查开关； 2. 查电压及熔断器； 3. 检查负荷情况
8	电机有异常振动和响声	1. 地基不平，安装不好； 2. 轴承有缺陷或装配不好	1. 检查地基和安装情况； 2. 检查轴承情况或更换轴承
9	电机局部或全部发热	1. 电机过载； 2. 电源比额定电压过低或过高； 3. 电机通风不好，环境温度高	1. 应降低负荷，或换一台容量较大的电机； 2. 调整电源电压，允许波动范围在±5%； 3. 检查风向旋转方向、风扇是否脱落、通风孔道是否堵塞，改善环境通风

4.3.4.2　生产常见故障处理

（1）圆筒混合机进口漏料。

1）事故原因。漏料虽然不影响圆筒混合机运转，但增加了劳动强度，污染了环境，产生这一现象的原因是：①送料进入圆筒混合机内的胶带运输机头部刮料板损坏，或者清扫器损坏，使料由胶带带出；②筒体粘料后形成料埂，堵住物料不能顺利前行，造成向后漏料。

2）处理方法。若是第一种情况出现时，在漏料并非严重的情形下，有停机检修的机会，按安全规定停电后进入筒体内处理；若是第二种情形出现，安排清料，清料时要执行安全规定。

（2）圆筒混合机压料。

1）事故原因。圆筒混合机使用一段时间后，由于内衬和角钢被磨掉之后变得越来越光滑，物料与筒体的摩擦力减小，物料扬起来，在圆筒混合机内的运动减慢，圆筒混合机筒体积料增加，当增加到超过某一极限时，造成圆筒混合机被压死。有时圆筒混合机出口堵塞杂物，也易造成压料事故。

2）处理方法。事故出现后，要立即切断事故开关停机，并报告主控室停电进行处理。在处理过程中，必须有人在外监护。在处理前，先打开出口端热气门排气，当温度降低后进行人工挖料；在挖料过程中，要采取有效措施，防止高位料块下落伤人，严格执行安全规程；清料工作结束后，通知主控室，恢复生产。清理圆筒混合机筒体内的粘料要与检修计划同步，尽量减少临时停产。

4.4　混匀制粒操作

4.4.1　影响混匀与制粒的因素

原料进入混料机后，物料随混合机旋转，在离心力、摩擦力和重力等作用下运动，各组分互相掺和混匀；与此同时，喷洒适量水分使混合料润湿，在水的表面张力作用下，细粒物料聚集成团粒，并随混料机转动而受到各种机械力的作用，团粒在不断的滚动中被压密和长大，最后成为具有一定粒度的混合料。混合料混匀制粒的效果与原料性质、操作方法以及混料机的参数选择等有关。

4.4.1.1　原料性质的影响

原料性质包括物料的黏结性、粒度和密度等因素，都影响混匀与制粒效果。

（1）黏结性。

黏结性大和亲水性强的物料易于制粒，但难以混匀。一般，褐铁矿与赤铁矿粉比磁铁矿粉制粒要容易些。

（2）粒度。

"准颗粒"的含义：烧结料制粒小球的结构特征表明，料球一般由核颗粒和黏附细粒组成。-0.25mm 细粒容易黏附在其他颗粒上，在机械力作用下形成更大的颗粒，称-0.25mm 颗粒为黏附细粒。1~3mm 颗粒容易成为颗粒的核心，在机械力作用下黏结其他物料形成更大的颗粒，称 1~3mm 颗粒为核颗粒。-0.25mm 黏附细粒和 1~3mm 核颗粒，统称为"准颗粒"。

0.25~1mm 中间颗粒既不能作为制粒核心，又不能黏附到球核上进一步制粒，难于粒化（难成核也难黏附），影响混合料成球性，越少越好。

另外，粒度差别大的物料，在混合时易产生偏析，难于混匀，也难于制粒。为此，混合料中，大粒级应尽可能少，控制铁矿粉和副产品的粒度，+8mm 粒级不得大于10%，控制石灰石和白云石中-3mm 粒级大于 85%。在粒度相同的情况下，多棱角和形状不规则的物料比圆滑的物料易于制粒。

（3）密度。

物料中，各组分间密度相差悬殊时，由于随混合机回转板带到的高度不同（密度大的物料上升高度小，密度小的物料则相反），在混合时就会因密度差异而形成层状分布，因而也不利于混匀和制粒。

（4）铁料种类。

富矿粉和精矿粉二者的成球制粒机理不同。

精矿粉自身粒级-200 目占 85%以上，全部为黏附粉，无核颗粒和理想的 3~5mm 粒级，所以精矿粉烧结以精矿粉为黏附颗粒，以其他物料作为核颗粒决定制粒成球能力，需通过强化制粒改善混合料成球制粒性能。

富矿粉自身有-0.25mm 颗粒起黏附粉作用，有 1~3mm 作为核颗粒，所以富矿粉烧结通过粒度配矿可以增加 3~5mm 粒级改善混合料粒度组成，改善成球制粒效果。

富矿粉粒度需适宜，力求+8mm 粒级小于 10%，因为大颗粒物料不利于制粒，影响制粒效果，而且烧不透，降低烧结温度，不能与其他矿粉熔融黏结。同时-3mm 粒级小于 45%，粒度组成趋于均匀，有利于改善烧结料层透气性。

必要时增设入厂富矿粉破碎流程，将富矿粉中的大粒度破碎至小于 8mm。

4.4.1.2　加水量和加水方式

A　加水量

配合料加水润湿的主要目的是促进细粒料成球。干燥或水分过少的物料是不能滚动成球的；但水分过多，既影响混匀，也不利于制粒，而且在烧结过程中，容易发生下层料过湿的现象，严重影响料层透气性。通常，最适宜的制粒水分与烧结料的适宜水分接近，后者约比前者低 1%~2%。

混合料的适宜水分值与原料亲水性、粒度及孔隙率等因素有关。

（1）亲水性。

根据物料的亲水性不同，控制适宜的混合料水分。常见铁矿粉的亲水性和制粒性能依次是褐铁矿>赤铁矿>磁铁矿。亲水性原料配比大，需加水分大且提前充分润湿效果好；原料亲水性差，组织致密，需加水分小，如磁铁矿。除尘灰（烧结环境灰、高炉重力灰、炼钢除尘灰等）具有疏水性，增加除尘灰配比，则减少加水量，减小混合料水分；高返和烧结内返亲水性极强，增加高返和烧结内返配比，加大加水量，尤其在配料室之前提前加水润湿高返和烧结内返，减小其对混合料水分的影响。

（2）粒度。

一般情况下，物料粒度越细，比表面积越大，所需的水分就越多。

（3）孔隙率。

表面松散多孔的褐铁矿烧结时，混合过程中就需添加较多的水分；而赤铁矿和磁铁矿等较坚实致密的物料烧结时，需加入的水分就应少一些。

（4）添加物。

当配合料粒度小，配加生石灰时，水分可大一些；反之，则应偏低一些。

（5）气候。

掌握混合料水分还要考虑气象因素，冬天水分蒸发较少，水分可控制在下限；而夏季水分蒸发较快，就应控制在上限。

最适宜的水分波动范围是很小的，超出这个范围对混合料的成球会发生显著的影响，因而水分的波动范围应严格控制在±0.3%以内。

B　加水点与加水方式

加水点和加水方式是混匀制粒的关键环节，原料提前充分润湿、混合机内加热水并高压雾化是提高料温、提高混匀制粒效果的重要措施之一。

（1）原料提前加水润湿。

原料没有充分加水润湿，则水分渗透不进内部，内外水分不一，影响烧结过程传热速度，所以原料准备期间加入足量水（如原料场入厂原料中加水、混匀矿中加水、烧结内返和高炉外返中加水、除尘灰等循环物料综合加水；配料室生石灰消化加水等），使物料提前充分润湿，有利于强化制粒和提高烧结速度。

（2）混合机内加水点和加水方式。

混合机内加水必须均匀，将水均匀喷在随筒壁上扬的混合料料面上，不能喷在筒体底部混合料上（此处混合料基本呈相对静止状态，混合料和水分之间几乎没有摩擦运动）或筒体衬板上，否则将造成混合料水分不均匀和圆筒内壁粘料。

一混是主要加水环节，占总加水量的85%以上，物料在此充分润湿和混匀；二混加入少量的补充水并通入蒸汽提高料温。当混合料水分过小时，立即在一混增加水量，而不急于在二混多加水。

混合机内加柱状水，水分过于集中不易分散，不利于水分均匀和制粒；加0.5MPa以上高压雾化水有利于水分均匀和形成母球，并加速小球长大，促进混匀和制粒。

一次混合机进料端2m或3m内不加水，且设置扬料衬板使混合料上扬充分混匀；二次混合机出料端3m内不加水，且出料口处设置挡料圈。

4.4.1.3　返矿质量与数量

返矿粒度较粗，具有疏松多孔的结构，可成为混合料的造球核心。在细精矿混合时，上述作用尤为突出。返矿粒度过大，易产生粒度偏析而影响混匀和制粒，适宜的返矿粒度上限，应控制在5mm。返矿粒度过小，往往是未烧透的生料，起不了造球核心的作用。适量的返矿量对混匀和造球都有利。

4.4.1.4　圆筒混料机工艺参数的影响

混合机内物料运动状态主要由转速、安装倾角、填充率、物料的物理性质决定。

混合机内物料呈翻动、滚动、滑动三种运动状态，运动幅度翻动>滚动>滑动。

混合机内物料呈翻动运动状态，对混匀有利；呈滚动运动状态，对混匀和制粒有利；呈滑动运动状态，对混匀制粒都不起作用。改善混匀制粒效果，应增强物料翻动和滚动，削弱滑动运动状态。

4.4.1.5　混烧比

混烧比指圆筒混合机有效容积之和与对应烧结机有效面积的比值，单位为m^3/m^2。

混烧比不是圆筒混合机的工艺参数。

混烧比反映圆筒混合机的混匀制粒能力。随着烧结精粉率的提高和冶金工业辅料的循环利用，为了提高混匀和制粒能力，设计混烧比大于$1.5m^3/m^2$。

4.4.2　混料技术操作要点

4.4.2.1　控制适宜的水分

应经常根据光泽、成球性观察混合料水分的变化，若水分过大，关闭补充水门；若水分过小，加大补充水。定期检查加水管水眼是否被堵塞，控制混合料水分波动小于规定指标的$\pm0.3\%$，严禁跑干料和过湿料。

由于水分是烧结生产中的重要参数，因此对水分的控制与测定尤为重要。对水分的控制与测定方法分为两种，一种是人工控制的方法；另一种则是自动控制方法，见表4-2。

表4-2　常用测定物料水分的方法及特点

方法	内　　容	特点
称重烘干法	据不同物料取100g、200g或400g样量，置于105~120℃恒温烘箱中，至水分完全蒸发，物料完全烘干，计算水分质量占试样质量的百分数	测时长 测值准
快速失重法	据不同物料取50~200g试样量，置于水分快速检测仪中，在极限失重温度下快速烘干物料，快速仪自动读出水分值 极限失重温度指物料不发生化学反应，仅物理水蒸发的最高温度	测定时间短 影响因素多
中子法在线测水	利用慢中子的次级反应原理，间接反映水分大小，由中子测水仪在线测定物料水分	
电阻法在线测水	利用润湿物料导电性与水分含量呈线性关系的原理，在线测定物料水分	
红外线在线测水	利用某波长光照射到物料上，随物料水分增减，从被测物料反射回来的红外光束随之减短或增长的原理，在线测定物料水分	
说明	取样量据物料粒度组成和堆比重等确定，物料粒度组成均匀和堆比重小，则取样量少；反之取样量多，原则上使取样具有代表性	

A　混合料水分的人工控制与人工测定

a　水分的人工控制

根据烧结原料和返矿配比的不同，由人工控制水管阀门，分别在一次混合、二次混合加水；一次混合给水要充分，达到总加水量的80%以上。一般情况下，二次水应每隔10min检查一次，其方法是：

水分正常时，手握紧料后能保持团状，轻微抖动就能散开；手握料后感到柔和，有少数粉料粘在手上；有1~3mm的小球；料球均匀，无特殊光泽。

水分不足时，手握混合料松散不易成团，料中无小球颗粒或小球颗粒很少；用铁锹或小铲搓动混合料不易成球。

水分过大时，料有光泽，手握成团后再抖动，不易散开，并有泥粘在手上。

b　水分的人工测定

人工测定水分有两种方法：称重烘干法和快速失重法。

（1）称重烘干法。

取样：这是测定混合料水分的重要一环，试样取得不好，就无代表性，影响烧结生产。通常测定一次混合后原料含水的取样点在二次圆筒混合机前的胶带运输机上，样量为1000~1500g；测定二次混合后混合料水分的取样点应在梭式布料器下料处，来回多次截取，样量重1000~1500g。

测定：用天平取400g试样倒入样式盘铺平，置于烘干箱中105~120℃恒温，至水分完全蒸发，物料完全烘干，计算水分质量占试样质量的百分数。

$$W = \frac{G_0 - G_1}{G_0} \times 100\% \tag{4-10}$$

式中　W——混合料的含水量，%；

　　　G_0——试样重量，g；

　　　G_1——烘干试样重量，g。

（2）增加快速失重法。

取50~200g样量，置于快速水分仪中，在极限失重温度下快速烘干物料，快速水分仪自动读出水分值。

极限失重温度指物料不发生化学反应，仅物理水蒸发的最高温度。

烧结生产中，最原始也最准确的物料水分测定方法是称重烘干法。

称重烘干法虽然较快速失重法用时长，但测定结果较准确。

烧结工适宜用快速失重法和目测判断水分相结合掌控混合料水分。

B　混合料水分的自动测量和控制

在线测水仪有红外线、电导法、微波法、中子法，大多数企业使用红外和微波测水仪。

红外线测水自动控制原理：将某一波长的测量光束照射在被测物上，随被测物中水分含量增加（或减少），从被测物反射回来的红外线就随之增加（或减少），红外探测器测量反射光束的强度，就知道被测物中水分的含量；通过光电转换器，向计算机输入变化旳电流，计算机根据设定标准值来控制电动水阀门的加、减水量，从而达到加水自动控制。

电导法是利用润湿物料电导性与水分含量呈线性关系的原理，在线测定物料水分。

微波法是利用微波穿过物料时损耗部分能量，损耗的能量随物料水分的增加而增加的原理，在线测定物料水分。

中子法是利用慢中子的次级反应原理，间接反映水分大小，由中子测水仪在线测定物料水分。

烧结在线测水法干扰因素多且滞后，仅能反映水分趋势，需用称重烘干法校正。

目前混合料自动加水采用"计算机前馈加反馈控制"，见图4-4。

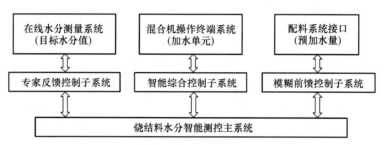

图4-4　混合料水分前馈加反馈控制图

（1）根据配料结构、各原料原始水分和目标水分值，通过智能专家系统运算得到预加水量。

（2）将信号发送到由比例调节阀、电磁流量计、切断阀组成的可计量加水单元，并与主机给出的加水量组成闭环控制。

（3）通过在线测水仪连续测定混合料水分，与目标水分值比较，将差值通过"混合料水分智能测控主系统"反馈给"预加水量"和"加水单元"增加或减少水量，实现混合料水分前馈加反馈控制。

4.4.2.2　控制适宜的料温

料温要求在露点温度以上。料温过低时应及时查明原因，一方面加大蒸汽量；另一方面检查蒸汽管道是否堵塞。为了避免蒸汽浪费，降低蒸汽消耗，料温也不宜过高，在蒸汽压力正常的情况下，应掌握在60~70℃。

4.4.2.3　控制矿槽的存料量

要严格控制矿槽的存料量，保持相对稳定，一般应保持在1/2~2/3的范围内，严禁出现空仓或顶仓现象。

4.4.2.4　混料操作过程中应注意问题

混料操作过程中应注意如下问题：

（1）要经常观察混合料水分的大小，进行料温测定和粒度组成测定，并做好记录，以此作为操作的依据。

（2）经常观察料流情况，保证料流畅通，混料均匀。

（3）圆筒内壁不应挂料过多，应在停机时抽空进行清理，以保持良好的混合效果和造球能力。

（4）变料与缓料时水分的开停必须掌握适当，避免发生上"干料"和上"湿料"的现象。

（5）圆筒混料机在生产过程中出现故障应及时查明原因并加以修理。

4.4.3 强化混匀与制粒的措施

为了提高烧结料的混匀制粒效果，可采用以下措施强化混合作业。

（1）添加黏结剂。在细精矿烧结时，添加适量的黏结性物料，如消石灰、生石灰，能大大改善烧结料的成球性能，既可加快造球速度，又能提高干、湿球的强度与热稳定性。这些黏结剂粒度细，比表面大，亲水性好，黏结性强。生石灰遇水消化成为消石灰 $Ca(OH)_2$ 后，不仅能形成胶体溶液，而且还有凝聚作用，使细粒物料向其靠拢，形成球核，在混合中经反复滚动密实，球粒不断长大并具有一定的强度。此外，近期国内外研究有机添加物（包括腐殖酸类、聚丙烯酸酯类、甲基纤维素类等）应用于强化烧结，混合料的制粒效果也取得明显的进展。

（2）采用磁化水润湿混合料。这项措施早有人提出，我国新近的研究指出，当水经过适当强度的磁场磁化处理后，其黏度减小，表面张力下降，而有利于混合料的润湿和成球。在此条件下，加于物料中的水分子能够迅速地分散并附着在物料颗粒表面，表现出良好的润湿性能。在机械外力的作用下，被水分子包围的颗粒或与未被水分子润湿的干颗粒之间的距离缩小，使水分子的氢键能够把它们紧紧地连接在一起，强化造球。中性水润湿物料效果最差，酸性或碱性水润湿物料效果较好。

（3）预先制粒法。改善以细粒级原料为主的烧结混合料透气性的方法之一是将细粒组分预先制粒，然后再与其粗粒组分混合。日本君津、室兰等厂就是将高炉灰、烧结粉尘与细粒精矿添加大约3%的皂土，制成 2~8mm 的小球送至二次混合机。苏联研究了一种细粒精矿添加生石灰预先制粒的方法，已经在西伯利亚钢厂的 K-2-18 型烧结机上进行了半工业性试验。这些措施都对强化混合作业起到了一定的效果。

（4）强力混匀制粒机改善制粒效果。随着烧结机大型化和精矿粉用于烧结以及循环经济下大量细粒除尘灰作为烧结辅助原料，原有的混合制粒能力不能满足新的烧结原料和工艺要求，开始重视和推行强化混匀制粒技术。如巴西采用立式强力高效混合机处理超细精矿粉，宝钢采用卧式强力混合机用于粉尘的强力混匀和制粒。

4.4.4 混匀效果评价

混匀效率按式：

$$\eta = \frac{K_{min}}{K_{max}} \tag{4-11}$$

式中　K_{min}——混合料均匀系数的最小值；

　　　K_{max}——混合料均匀系数的最大值。

η 越接近 1，说明混合效果越好。

混匀系数 K 按式（4-12）计算：

$$\begin{cases} K_1 = \dfrac{C_1}{C} \\[2mm] K_2 = \dfrac{C_2}{C} \\[1mm] \vdots \\[1mm] K_n = \dfrac{C_n}{C} \end{cases} \tag{4-12}$$

式中　K_1，K_2，…，K_n——各试样的均匀系数；

　　　C_1，C_2，…，C_n——某一测试项目在所取试样中的含量，%；

　　　　　　　　C——某一测试项目在此组试样中的平均含量，%。

$$C = \frac{C_1 + C_2 + \cdots + C_n}{n} \tag{4-13}$$

此外，混匀效率还可以用平均均匀系数来表示。

$$K_0 = \frac{\Sigma(K_d - 1) + \Sigma(1 - K_s)}{n} \tag{4-14}$$

式中　K_0——平均均匀系数，越接近零，混匀效果越好；

　　　K_d——各试样的均匀系数大于等于 1 的值；

　　　K_s——各试样的均匀系数小于 1 的值。

例：计算混合料固定 C 的混匀效率，依次取 5 个试样，并化验其固定 C 含量如下：

试样号	1	2	3	4	5
含量/%	3.4	3.5	3.21	2.92	4.38

解：固定 C 在此组试样中的平均含量为

$\qquad C=(3.4\%+3.5\%+3.21\%+2.92\%+4.38\%)/5= 3.48\%$

1 号试样的混匀系数 $K_1 = C_1/C = 3.4/3.48 = 0.98$

2 号试样的混匀系数 $K_2 = C_2/C = 3.5/3.48 = 1.0$

3 号试样的混匀系数 $K_3 = C_3/C = 3.21/3.48 = 0.92$

4 号试样的混匀系数 $K_4 = C_4/C = 2.92/3.48 = 0.84$

5 号试样的混匀系数 $K_5 = C_5/C = 4.38/3.48 = 1.26$

混匀效率为 $\eta = K_{min}/K_{max} = 0.84/1.26 = 0.60$

平均均匀系数为

$\qquad K_0 = [(1-0.98)+(1-0.92)+(1-0.84)+(1.26-1)]/5 = 0.104$

4.4.5　造球效果评价

（1）以制粒前后混合料中某一粒级的产出率增量评价。

$$B_i = (Q_i/Q_o) \times 100\% \tag{4-15}$$

式中　B_i——某一粒级产出率，%；

　　Q_i——某一粒级产出量，kg；

　　Q_o——试样总量，kg。

（2）以制粒前后混合料中+3mm粒级质量百分数评价（即成球率）。

$$\eta = [(Q_2 - Q_1)/Q_1] \times 100\% \tag{4-16}$$

式中　η——成球率，%；

　　Q_1——制粒前混合料中+3mm粒级质量，kg；

　　Q_2——制粒后混合料中+3mm粒级质量，kg。

（3）以制粒前后混合料的平均粒径增值评价。

混合料平均粒径 D 计算方法：

1）为使计算物料粒径接近实际物料粒径，每一筛分级别中最大颗粒直径和最小颗粒直径的比值（即筛比）不应超过 $2^{1/2} = 1.414$。

2）某级别颗粒的平均直径 d_i 计算方法：

$d_i = (d_1 + d_2)/2$　　　用于计算粒级范围的平均直径

$d_i = (d_1 + d_1/1.414)/2$　　用于处理下限粒级的平均直径

$d_i = (d_2 + 1.414d_2)/2$　　用于处理上限粒级的平均直径

计算精矿粉平均粒径时，近似取-325目的平均颗粒直径为0.0215mm。

4.5　提高混合料温度

当烧结过程开始后，在料层的不同高度和不同的烧结阶段水分含量将发生变化，出现水分的蒸发和冷凝现象。

烧结过程中水汽冷凝并发生过湿现象，对于烧结料层的透气性是非常不利的。因为冷凝下来的水分充塞在混合料颗粒之间的孔隙之中，使气流通过的阻力大大增加，同时过湿现象会使料层下部已造好的小球遭受破坏，甚至会出现泥浆，阻碍气体的通过，严重影响烧结过程。减轻过湿带的主要措施如下。

（1）提高烧结混合料的原始温度。预热混合料的方法有：

1）利用蒸汽提高水温，混合机内加热水。

导热系数 λ 是表征物质导热性能的物性参数，表示单位温度梯度下的热通量，单位为 W/(m·℃) 或 W/(m·K)，是物质的固有性质，是分子微观运动的宏观表现，与物质的形态、组成、密度、温度、压力呈函数关系，$\lambda_{金属固体} > \lambda_{非金属固体} > \lambda_{液体} > \lambda_{气体}$，导热系数越大，导热性能越好。

100℃下饱和水的导热系数0.683W/(m·K)，饱和蒸汽的导热系数0.025W/(m·K)，过饱和蒸汽的导热系数比饱和蒸汽低很多，因为过饱和蒸汽变成饱和蒸汽没有发生相变，放出显热；而饱和蒸汽变成水发生相变，释放汽化潜热。但过饱和蒸汽在管道内压强增大速度加快时，热传导效果明显改善，所以利用过饱和蒸汽在管道内压强大、速度快、温度高的特点，将过饱和蒸汽管道盘旋在水池内使水温提高到 90℃以上（水基本呈沸腾状态），利用水的导热系数远大于蒸汽的特点，将 90℃以上的热水加到混合机内，是有效提高混合料温度的措施。

在烧结机机头上方的料仓内通入过饱和蒸汽（饱和蒸汽含水量大，导致混合料水分波动大甚至成泥团，使烧结过程过湿带增厚，料层阻力增大），可有效提高混合料温度。蒸汽压力越大，采用射流喷嘴将蒸汽穿透到混合料内，提高料温效果越明显。

2）生石灰预热混合料。

利用生石灰消化放热提高混合料的温度，其消化反应如下：

$$CaO + H_2O = Ca(OH)_2 + 4.187 \times 15.5 kJ/mol$$

即 1mol CaO（56g）完全消化放出热容量 4.187×15.5kJ。如果生石灰含 CaO 为 85%，混合料中加入量为 5%，若混合料的平均热容量为 0.25×4.187kJ，则放出的消化热全部利用后，理论上可以提高料温 50℃左右。但是，由于实际使用生石灰时要多加水，以及热量散失，故料温一般只提高 10~15℃。鞍钢二烧在采用热返矿预热的条件下，配入 2.87%的生石灰，混合料温由 51℃提高到 59℃，平均每加 1%的生石灰提料温 2.7℃。

（2）提高烧结混合料的湿容量。凡添加具有较大表面积的胶体物质，都能增大混合料的最大湿容量，由于生石灰消化后，呈极细的消石灰胶体颗粒，具有较大的比表面，可以吸附和持有大量水分。因此，烧结料层中的少量冷凝水，将为料球中的这些胶体颗粒所吸附和持有，既不会引起料球的破坏，亦不会堵塞料球间的通气孔道，仍能保持烧结料层的良好透气性。

（3）降低废气中的含水量。实际上是降低废气中的水汽的分压，将混合料的含水量降到比适宜水分低 1.0%~1.5%，可以减少过湿带的冷凝水。如采用双层布料烧结时，将料层下部的含水量降低，也有一定效果。

4.6 混料岗位操作

4.6.1 混料工操作原则

遵循正确使用、经常检查、加强维护、合理润滑的圆筒混合机操作原则，充分发挥混合机混匀和制粒机制粒的作用，提高设备作业率和生产能力。

圆筒混合机未停稳不准重新启动，不准超负荷启动和运行。

减速机加油量适宜才能很好保护轴承不损坏，并非加油量越多越好。

4.6.2 混料工操作要领

根据使用物料的水分、粒度组成、组织结构、配加返矿质量和数量、烧结料层厚度、季节的不同等因素，确定适宜的加水量和烧结混合料水分。另外排放除尘灰、变更原料配比、变更碱度等情况时，及时调整加水量和混合料水分，使水分满足烧结工艺要求。

圆筒混合机内料量太大或太小时，及时联系有关岗位，力争料流均衡稳定。

圆筒混合机检修或长时间停机时，转净倒空物料，防止筒壁粘料影响混匀制粒效果。

4.6.3　混合机头部清料操作

混合机头部清料操作如下：

（1）现场与中控室联络确认，通知班组长及互保对象。

（2）做好准备工作。劳防用品穿戴标准，工器具准备齐全。

（3）清料作业。必须停机断电挂牌处理；不能触摸到旋转体；准确使用工器具，站位得当，注意安全，用力均匀，清除积料，控制扬尘；如果积料块大，必须破碎成小块，避免造成布料不匀。清料完毕将工器具摆放定置化，汇报中控室送电生产。

4.6.4　清除圆筒混合机内积料安全措施

清除圆筒混合机内积料安全措施如下：

（1）采取以下措施后，方可进入圆筒混合机内作业。切断事故开关，挂上检修牌，并派专人看守监护。用木楔在圆筒齿圈上卡死，防止筒体转动。停止圆筒混合机进出口设备运转，一次混合机倒翻板，防止继续进料。关闭圆筒混合机进水、进气阀门。

（2）进仓人员必须穿戴好安全防护用品，系好安全带和安全绳，进出仓使用安全梯。

（3）在圆筒混合机内作业，照明必须使用36V安全低压灯。

（4）圆筒混合机内上部积料未清除前，不得进入内部清理，防止上部积料塌落。

（5）需用大锤敲击筒体外壁时，必须确认筒体内人员已经撤离。

（6）清除圆筒混合机内积料时，必须从出料口处开始并由上至下、由外向内进行。

4.6.5　矿仓和料仓清仓作业安全措施

矿仓和料仓清仓作业时，为防止可能发生的设备转动、水汽突然喷出、积料塌落等造成的绞伤、烧伤、砸伤、掩埋、窒息等人身事故，需采取安全措施。

（1）切断事故开关，停机处理，并禁止站在闸门前，更不允许身体钻入卸料口内。

（2）清理作业前，将仓上工序的皮带机及仓下工序的圆盘给料机停止运行，包括切断事故开关、挂检修牌。如上部皮带机不能停运，应将上口加挡板封闭。

（3）料仓上面及周围1m内堆放物品应清理干净。

（4）进仓人员必须穿戴好安全防护用品，系好安全带和安全绳，进出仓使用安全梯。

（5）必须确认，从被清理的积料顶部以下的料位深度在1m以下，方可下仓。

（6）清仓时，仓内照明必须使用36V安全低压灯。

（7）清仓作业时，上面进料口及下部圆盘必须设监护，下仓人员不得少于两人。

（8）清仓作业时，必须从上往下层层清理，严禁采取从下部掏挖的清理办法。当清理料位深度达到1m时，应停止清理，待联系上料系统填平料后再下仓作业。填平料面前仓内人员必须撤出。需启动圆盘放料时，仓内人员必须撤出。

4.6.6 防止矿仓"坐料"措施和处理矿仓"坐料"操作

（1）防止矿仓"坐料"措施如下：

运转中，仓内存料保持半仓以上。

仓满后，不允许再带料，以免将料压实。

雨季物料水分大时，停机后立即通知上料系统停止上料。

（2）处理矿仓"坐料"操作。

1）做好准备工作。现场与中控室联络及正确使用开关；仓可变更时，现场请求中控室进行仓切换；仓不能变更，单仓或施工不能使用时，请求原料系统停止；确认相应仓圆盘停止；将该圆盘选择开关置"停止"档，同时将皮带电子秤断电停机；手动将各空气炮的气放空，切断空气炮电源开关。

2）处理操作。中控室选择"机侧"运转，现场确认皮带电子秤开关置"停止"档，清出圆盘底面料，减轻圆盘负荷；选择开关置"运行"位置，电子秤必须运转，检查圆盘是否排料正常；现场与中控室联络，按微动启动圆盘，如果圆盘仍无法正常排料，重复以上步骤；出料正常后，停止圆盘，中控室选择"联动"运转，现场清点工器具。

3）处理完毕选择开关置"运行"位置，使用时注意该矿仓物料的水分及料量。

课后复习题

1. 简述水分在烧结过程中的作用。
2. 简述圆筒混料机工艺参数有哪些，如何设定。
3. 简述影响混匀制粒的因素。
4. 简述混合料中水分测定的方法。
5. 简述强化混匀制粒的措施。
6. 简述提高混合料料温的措施。

试题自测 4

5 布料、点火理论与操作

5.1 布料理论与操作

布料是将铺底料和混合料铺到烧结机台车上的操作。混合料在烧结机台车上的分布是否均匀，直接关系到烧结过程料层透气性的好坏与烧结矿的产量、质量，它是烧结生产中的主要问题之一。

5.1.1 布料制度

5.1.1.1 布铺底料

铺底料是20世纪70年代发展起来的一项烧结新工艺，目前已在我国烧结生产上推广。铺底料一般是从成品烧结矿中筛分出来，通过皮带运输机送到混合料仓前专设的铺底料仓，再布到台车上。

A 铺底料的作用

(1) 将混合料与炉箅分开，防止烧结时燃烧带与炉箅直接接触，既可保证烧好烧透，又能保护炉箅，延长其使用寿命，提高作业率。

(2) 铺底料组成滤层，防止粉料从炉箅缝抽走，使废气含尘量大大减小，降低除尘负荷，提高风机转子寿命。

(3) 防止细粒料或烧结矿堵塞与黏结箅条，保护炉箅的有效抽风面积不变，使气流分布均匀，减小抽风阻力，加速烧结过程。

(4) 有助于烧好烧透，因而返矿稳定，这为混合料水、碳、料温的稳定和粒度组成的改善创造了条件，不仅能进一步改善烧结作业，还便于实现烧结过程的自动控制。

(5) 因台车黏结和撒料情况得以避免，劳动条件也大为改善。

B 铺底料粒度和厚度

保证铺底料不堵塞台车炉条缝隙（一般7~8mm）的情况下，铺底料粒级宜小而均匀，下限不低于10mm，上限可缩小到15~18mm，以改善铺底料的均匀度和底部烧结料层透气性，同时将大粒级烧结矿进入成品矿中，达到既改善成品烧结矿粒度组成、提高烧结矿转鼓强度，又改善铺底料粒级均匀度的双重效果。

铺底料厚度以盖住台车炉条为宜（20~40mm），不宜太厚。

C 无铺底料时操作基本原则和技术措施

(1) 无铺底料时操作基本原则。在保证烧结矿质量、烧结料层烧透但不粘炉条、炉条不烧损的前提下，可采用无铺底料作业。但无铺底料作业时，除尘灰明显增多，注意关注除尘灰排放对烧结生产的影响。

（2）无铺底料时操作技术措施：

1）降低烧结料层厚度，提高烧结机机速；

2）终点位置 BTP 适当后移；

3）降低固体燃料配比，降低烧结矿 FeO 含量，减少烧结热量投入；

4）控制返矿平衡，做好应急措施准备；

5）加强现场监视。

5.1.1.2　布混合料

布混合料紧接在铺底料之后进行。

图 5-1 所示为烧结机的两种布料方式。

现场视频—
320m² 布料

现场视频—
布料器

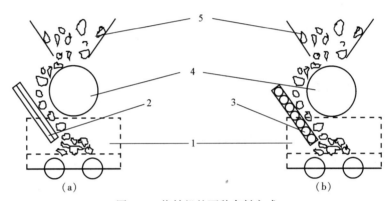

图 5-1　烧结机的两种布料方式

（a）圆辊给料机+反射板式布料方式；（b）圆辊给料机+辊式布料方式

1—台车；2—反射板布料器；3—辊式布料器；4—圆辊布料器；5—受料矿槽

烧结生产对布料的要求是：

（1）按规定的料层厚度布料，沿台车长度和宽度方向料面平整，无大的波浪和拉沟现象，特别是在台车拦板附近，应避免因布料不满而形成斜坡，加重气流的边缘效应，造成风的不合理分布和浪费。

（2）沿台车高度方向，混合料粒度、成分分布合理，能适应烧结过程的内在规律。最理想的布料应是自上而下粒度逐渐变粗，含碳量逐渐减少，从而有利于增加料层透气性，并改善烧结矿质量。双层布料法就是据此提出来的。采用一般布料方法，只要合理控制反射板上料的堆积高度，或圆辊给料机给料量、多辊布料器的安装角度，使混合料产生自然偏析，也能收到一定效果。

（3）保证布到台车上的料具有一定的松散性，防止产生堆积和压紧。但在烧结疏松多孔、粒度粗大、堆积密度小的烧结、如褐铁矿粉、锰矿粉和高碱度烧结矿时，可适当压料。以免透气性过好，烧结和冷却速度过快而影响成型条件和强度。

5.1.2　布料设备

通常布料装置为：梭式布料器+圆辊给料机或宽皮带给料机+多辊布料器或反射板。

5.1.2.1 梭式布料器

梭式布料器实质就是带小车的给料皮带机。它主要由运输带、移动小车以及小车传动装置和皮带传动装置组成。靠小车的往复运动,混合料不是直接卸入料槽,而是经梭式布料机均匀布于料槽中,使槽内料面平整,做到布料均匀。

梭式布料器均匀布料的关键是小车在两端换向时停留的时间,停留时间越短,矿仓布料越均匀;停留时间越长,矿仓布料越偏析。

梭式布料器最大的弊端是布到矿仓内的料位一边高一边低,同时边缘料粒度偏大。为缓解梭式布料器一边高一边低的布料弊端,操作中控制矿仓高料位运行为宜。

5.1.2.2 圆辊给料机

圆辊给料机又称泥辊,可单独用于烧结机的布料。它由圆辊、清扫装置和驱动装置组成,圆辊外表衬以不锈钢板,以便于清除粘料,在圆辊排料侧的相反方向设有清扫装置,布料机由调速电机驱动,其转速要求与烧结机同步。图 5-2 为烧结机用圆辊布料机布料示意图。给料量的大小由圆辊转速及闸门来控制,配套层厚仪在线检测料层厚度可以实现自动布料。

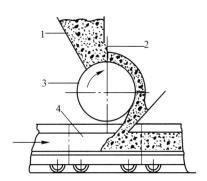

图 5-2 圆辊布料机示意图
1—小矿槽;2—闸门;3—圆辊;4—台车

圆辊的宽度和烧结机宽度相等,当圆辊旋转时,其上各点速度相同,因而能做到沿烧结机宽度上均匀给料;这种布料机的优点是工艺流程简单,设备运转可靠;缺点是布料的均匀程度受料槽中料面的高度和形状影响。

5.1.2.3 辊式布料器

混合料由圆辊布料机经反射板布于台车上,反射板经常粘料,造成混合料沿台车宽度方向布料偏析,混合料在台车高度方向上偏析效果差。现一般烧结厂已采用辊式布料器代替反射板布料。辊式布料器是由 5~9 个辊子组成的布料设备,工作时,由于辊子不停地运转,即可消除混合料粘辊现象,使布料更均匀。

辊式布料器主要由轴承箱、齿轮箱、布料辊、减速机、电机、变频调速器六大部分组成(图 5-3)。

现场视频—
烧结圆辊下料

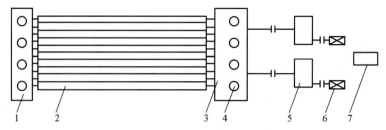

图 5-3　辊式布料器的结构示意图

1—轴承箱；2—布料辊；3—齿轮箱；4—润滑孔；5—减速机；6—电机；7—变频调速器

其工作原理如下：从圆辊给料机滚出的烧结混合料，落到多辊布料器的布料辊上，并随着布料辊向下转动而滚出。混合料在向下滚动的过程中，有一部分细粒级的混合料从布料辊之间的缝隙落到料层的表面，而粒度大于布料辊间隙的粗粒级的混合料则一直滚到布料器的下端（此功能相当于对混合料起筛分作用），同时混合料在布料辊上滚动，松散了混合料，可以保证良好的透气性，烧结混合料从多辊布料器下端落到烧结机台车料层上产生粒度偏析，保证偏析布料。

辊式布料器的安装倾角和辊子转速是偏析布料效果的关键因素，安装倾角过大，则布料密度大易压料；安装倾角过小，则布料松散，一般多辊布料器的安装角度在 35°~40° 之间。多辊布料器转速加快，多辊布料器上的混合料向下移动速度加快，烧结机台车上料层的粒度偏析增大，反之烧结料层粒度偏析减弱。

5.1.2.4　反射板

反射板设在圆辊布料机的下部，它的作用是把圆辊布料机给出的料经反射板的斜面滚到台车上，在一定程度上起到了布料的作用。反射板的合适角度要根据混合料的性质来选择。角度小时，混合料的冲力小，铺料松散，料层透气性好，上下部粒度均匀，但易粘料，操作费力，照顾不到即出现拉沟现象；角度大时，混合料的冲力大，料易砸实，影响透气性。反射板的倾角一般为 45°~52°。

5.1.2.5　松料器与压料装置

由于布料作业的好坏严重影响烧结生产的产量和质量，国内外都在积极研究改进布料的措施，为了保证料层有一定的松散性，防止产生堆积和压紧，料层透气性、风量分布、温度分布趋于合理，使烧结过程均质均匀进行，可在布料器下面安装松料器，即在料层的中部、中下部安装两排松料棒。松料棒有的厂家选用圆钢，有的厂家选用扁钢，厚度 10mm、高度 50~60mm 的不锈钢板松料器效果好，安装间距 400~500mm。松料器有固定式或悬挂可调式两种安装方式，见图 5-4。铺料时把松料器埋上，台车行走时松料器从料层中退出，在台车中形成一排松散的条带，减轻料层的压实程度，改善料层的透气性。图 5-5 为装有松料器的神户加古川烧结布料系统设备示意图。

松料器的尺寸设计和安装位置要合理，否则导致松料器周围烧结过程料层透气性不均匀，降低烧结矿转鼓强度，表现为烧结机机尾红层断面不整齐，出现锯齿形，见图 5-6。

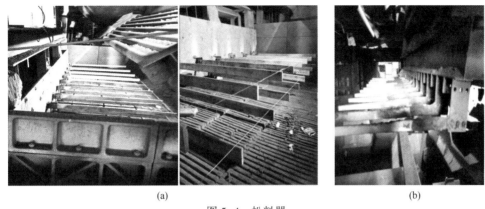

(a)   (b)

图 5-4 松料器

(a) 固定式不锈钢板松料器；(b) 悬挂可调式不锈钢板松料器

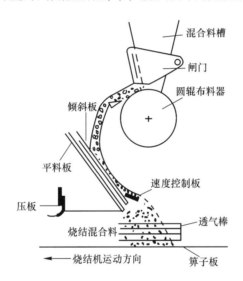

图 5-5 装有松料器的神户加古川烧结布料系统设备示意图

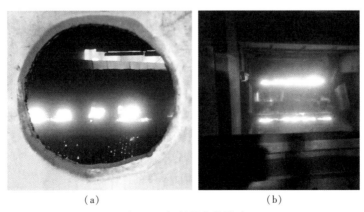

(a)   (b)

图 5-6 松料器安装影响

(a) 因松料器过粗影响烧结机机尾红层断面呈锯齿形；

(b) 松料器设计安装合理，烧结机机尾红层断面整齐

但在烧结疏松多孔、粒度较粗、堆密度小的烧结料（如褐铁矿、锰矿粉、高碱度烧结矿）时，可适当压料，以避免料层透气性过剩、烧结和冷却速度过快而影响结晶析出条件，影响烧结矿转鼓强度。

压料装置采用压料板或压料辊，因压料辊为转动式，不破坏料面，透气性效果好，压料辊吊挂的高低或轻重，应根据混合料的性质进行调整。压料严重火焰往外扑，机尾断面烧不透。

5.1.3 影响布料均匀的因素

布料的均匀合理性，既受混合料缓冲料槽内料位高度、料的分布状态，混合料水分、粒度组成和各组分堆积密度差异的影响，又与布料方式密切相关。

（1）受料矿槽内料面平坦、料位高度的影响。

受料矿槽内料位高度波动时，因物出口压力变化，使布于台车上的料时多时少，影响布料的均匀性，为此应保证 1/2~2/3 的料槽高度。受料矿槽料面是否平坦也影响布料，若料面不平，在料槽形成堆尖时，则因堆尖处料多且细，四周料少且粗，就会引起下料量有多少，从而造成料面不平，为避免这种现象，必须采用合理的布料设备。

（2）混合料水分、粒度组成的影响。

若混合料水分、粒度发生大的波动，会沿烧结机长度方向形成波浪形料面，造成布料的不均匀性，影响烧结矿质量。

烧结机铺平铺满布料的关键是控制矿仓 2/3 以上高料位且适宜烧结料水分。

（3）布料方式的影响。

我国烧结厂采用的布料方式基本有四种：一是圆辊给料机加反射板；二是梭式布料器、圆辊给料机加反射板联合布料；三是梭式布料器、圆辊给料机加辊式布料器联合布料；四是梭式布料器、宽皮带给料机加辊式布料器联合布料。

圆辊给料机加反射板布料工艺简单，但物料在台车上会出现粒度和量的偏析，并且反射板经常挂料。梭式布料机把向受料矿槽的定点给料变为沿宽度方向的往复式直线给料，消除了料槽中料面不平和粒度偏析现象，从而大大改善台车宽度方向布料的不均匀性。虽然第二种布料方式克服了第一种布料方式的一些缺点，但仍不够理想。第三种布料方式使受料矿槽料面平，偏析小，使混合料沿着烧结机台车宽度均匀分布，料层平整。第四种布料方式避免了圆辊布料机在下料过程中由于挤压对小球的破坏。

5.1.4 布料监视

烧结操作上，布料作业对质量、成品率有很大影响，所以要充分监视并反馈给控制室，经常清扫圆辊给料机、多辊布料器及其附属设施的粘料等。

布料监视即注意料面是否均匀，产生料面不平的原因如下：

（1）园辊粘料；

（2）微调闸门小闸门的粘料；

（3）多辊布料器磨损；

（4）圆辊给料机和多辊布料器的运转状态不良；

（5）压料装置工作状态不良；

（6）铺底料厚度和粒级不合适。

5.1.5 布料事故和处理方法

5.1.5.1 设备一般常见故障分析及处理

A 辊式给料设备

辊式给料机是布料的主要设备，其设备性能直接影响布料操作，保持其完好是烧结生产的必备条件。辊式给料机常见故障及处理见表5-1。

表5-1 给料设备一般常见故障分析及处理方法

序号	故障现象	故障原因	处理方法
1	减速机发热、振动、跳动	1. 减速机油少或油质差，温度高； 2. 轴承磨损温度高； 3. 轴承间隙小； 4. 连接螺栓松动； 5. 负荷过重或卡阻	1. 加油或换油； 2. 更换轴承； 3. 调整轴承间隙； 4. 紧固或更换螺栓； 5. 检查处理
2	减速机轴窜动超过规定范围	1. 滚珠粒子和套磨损间隙过大； 2. 滚珠压不紧； 3. 外套转磨压盖	1. 换轴承； 2. 调整压盖； 3. 外套加调整垫
3	减速机内杂音过大	1. 滚珠隔离架损坏或滚珠有斑痕； 2. 齿轮啮合不符合要求	1. 更换轴承； 2. 分解调整
4	润滑给油不畅通	1. 电机运转异常； 2. 油路管网堵塞； 3. 定时器定时失效； 4. 油泵油缸缺油； 5. 分配器指针不灵	1. 电机定检； 2. 疏通处理； 3. 调整定时； 4. 加润滑油； 5. 检查处理
5	圆辊给料不畅	1. 混合料仓内产生架桥； 2. 大块物料或异物堵塞闸门，主闸门开度不够	1. 清除架桥，清理积料； 2. 排除异物，加大主闸门开度
6	多辊布料器给料不畅	1. 辊子粘料过多或转动不灵活； 2. 大块物料或异物阻塞辊子间隙	1. 清除积料，调整转动部位； 2. 清除积料或异物
7	轴承温度高	1. 油位低； 2. 轴承损坏； 3. 被动边轴承不能满足主轴热膨胀； 4. 轴承径向间隙小； 5. 油质变坏； 6. 轴承油流不足	1. 检查轴承箱是否有泄漏，补充油至标准位； 2. 处理或更换轴承； 3. 检查轴承壳体是否对主轴形成约束，及时调整轴承； 4. 重新刮研轴瓦； 5. 更换新油； 6. 调整油流进出口
8	圆辊轴承间隙过大	1. 轴瓦磨损； 2. 频繁起停圆辊； 3. 油质变差	1. 更换轴瓦； 2. 延长圆辊起停间隔； 3. 检查油质、更换新油

B　梭式布料器

梭式布料器是保证布料粒度均匀的设备，虽然梭式布料器不行走也能生产，但是由于粒度的偏析，直接影响烧结矿的产量和质量。梭式布料器常见故障及处理方法见表5-2。

表5-2　梭式布料器常见故障及处理方法

故障现象	产生原因	处理方法
梭式布料器停走或超运行	电气控制不良； 行走齿轮磨损，固定螺丝松动	检查处理； 拧紧固定螺丝
梭式小胶带扯坏	掉下来衬板或杂物； 胶带磨损	打好接头卡子或更换
转不起来	主动轮有料卡住； 电气线路有故障； 带负荷启动，主动轮有水打滑	消除卡料； 电工维修； 不带负荷启动
胶带跑偏	前后轮轴的中心线不平衡； 此带接头胶接不正	调整前后轮中心线平行； 重新胶接
滚动轴承过热	油量不足或过多； 间隙不合标准； 轴不同心； 内外套薄	检查油量，加油或减油； 检查并调整间隙； 检查并调整轴中心度； 更换新件
减速机轴窜动超过规定范围	滚珠粒和套磨损间隙过大； 滚珠压盖不紧； 外套转磨压盖	换滚珠； 调压盖； 外套加垫调整
减速机轴及端盖、机盖漏油	回油孔堵塞； 盖端或机盖接触面不平； 加油时油过多，或螺丝拧得不紧	清扫回油孔； 机盖和机体上面研平涂漆后装好； 加油按规定位置，螺丝拧紧
减速机轴承箱热	齿轮啮合不好或间隙小； 机内油量过多，或不足	检修齿轮，调整间隙； 调整油量
减速机内杂音过大	滚珠隔离架坏了； 滚珠粒有斑疤； 齿轮啮合不合标准； 减速机内缺油，齿轮接触不上油	换滚珠； 分解调整； 加油适量

5.1.5.2　烧结机边部效应

连续带式烧结机抽风烧结，当抽风空气沿着台车挡板的围壁流过时，围壁对空气流的影响，称为边部效应。

(1) 造成边部效应的原因。边部效应主要因边部布料缺料和拉沟、台车挡板漏风严重、料层收缩所致。具体原因如下：

1) 梭式布料器因故障卡阻定点给料，矿仓内料面呈堆尖状，粗粒料在重力作用下自然滚到堆尖四周，经过圆辊给料机和辊式布料器后粗粒料布到台车边部。

2) 梭式布料器走行布料不均匀，矿仓内料位一边高一边低，低的一端引起拉沟。

3）矿仓两侧和圆辊给料机两端粘料严重，边部下料量少，引起台车边部缺料。

4）因台车挡板加工精度差和高温变形，挡板间缝隙大，上部小挡板不牢固等原因而引起挡板漏风严重，加快边部风速。

5）因褐铁矿粉配比大、烧结矿碱度高及熔剂配比大，烧结料烧损大，在台车宽度方向上明显收缩，挡板处料层阻力小，加快边部垂直烧结速度。

（2）烧结机边部效应的危害。烧结机边部效应表现为边部烧结料阻力小，风速快，熔剂分解出的 CaO 矿化不充分，残留在烧结矿中遇水消化膨胀自然粉化；边部烧结料垂直烧结速度快，高温保持时间短，结晶不充分，产生玻璃相，固结块少，强度差，成品率低，返矿量大，直接导致烧结矿成品率低、质量差和工序能耗高。

（3）抑制边部效应的措施如下：

1）点检维护好梭式布料器，减少故障，杜绝定点给料。

2）改进梭式布料器行程，缩短在两端换向时的停留时间，保持矿仓内料面平整。

3）在圆辊给料机两端加装立面清扫器，及时有效清理粘料，保证端部下料空间。

4）褐铁矿粉配比和烧结矿碱度适宜，不得因烧结料过大收缩而加重边部效应。

5.1.5.3　烧结机布料不平的影响

烧结机布料不平，烧结风量分布不均，薄的地方风量过大，厚的地方风量过少，烧结矿产量和质量降低，且漏风率增大，危害抽风系统及主抽风机，能耗增大。烧结机布料不平，料面点火不均匀，点火热量分布不均，薄的地方热量多，厚的地方热量少，表层返矿率增大。烧结机布料不平，料层表面固结和补充热量不均匀，垂直烧结速度不均匀，薄的地方烧结速度过快，厚的地方烧结速度过慢，烧结矿强度不均匀，粉率增大，返矿量增大，烧成率降低，烧结矿化学成分波动且降低产量。

5.2　点火理论与操作

烧结点火有两个目的：一是将台车表层混合料中的固体燃料点燃，并在抽风的作用下继续往下燃烧产生高温，使烧结过程得以正常进行；二是向烧结料层表面补充一定热量，以利产生一定数量液相而黏结成具有一定强度的烧结矿。

5.2.1　点火参数

点火参数包括点火温度、点火时间、点火负压、空燃比、点火强度等。这些参数合适与否对烧结生产至关重要。

5.2.1.1　点火温度

A　点火温度对烧结的影响

点火温度既影响表层烧结矿强度，还关系到烧结过程能否正常进行。

点火温度太低，表层烧结料得不到足够的热量，使表层烧不着，下层着火也不好，料层温度低,结果表层烧结矿转鼓强度低,成品率低,供给烧结过程热量少,降低烧结温度。

点火温度过高,表层烧结料过度熔化,形成不透气的外壳,阻止风量进入烧结料层,使整个烧结过程氧化性气氛减弱,垂直烧结速度降低,烧结矿还原性变坏,表层矿变脆。

B 点火温度的确定

适宜的点火温度取决于烧结料性质、混合料水分及配碳量多少,应通过试验确定。根据烧结液相的熔化温度水平,一般点火温度为 $1050℃ ±50℃$。

(1)烧结料水分低、配碳量大时,适当降低点火温度。

(2)烧结料水分过低,仪表反映点火温度升高,总管负压升高。

(3)烧结料水分过高,采取固定料层厚度,减轻压料,适当提高点火温度,降低机速的应急措施。

(4)褐铁矿粉配比大于25%时,适当降低点火温度50℃,提高保温炉热量的投入,点火温度以表面点着火即可,不必追求过高的表面点火强度。

(5)当增加高铝矿粉用量时,适当提高点火温度。

C 点火温度检测

(1)热电偶从炉膛顶部插入。一般从炉膛顶部插入 250~300mm,在炉膛宽度方向的 1/3 和 2/3 处均匀分布两支热电偶,反映的是热电偶插入炉膛的环境温度,不代表烧结料面温度,所以料面点火质量以点火温度为参考,需通过目测实际料面来判断。

(2)热电偶从炉膛侧墙插入。这种检测方法不仅热电偶损耗大,而且测温值不稳定,因为此处受炉膛负压波动和吸入冷空气的影响,温度不稳定。

(3)红外测温仪探测烧结机料面测温。将红外测温仪探头对准烧结机料面反映料面温度,有助于准确控制料面点火质量。

D 点火温度判断

根据料面颜色判断点火质量见表 5-3。

表 5-3 根据料面颜色判断点火质量

点火温度	低	适宜	稍高	高
料面颜色	大面积黄色	通体青色并间杂星棋黄色斑点	青黑色	青黑色并有金属光泽,局部熔融
点火质量	不好	优	良	不好

点火温度适宜,料面为青色并间杂星棋黄色斑点而不过熔。

点火温度过低或点火保温时间过短,料面呈黄褐色或花痕,有浮灰,表层烧结料热量不足,几乎未反应,无液相生成,强度差,产生返矿多。

点火温度过高或点火时间过长,一是表层过熔形成熔融烧结矿,阻止有效风量进入料层,降低料层氧位和垂直烧结速度;二是高温烧结料飞溅到炉顶结瘤(双斜带式点火炉的炉膛低),严重时使耐材掉落而威胁到点火炉正常使用。

料面点火质量应均匀,无生料、无过熔、无花脸。

一般点火表面熔融物不宜超过 1/3。

5.2.1.2 点火时间

在点火温度一定时，点火时间长，点火器传给烧结料的热量多，可改善点火质量，提高表层烧结矿强度和成品率；点火时间不足，为确保表层烧结，势必提高点火温度。点火时间过长，不仅表面易于过熔，还使点火料层表面处废气含氧量降低，不利于烧结。适宜的点火时间为 1~1.5min 左右。生产中，点火器长度已定，实际点火时间受机速变动的影响。

5.2.1.3 点火负压

A 点火负压表示法

点火负压有两种表示方法，一是点火炉炉膛内的静压；二是主抽风机强制抽风作用下，点火器下风箱（简称点火风箱）内形成的负压，即点火风箱支管处的负压。

B 零压或微负压点火的含义

烧结工艺要求实施零压或微负压点火，零压点火即点火火焰既不外扑也不内收，静压为零；若静压保持微负压（一般 $-10~40Pa$），称微负压点火。对应点火风箱支管负压在 $-8kPa$ 以下为宜，即低负压点火。

C 采用低负压点火的原因

点火器下抽风箱的支管负压必须要能灵活调节控制，使抽力与点火废气量基本保持平衡。点火负压过高的危害如下：

（1）负压过高，炉膛处于较高的负压状态，会造成冷空气自点火器四周的下沿大量被吸入而降低点火温度，点火火焰内收，台车边部点火效果差.

（2）负压过高，使松动的料层突然被抽风压紧，破坏原始料层透气性，减少通过料层的有效风量，减慢垂直烧结速度，降低烧结矿产量。

（3）点火负压高，点火燃料的可燃成分（CH_4、CO、H_2）过早地吸入料层，表层点火热量不足，成品率降低，返矿量升高。

（4）点火负压高，点火火焰被拉长，火焰穿透料层更深，表层烧结料中碳燃烧速度加快，增加烟气中 NO_x 浓度。转炉煤气中 N_2 含量 20%~40%，高炉煤气中 N_2 含量 49%~60%，点火介质为高炉煤气或转炉煤气时，会增加点火带入烟气中的 NO_x 含量，控制低负压点火，可减排 NO_x 浓度。但真空度过低，又不能保证把燃烧产生的废气全部抽入料层，炉膛呈现较高正压状态，火焰外喷，既浪费热量，又容易使台车侧挡板变形和烧坏，增大有害漏风，降低使用寿命。

D 实现低负压点火的措施

实现低负压点火的措施如下：

（1）独立控制点火风箱负压，提高点火风箱严密性。

（2）革新点火风箱内积料的排放方式，彻底解决风箱支管蝶阀卡堵和排料过程中点火负压升高大幅波动的问题。

（3）稳定料层厚度是基础，稳定烧结料水分是前提。

（4）控制好保温炉风量；控制主抽风机风门开度和点火风箱的风门开度，不过多使用风量。当变更原料结构，烧结料过于松散、料层透气性过剩时，适当压下烧结料层。

（5）控制适宜点火空燃比和点火强度，防止火焰外扑或内收。

E　点火炉炉膛负压突然升高的原因及调整方式

点火炉炉膛负压突然升高的原因及调整方式如下：

（1）查看火焰是否外扑，及时调整点火炉下的风箱风门开度及主抽风机的风门开度。

（2）将炉膛负压调整到微负压。

（3）查看点火炉下风箱是否有积料造成负压升高，若有积料及时放空确保风箱畅通。

（4）查看烧结料水分是否偏干，影响炉膛负压波动，如果异常，调整点火强度，防止火焰外扑。

（5）观察配料室圆盘下料状况及混料机加水状况是否异常。

（6）针对负压变化的台车，跟踪物料并做调整。

5.2.1.4　空燃比

空燃比指点火所用助燃空气量与点火气体燃料量之比值，无单位。点火煤气的发热值越高，适宜的空燃比越大。点火空燃比合适时，点火温度最高，空燃比过低或过高都达不到最高点火温度。

转炉煤气的发热值小于焦炉煤气，转炉煤气的空燃比也小于焦炉煤气。约 $1m^3$ 焦炉煤气配风 $4.5m^3$，空气达到完全燃烧，焦炉煤气适宜空燃比为 4.5∶1。点火助燃空气过剩的目的是提供足够氧气使碳完全燃烧，加快煤气和空气混合。采用焦炉煤气点火，适宜提高助燃空气过剩系数，促进碳完全燃烧。点火助燃空气过剩系数偏低，会因碳未充分燃烧而推迟到达终点的时间，可以根据火焰颜色判断空燃比是否适宜。

5.2.1.5　点火强度

点火强度指点火过程中单位面积烧结料所需供给的热量。

$$J = \frac{Q}{60VB} \tag{5-1}$$

式中　J——点火强度，kJ/m^2；

　　　Q——点火炉供热量，kJ/h；

　　　V——烧结机速，m/min；

　　　B——台车宽度，m。

点火强度主要与烧结料的性质、通过料层风量和点火器热效率有关，我国采用低风箱负压点火，一般强度为 $39300kJ/m^2$。

点火炉供热强度指点火时间范围内向单位点火面积所提供的热量。

点火炉供热强度 J_0 与点火强度 J 关系式如下：

$$J_0 = J/t = Q/(60VBt) \tag{5-2}$$

式中 J_0——点火炉供热强度，kJ/（m^2·min）；

　　　t——点火时间，min。

5.2.1.6 点火深度

为使点火热量都进入料层，更好完成点火作业，并促进表层烧结料熔融结块，必须保证有足够的点火深度，通常应达到 30~40mm。实际点火深度主要受料层透气性的影响，也与点火器下的抽风负压有关。料层透气性好，抽风真空度适当高，点火深度就增加，对烧结是有利的。

5.2.1.7 点火废气的含氧量

点火废气的含氧量是一个很重要的点火参数，对大型烧结机尤是如此。因为，若废气中含氧量不足，就会导致料层中碳燃烧的速度降低，以致使燃烧速度落后于传热速度，燃烧层温度降低。同时，C 还可能与 CO_2 及 H_2O 作用吸收热量，使上层温度进一步降低，影响点火效果。

通常燃料燃烧必须保证其含氧量达到 12%，根据试验研究，当点火烟气中的含氧量为 13% 时，固体燃料的利用率与烧结料在大气中烧结时相同。在含氧量为 3%~13% 的范围内，点火烟气中增加 1% 的氧，烧结机利用系数提高 0.5%，燃料消耗降低 0.3kg/t 烧结矿。

废气中含氧量的高低，取决于使用的固体燃料量和点火煤气的发热值。固体燃料配比越高，要求废气含氧量越高；点火煤气发热值越高，达到规定的燃烧温度时，允许较大的过剩空气系数，因而废气中氧的浓度越高。当使用低发热值煤气时，可通过预热助燃空气来提高燃烧温度，从而为增大过剩空气系数，提高废气含氧量创造条件。采用富氧燃烧，效果更好。

因此，提高点火废气中的含氧量的主要措施如下。

（1）增加燃烧时的过剩空气量。

点火废气中的含氧量与过剩空气量可用式（5-3）计算：

$$Q = \frac{0.21(a-1)L_0}{V_n} \times 100\% \qquad (5-3)$$

式中 Q——烟气中含氧量,%；

　　　a——过剩空气系数；

　　　L_0——理论燃烧所需空气量，m^3/m^3；

　　　V_n——燃烧产物的体积，m^3/m^3。

由式（5-3）可以看出，点火废气中的含氧量随过剩空气系数的增大而增加。但是，过剩空气系数太大会使废气量大增，同时会降低点火温度，因此，提高过剩空气量使废气中氧含量增加的办法，只适用于高热值的天然气或焦炉煤气；而对低热值的高炉煤气或混合煤气，其过剩空气量要大受限制。

（2）利用预热空气助燃。利用预热空气助燃既节省燃料，又能提高废气氧浓度。

（3）采用富氧空气点火。该方法效果虽好，但是富氧空气费用高，且氧气供应困难。

5.2.2 着火监视与调整

5.2.2.1 着火监视

火焰判断见表 5-4。

表 5-4 火焰颜色

空燃比	大（空气过剩）	适宜	小（煤气过剩）
火焰颜色	暗红色	黄白亮色	蓝色

点火后台车料面观察。判断料面点火质量，以热电偶测定值为参考，以实际料面点火情况为准则。料面点火质量应均匀，无生料、无过熔、无花脸，见表 5-5。

表 5-5 台车料面表面状态

正常状态	整体固结均匀
不正常状态	过熔敲即破，可见原矿热过剩

点火面要均匀，不得有发黑的地方，如有发黑，应调整对应位置的火焰。一般情况下，台车边缘的各火嘴煤气量应大于中部各火嘴煤气量。点火后料面应有适当的熔化，一般熔化面应占 1/3 左右，不允许料面有生料及浮灰。

对于烧结机来说，台车出点火器后 3~4m，料面仍应保持红色，以后变黑；如达不到时，应提高点火温度或减慢机速；如超过 6m 应降低点火温度或加快机速，保证在一定风箱处结成坚硬烧结矿。

5.2.2.2 烧结点火温度与火焰长度的调节与控制

为确保烧结生产的正常进行，在生产过程中，要根据情况及时调整点火火焰长度。点火火焰长度的调整，必须使火焰最高温度达到料面，如果料层发生较大的变化，则应相应调整火焰长度。太钢烧结厂火焰长度的调整是通过调节二次空气流量来实现，一般增加二次空气流量，其火焰长度会拉长，调整二次空气流量应慢慢地增加，以避免火焰吹灭。

点火温度的控制必须在火焰长度调节好，并观察点火状态后进行。国内点火温度常控制在 1050~1250℃，点火温度适当与否，可从烧结料面状况加以判断。点火温度过高（或点火时间过长），料层表面过熔，呈现板结，风箱负压升高，总烟道中废气量减少；点火温度过低（或点火时间过短），料层表面欠熔，呈棕褐色，出现浮灰，烧结矿强度变差，返矿量增大。点火正常的特征是：料层表面呈黑亮色，成品层表面已熔结成坚实的烧结矿。

由于点火温度主要取决于煤气热值和空气煤气比例是否适当，所以当煤气空气比例合适时，火焰呈黄白亮色；空气不足时，火焰呈蓝色；空气过多或温度过低时，火焰呈暗红色。

微课—着火
监视与调整

点火温度的调节可通过调节煤气与空气的流量大小来实现。操作煤气调节器可以使点火温度升高或降低，操作空气调节器可以使煤气达到完全燃烧。使用煤气或空气调节器时，调节流量大小可用操纵把柄停留时间的长短来控制，操作调节器不要过猛、过快，应一边操作一边观察流量表的数字，最后将点火温度调到要求数值。通过上述方法仍然达不到生产需要时，必须查明原因，比如，混合料水分是否偏大，料层是否偏薄，煤气发热值是否偏低等。生产中点火温度的控制常采取固定空气量，调节煤气量的方法。

5.2.2.3　降低点火煤气单耗的措施

降低点火煤气单耗的措施如下：

(1) 控制点火炉零压或微负压点火，改善点火炉密封条件，减少冷风被吸入。

(2) 烧结机料层厚度铺平铺满，台车边部不缺料不拉沟，适当压入量。

(3) 控制适宜烧结料水分，强化制粒，偏析布料，改善料层透气性。

(4) 调整煤气和助燃空气开度，适宜空燃比，适宜点火温度。

(5) 料面点火均匀不过熔，表面熔融物不宜超过1/3。

(6) 预热助燃空气，采用热风点火。

(7) 实施余热回收利用技术。

5.2.3　点火设备

5.2.3.1　国内点火器的发展

国内点火器的发展分为四个阶段：

第一阶段为20世纪70年代中期以前。这个阶段使用的烧结点火器是依照苏联20世纪40年代的大型涡流式烧嘴点火器，点火不均匀，能耗高。

第二阶段从20世纪70年代中期开始。主要借鉴日本20世纪60年代烧结点火技术，开始对点火器进行改造，主要采取增设保温炉对表层烧结矿进行保温处理，以提高表层烧结矿强度来达到提高成品率的目的。

第三阶段从20世纪80年代初期开始。各烧结厂普遍推广采用带强旋流结构的混合型烧嘴，保温段采用平焰烧嘴，点火煤气消耗降低20%左右。

第四阶段为20世纪80年代中期以后。这个阶段主要是在引进消化日本烧结点火技术的基础上，相继研制出多种类型的点火烧嘴，其特点是采取直接点火和形成带状火焰，从根本上改变了传统的点火观念，采用"集中点火"代替老式的"均匀点火"，使煤气消耗大幅度下降，如多缝式烧嘴、双斜式点火炉等。

5.2.3.2　烧结点火装置

烧结点火装置布置在第一个至第三个真空箱的上方，点火所用燃料主要是气体燃料。常用的气体燃料有焦炉煤气、转炉煤气、高炉煤气及其混合煤气。

目前点火装置主要有点火保温炉和预热点火炉两种。点火保温炉是由点火炉和保温炉两段组成，中间用隔墙分开，两侧和端部外壳由钢板焊接而成，炉墙用耐火材料砌筑，在炉顶上留孔布置烧嘴。图 5-7 是顶燃式点火保温炉的典型结构图。

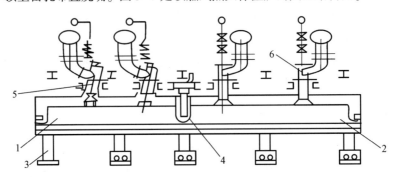

图 5-7　顶燃式点火保温炉

1—点火段；2—保温段；3—钢结构；4—中间隔墙；5—点火段烧嘴；6—保温段烧嘴

预热点火炉由预热段和点火段组成，它在下列两种情况下采用：一种是对高温点火爆裂严重的混合料，例如褐铁矿、氧化锰矿等；另一种是缺少高发热值煤气而只有低发热量煤气的烧结厂。预热点火炉有顶燃式和侧燃式两种形式，分别示于图 5-8 和图5-9。

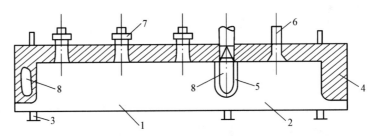

图 5-8　顶燃式预热点火炉

1—预热段；2—点火段；3—钢结构；4—炉子内衬；

5—中间隔墙；6—点火段烧嘴；7—预热段烧嘴；8—预热器

现场视频—
烧结点火
系统

现场视频—
点火炉

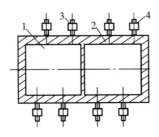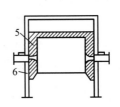

图 5-9　侧燃式预热点火炉

1—预热段；2—点火段；3—预热段烧嘴；4—点火段烧嘴；5—钢结构；6—支撑柱子

5.2.3.3　新型烧嘴

旧式点火炉一般采用顶部布置的低压涡流式烧嘴，满炉膛点火，点火效果差，能耗高。近年来，国内外烧结点火技术迅速发展，各种不同类型新的烧结点火烧嘴的应用，使烧结点火能耗大幅度下降。如煤气-煤粉混烧式烧嘴，多缝式烧嘴（如图5-10所示），线型组合式多孔烧嘴，幕帘式烧嘴等。与过去相比，近期发展的新型点火炉由于烧嘴的火焰短，因此炉膛高度较低，同时点火热量集中，沿点火装置横剖面在混合料表面形成一个带状的高温区，使混合料在很短的时间内被点燃并进行烧结。这种点火装置节省气体燃料效果显著，重量也比原来的点火装置轻得多，使我国的点火能耗逐年下降。

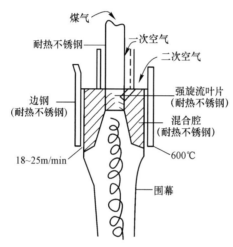

图5-10　多缝式烧嘴结构示意图

各种新型点火器的比较见表5-6。

动画—烧嘴

表5-6　各种新型点火器的比较

种类	结构特性	效果
线式烧嘴	多孔烧嘴 短火焰 400~600mm 可用低热值混合煤气 可更换前烧嘴	点火消耗 28.05MJ/t，空燃比 17
长缝式烧嘴	长缝式烧嘴 炉顶可移动 长火焰 800mm	点火消耗 28.05MJ/t（混合煤气）
面燃式烧嘴	预混合型 短火焰 400mm Ni-Cr合金多孔燃烧面板	焦炉煤气消耗（标态）1.46Nm³/t　$m=1.1$

续表 5-6

种类	结构特性	效果
煤气-煤粉混烧式烧嘴	煤混合二次空气经旋转器转入烧嘴 长火焰 800mm	煤粉（-170 目）+焦炉煤气（混入比 10%） 煤粉消耗 1.7kg/t 焦炉煤气消耗（标态）0.41Nm³/t
煤粉烧嘴	作辅助点火喷煤烧嘴 长火焰 800mm	煤粉（-74μm） 1.4kg/t（m=1.3）

5.2.3.4　双斜带式烧嘴点火保温炉

双斜带式点火保温炉代表了现代点火技术，是 20 世纪 90 年代以后国内大型烧结机应用最多的一种烧结点火保温炉。其点火段长 4m，设有两排双斜式（成 60°、75°安装）点火烧嘴，前排 n 个，后排 n+1 个，侧墙对应每排炉顶烧嘴下方共设 4 个引火烧嘴，每边两个，入口端墙、中间隔墙及侧墙底部设水冷套。保温段总长 18m，炉顶共设平焰式热风喷嘴 6 排，每排 6 个，共 36 个，点火段和保温段的耐火衬采用整体浇注，具有气密性好，寿命长等特点。某厂采用的双斜带式点火保温炉技术性能见表 5-7。

表 5-7　点火技术性能

序号	名称	点火段	保温段
1	长×宽×高/mm×mm×mm	4000×600×5130	18000×600×5130
2	煤气热值（标态）/MJ·m⁻³（kal·m⁻³）	17.58（4200）	
3	助燃风温度/℃	约 260	约 260
4	正常供热值/GJ·h⁻¹（×10⁴kal·h⁻¹）	38.6（924）	
5	煤气需要量（标态）/m³·h⁻¹	2200	
6	热风需要量（标态）/m³·h⁻¹	17000	111400
7	引火用助燃风温度/℃	常温	
8	引火用助燃风风量（标态）/m³·h⁻¹	480	
9	引火用煤气量（标态）/m³·h⁻¹	95	
10	炉温/℃	1000~1300	300~900
11	烧嘴排数（个数）	2 排（27 个）	6 排（36 个）

5.2.3.5　点火器常见故障处理

（1）点火器停水处理。

1）发现点火器冷却水出口冒气，应立即检查水阀门是否全部打开和水压大小。如水压不低应敲打水管，敲打无效或水压低时、立即通知组长和中控人员；

2）与水泵房联系并查明停水原因，并将事故水阀门打开补上，若仍无水则应切断煤气，把未点燃的原料推到点火器下，再把烧结机停下；

3）断水后关闭各进水阀门，送水后要缓慢打开进水阀门，不得急速送水；

4）高压鼓风机继续送风，抽风机关住闸门，待水压恢复正常后，按点火步骤重新点火。

（2）停电处理。

1）人工切断煤气。关闭头道闸门及点火器的烧嘴闸门，关闭仪表的煤气管阀门；

2）同时通入蒸汽。开启点火器旁的放散管。

（3）煤气低压、停风处理。

煤气压力低于规定值时，管道上切断阀自动切断，报警信号响，必须进行如下操作：

1）停止烧结机系统运转，关闭抽风机闸门；

2）关闭点火器的煤气和空气开闭器，关闭煤气管道上的头道阀门；

3）通知仪表工关闭仪表煤气管阀门，打开切断阀通入蒸汽。同时打开点火器旁的放散管；

4）关闭空气管道的风门和停止高压鼓风机；

5）停空气时则应开动备用风机，若备用风机开不起来或管道有问题则应按停煤气的方法进行处理；

6）煤气空气恢复正常后，通知煤气计量人员进行检查，并按点火步骤重新点火，即可进行生产。

5.2.4　烘炉、点火、停炉操作

5.2.4.1　烘炉

点火器的烘炉操作可分为两种情况。一种是烧结机短期停机，点火器不需熄火，只需进行保温烘炉。此时煤气控制在较小程度，只保留2~3个烧嘴燃烧，使点火器内温度保持在700~800℃。另一种是新建或检修后的点火器，为防止急剧升温引起的耐火材料的破碎而进行烘炉。烘炉操作的好坏对点火器的使用寿命有直接影响。烘炉的基本原则：烘炉的升温速度慢、保温时间长，使炉衬的水分蒸发，耐火材料稳定升温，从而不致引起破裂，延长点火器的寿命。

5.2.4.2　点火

用气体燃料点火时，由于气体燃料混入一定比例的空气会发生爆炸，煤气还会使人中毒窒息，因此必须严格遵守安全操作规程。

点火前要做好的准备工作：

（1）检查所有闸阀是否灵活好用；

（2）关闭煤气头道阀、空气闸阀以及所有烧嘴的煤气闸阀，打开煤气旁通阀；

（3）检查冷却水流是否畅通；

（4）由主控工与仪表工联系，做好点火前的仪表准备工作。检查煤气和空气仪表的阀门是否关闭；

（5）向煤气管道通蒸汽，打开放散管阀门，并打开煤气的放水阀进行放水，待无水（含旁通管）时，立即关闭放水阀，同时准备好点火工具；关闭 1、2 号风箱，然后启动助燃风机；

（6）由主控工与煤气混合站联系，做好送煤气的准备，并通知调度叫煤气防护站做爆发试验。

点火程序：

（1）点火准备完毕后，发现点火器末端排水管处冒出大量蒸汽时，即可打开头道阀门，关闭蒸汽阀门；

（2）通知仪表工把煤气、空气仪表阀门打开；

（3）放散煤气 10min；

（4）在点火器煤气管道末端取样做爆发试验，合格后即可关闭放散管；否则要继续放散，重做爆发试验，直至合格为止；

（5）确认能安全使用煤气后，关闭放散阀；

（6）准备好点火棒，并用胶管与煤气主管连接；将煤气主管上的阀门与点火棒上的煤气小阀打开，点燃点火棒，并调整火焰大小；确认点火棒火焰稳定燃烧；

（7）打开空气总阀，并将烧嘴上的空气手动阀、煤气自动调节阀和手动阀适度打开；将点火棒通过观察孔，放进点火器内需要点火的烧嘴下方，开启该烧嘴的煤气阀门，把烧嘴点着（如果有两排烧嘴，先点其中一排，待点着后再点下一排）。若煤气点火不着，或点燃后又熄灭时，应立即关闭煤气阀，检查原因并确认问题排除后再行点火；

（8）确认全部烧嘴点燃后，调节空气、煤气电动调节阀进行温度调节、火焰长度调节；达到点火要求后，即可投入生产；

（9）点火棒放在炉内，待生产正常后方可退出熄火。

5.2.4.3　停炉

点火器的停炉分为短期和长期（大、中修）两种情况。当点火器短期停炉时，通过保留 2~3 个烧嘴或减少煤气来控制炉内的温度即可；长期停炉时应先关闭烧嘴上的阀门和总阀门，并通蒸汽，堵盲板。对于设有助燃风机的点火器，当熄火后应继续送风一段时间以后停机，点火器熄火 2h 后才能停止冷却水。

点火炉停机灭火程序（含堵盲板）：

（1）关小煤气管道流量调节阀，使之达到最小流量，然后逐一关闭点火器烧嘴的煤气阀门；

（2）打开煤气放散阀进行放散，通知仪表工关闭仪表阀门；

（3）确认炉内无火焰，关闭煤气头道阀；

（4）手动打开煤气切断阀；

（5）打开蒸汽阀门通入蒸汽驱赶残余煤气，残余煤气驱赶完后，关闭蒸汽阀、调节阀；

（6）关闭空气管道上的空气调节阀，停止助燃风机送风；

（7）若检查点火器或处理点火器的其他设备需要动火时，应事先办动火手续及堵好盲板；

（8）堵盲板顺序：确认残余煤气赶尽；关闭蒸汽阀门。经化验合格后，关闭眼镜阀。

5.2.4.4 烧结点火灭火操作应注意事项

烧结点火灭火操作注意事项如下：

（1）引煤气前，放尽煤气管道中的积水和焦油，并检查确认所有煤气、空气阀门已关闭严密。

（2）煤气不合格严禁点火。

（3）点火炉点火时，必须先开空气阀门，后开煤气阀门。

（4）点火炉灭火时，必须先关煤气阀门，后关空气阀门。

（5）点着火后徐徐开大煤气阀门，然后再开空气阀门。

（6）点不着火应立即关闭煤气阀门，吹扫炉内残余煤气后再点火。

（7）点火炉内温度高和烧嘴燃烧时，绝不能停止助燃空气的供给，否则烧损烧嘴。

（8）设备维护要求点火炉灭火后不能立即停止助燃风机，避免烧坏点火炉烧嘴。

（9）点火炉和保温炉灭火时，绝不能用煤气切断阀熄火，否则煤气管道内会发生煤气爆炸事故。

（10）点火炉灭火环境要求取气化验后，CO 浓度低于 0.0024%。

（11）点火器停水后送水，应慢慢开水门，防止水箱炸裂。

（12）如果台车边缘点不着火，可适当关小点火器下部的风箱闸门或适当提高料层厚度；或适当加大点火器两旁烧嘴的煤气与空气量。

课后复习题

1. 简述布铺底料的作用。
2. 简述无铺底料时操作基本原则。
3. 简述影响布料均匀的因素。
4. 简述烧结机边部效应的原因和改善措施。
5. 简述实现负压点火的措施。
6. 简述减低点火煤气单耗的方法。

试题自测 5

6 烧结理论与操作

6.1 烧结过程基本理论

抽风烧结是将准备好的含铁原料、固体燃料、熔剂，经配料和混匀制粒，通过布料装置布到烧结台车上；随后点火器在料面点火，点火的同时开始抽风，在台车炉篦下形成一定负压，空气则自上而下通过烧结料层进入下面的风箱。随着料层表面燃料的燃烧，产生高温，进行复杂的物理化学反应和传热，最终得到烧结矿。

6.1.1 烧结热源和烧结过程热平衡

6.1.1.1 烧结热源

铁矿粉烧结过程中，主要热源是烧结料中固定碳与通入过剩空气燃烧放热，以及烧结点火所提供的热量。某些物料中含有较高的 C、S、FeO（如高炉炉尘中含有 C；高硫矿中含有 S；氧化铁皮中含有 FeO），在烧结过程中氧化放热，成为烧结的辅助热源。

（1）烧结料中固定碳的来源。固定碳来源于固体燃料、烧结内部返矿、高炉返矿、高炉炉尘等循环物料。

（2）铁矿粉烧结又称氧化烧结。因为铁矿粉烧结的主要热源由烧结料中的固定碳与通入过剩空气燃烧放热提供，烧结料层中氧化性气氛占主导，只是在大碳粒附近 CO 浓度高，O_2 和 CO_2 浓度低，表现为局部还原性气氛，所以铁矿粉烧结又称氧化烧结。

6.1.1.2 烧结过程热平衡

烧结过程热平衡指输入热量值等于输出热量值，即放出热量值等于消耗热量值。

（1）主要输入热量（放出热量）项。

1）固体碳燃烧生成 CO_2 或 CO 所释放的化学热；

2）点火器火焰补充加热烧结料层和点燃烧结料所产生的热量；

3）烧结料带入的物理热；

4）烧结料中有机硫和硫化物的燃烧热；

5）烧结料中富氏体氧化成赤铁矿所释放的热量；

6）烧结过程中矿物生成所释放的热量；

7）烧结过程中熔融物结晶所释放的热量。

（2）主要输出热量（消耗热量）项。

1）烧结料中物理水蒸发所吸收的热量；

2）烧结料中水化物分解所吸收的热量；

3）烧结料中碳酸盐分解所吸收的热量；

4）烧结废气从烧结料层中带走的热量；

5）烧结过程中生成熔融物所需的热量；

6）烧结过程中的热损失。

燃烧过程中主要输出热量为烧结矿带走的热量，以及物理水蒸发、碳酸盐分解、废气带走的热量。鼓风环冷机热废气潜热高，约占全部热输出的 1/3，是一项很大的余热。

虽然烧结过程遵循热平衡定律，但因为检测手段不具备，不能测得烧结过程中各输入/输出热量值，不能准确计算一定原料配比和一定工艺状况下固体燃料消耗量，只能定性分析影响固体燃耗的各因素。

6.1.2 烧结过程"五带"及其特征

按照烧结料层中温度变化和发生的物理化学反应，将烧结料层从上到下分为五个带：烧结矿带、燃烧带、预热干燥带、过湿带（水分冷凝带）、原始混合料带。

烧结过程中发生对流、传导、辐射三种热交换方式。

6.1.2.1 烧结矿带主要特征

碳燃烧是烧结过程的开始，是烧结过程得以进行的必要条件，烧结点火过后，烧结矿带即形成，形成多孔烧结饼，透气性最好，阻力损失最小，温度在 1100℃ 以下。

烧结矿带主要反应是液相凝结、矿物析晶。即高温熔融物（液相）凝固成烧结矿，伴随着结晶和析出新矿物。烧结矿带放出熔化潜热，冷空气被预热，为燃烧带提供 40% 热量，烧结矿带被冷却过程中，与空气接触的低价氧化物可能被再氧化，有 FeO/Fe_3O_4/硫化物的氧化反应。

6.1.2.2 燃烧带主要特征

燃烧带从燃料 600~700℃ 着火开始，至料层达最高温度并降低到 1100℃ 以下为止。

燃烧带主要特征是烧结料软化、熔融及生成液相，是唯一液相生成带，完成液相黏结作用。燃烧带由于高温和液相透气性差，料层阻损最大，约占总阻损的 50%~60%。

燃烧带是化学反应集中带，发生碳燃烧、碳酸盐分解、结晶水分解、铁氧化物氧化/还原/热分解、硫化物的脱硫、低熔点矿物的生成与熔化等，是烧结过程最高温度区域，可达 1230~1280℃ 甚至更高。

燃烧带和预热带下发生固相反应，促进液相生成。950℃ 下，SiO_2 和 Fe_3O_4 固相反应生成铁橄榄石 $2FeO \cdot SiO_2$。铁酸钙黏结包裹未熔核矿粉，生成铝硅铁酸钙固熔体，适宜温度为 1250~1280℃。

燃烧带高温区的温度水平和厚度对烧结矿产量和质量影响很大。燃烧带过厚则会使料层透气性差而导致产量降低；燃烧带过薄则烧结温度低，液相量不足，烧结矿黏结不好而导致转鼓强度降低。

微课—烧结成矿过程

动画—烧结成矿过程

6.1.2.3　预热干燥带主要特征

预热干燥带的主要特征是热交换迅速剧烈，废气温度很快降低到60~80℃。

预热干燥带主要反应是物理水蒸发，结晶水和部分碳酸盐、硫化物、高价氧化物分解、铁矿石氧化还原，气相与固相及固相与固相之间的固相反应等，但无液相生成。

500~670℃下，CaO和Fe_2O_3固相反应生成铁酸一钙（CF）。680℃下，MgO和SiO_2固相反应生成硅酸镁（$2MgO \cdot SiO_2$）。500~690℃下CaO和SiO_2固相反应生成硅酸二钙，也称正硅酸钙（$2CaO \cdot SiO_2$，简写C_2S）。

干燥带因剧烈升温，物理水迅速蒸发，破坏料球，导致料层透气性变差。

6.1.2.4　过湿带（水分冷凝带）主要特征

预热干燥带高温废气中含有大量水蒸气，遇下部冷料时使废气温度降到露点以下，水蒸气由气态变为液态，烧结料水分增加超过原始水分而形成过湿带。

过湿带增加的冷凝水量一般约1%~2%，冷凝水量与气相中水汽分压和该温度下水的饱和蒸汽压的差值及原料性质有关，压差越大、烧结料原始料温越低、原始水分越高、物料湿容量越小，则冷凝水量越多，过湿现象越严重。

在强制抽风气流和重力作用下，烧结料的原始结构被破坏，料层中的水分向下机械转移，恶化过湿带料层透气性，气流通过阻力增大，总管负压升高。

烧结过程中，阻力最大的是燃烧带，其次是过湿带，阻力最小的是烧结矿带。

（1）判断过湿带消失依据。

由预热产生的热废气干燥水分激烈蒸发，废气损失大部分显热使过湿带水分干燥，废气温度在过湿带基本保持不变，当废气温度陡然升高时，预示过湿带消失转入预热干燥带。

（2）减轻过湿带的主要措施。

1）一切提高烧结料温度到露点以上的措施均可减轻过湿带对烧结过程的影响。

2）提高混合料的湿容量。赤铁矿和褐铁矿的湿容量大，磁铁矿的湿容量小，生石灰的湿容量大，石灰石和白云石的湿容量小，烧结配矿时兼顾考虑提高混合料的湿容量。

3）低水分烧结。降低混合料水分，可减少烧结过程冷凝水量，减薄过湿带。

4）强化制粒。实施强化制粒，有助于增加通过料层气体量，降低烧结料层中水汽分压，降低混合料露点，减轻过湿带的影响。

6.1.2.5　原始混合料带主要特征

原始混合料带处于料层最底部，混合料的物理化学性质基本不变。

6.1.3　烧结料层气体力学

课件—烧结过程中的气流运动

烧结过程必须向料层中送风，固体燃料的燃烧反应才能进行，混合料层才能获得必要的高温，烧结过程才能顺利实现。烧结过程之所以能顺利进行，就是气流在料层中自上而下运动的结果，如果没有气流运动，烧结过程就会终止。在料层中气流运动是畅通还是受阻，就是我们常说的透气性好坏。

6.1.3.1　透气性的表示方法

透气性指烧结料层允许气体通过的难易程度，也是衡量烧结料孔隙率的标志。烧结料层的透气性可以用两种方法来表示。

（1）在一定的压差条件下，可按单位时间内通过单位面积的烧结料层的气体量来表示料层的透气性，单位为 $m^3/(m^2 \cdot min)$。或料层厚度和真空度一定条件下，气流通过烧结料层的速度，单位为 m/min。

$$G = Q/(t \times F) \tag{6-1}$$

式中　G——透气性，$m^3/(m^2 \cdot min)$ 或 m/min；

　　　Q——气体量，m^3；

　　　t——时间，min；

　　　F——抽风面积，m^2。

料层厚度和抽风面积一定时，单位时间内通过料层空气量越大，料层透气性越好。

（2）在一定料层厚度和抽风量不变的情况下，以气体通过料层时的压头损失 ΔP 来表示料层的透气性。料层厚度、抽风面积、抽风量一定条件下，真空度越高，料层透气性越差，反之亦然。由此可见，在料层透气性改善后，风机能力即使不变，也可增加通过料层的空气量。

研究烧结料层的透气性，应考虑两个方面，一是烧结料层原始的透气性；二是在点火后，烧结过程中的料层透气性。前者在一定的生产条件下变化不大，而后者由于烧结过程的特点，如料层被抽风压紧密实，烧结料层因温度升高产生软化、熔融、固结等，使透气性发生变化。因此，烧结料的透气性对烧结生产的影响，主要取决于烧结过程的透气性，它的好坏决定着垂直速度的大小。

6.1.3.2　透气性的变化

烧结过程中烧结料层透气性的变化规律如图 6-1 所示。由图可以看出：在点火初期，料层被抽风压紧，气体温度骤然升高和液相开始生成，使料层阻力增加，负压升高；烧结矿层形成后，烧结矿层的阻力损失出现较平稳的阶段；随着烧结矿层的不断增厚及过湿层的逐渐消失，整个矿层阻力损失减小，透气性变好，所以负压又逐渐消失。

废气流量的变化规律，和负压的变化相呼应，当料层阻力增加，在相同的压差作用下，废气流量降低，反之则废气流量增加；而温度的变化规律，是和燃料燃烧及烧结矿层的自动蓄热作用相关的。

烧结料每一层的透气性，相差是很大的。熔化带即燃烧带，与其他各带比较，阻力最大，透气性最差，因为这一带燃料燃烧，料层温度最高，并生成一定数量的液体，所以燃烧带气流阻力最大，显然，温度越高，液相量越多，熔化带厚度的增大，都会促使该层阻力增加。预热带和干燥带虽然厚度较小，但其单位厚度的气流阻力较大。这是因为湿料球粒干燥预热时会发生碎裂，料层孔隙度变小，同时，预热带温度高，通过此层实际气流速度增加，从而增加了气体运动的阻力。过湿层气流阻力与原始料层比较，增

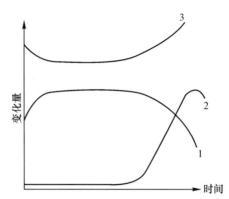

图 6-1 烧结过程中废气负压、温度及流量的变化
1—废气负压；2—废气温度；3—废气流量

大一倍左右。这是由于料层过湿，导致料粒的破坏，彼此黏结或堵塞孔隙，使料层孔隙度减小，增加了气流运动阻力。特别是烧结未经预热的细精矿时，过湿现象及其影响更为显著。烧结矿带即冷却带，由于烧结矿气孔多阻力小，所以透气性好。随烧结过程自上而下进行，烧结矿层变厚，这一层的增加有利于改善整个料层中的透气性。但在烧结过熔时，烧结矿气孔率下降，结构致密，透气性变差。

在烧结过程中，由于各带的厚度相应发生变化，故料层的总阻力是变化的。在开始阶段，由于烧结矿层尚未形成，料面点火温度高，抽风造成料层压紧以及过湿层的形成等原因，所以料层阻力升高，与此同时，固体燃料燃烧熔融物的形成，以及预热带、干燥带混合料粒的破裂，也会使料层阻力增加，故点火后 2~4min，料层透气性激烈下降。随后，由于烧结矿层的形成和增厚，以及过湿带的逐步消失，所以料层阻力逐渐下降，透气性增加。据此可以推论，垂直烧结速度并非固定不变，而是越向下速度越快。

除此以外，应该指出气流在料层各处分布的均匀性，对烧结生产有很大影响。不均匀的气流分布会造成不同的垂直烧结速度，而料层各处的不同垂直烧结速度反过来又会加重气流分布的不均匀性。这就必然产生料层中有些区域烧得好，有些区域烧得不好，势必产生烧不透的夹生料。这不仅减少了烧结成品率，而且也降低了返矿品质，破坏正常的烧结过程。因此，均匀布料和减少粒度偏析是造成透气性均匀的必要手段。

6.1.3.3 烧结料层透气性的重要性

烧结料层透气性不均匀，烧结过程气流分布不均匀，则垂直烧结速度不均匀。垂直烧结速度不均匀，加重气流分布不均匀，局部料层烧不透而局部过熔，工艺参数紊乱，生产操作难以控制，烧结矿质量不均匀，降低烧结成品率，破坏正常生产。

烧结过程料层透气性好，可增大抽风量，提高气流速度，加快垂直烧结速度，提高烧结机产能。同时烧结均匀，增强料层氧化性气氛，有利于提高烧结矿氧化度和脱硫率，降低主抽风机电耗，降低烧结成本。

烧结料层透气性与烧结生产关系极大，透气性好利于提高产量，降低能耗，降低烧结成本。

6.1.3.4 料层透气性的决定因素

料层透气性主要决定于料粒比表面积和孔隙率。

降低料粒比表面积，有利于改善料层透气性。如铁精矿粉粒度细，比表面积达 $1200cm^2/g$，通过强化制粒、配入粗粒粉矿和增加返矿量，可减少烧结料粒比表面积。

提高烧结料层孔隙率，有利于改善料层透气性。如采用铺底料工艺；改进原始原料粒度组成，配加天然粉矿；延长混匀造球时间，强化制粒。

烧结过程传热表明，无论原料品种、原料配比、配碳多少，每吨烧结料所需空气量是相近的。提高抽风负压可提高烧结机产量，但主抽风机电耗急剧增加，要根据综合经济效益决定合理的抽风负压。提高料层厚度，必须采取措施改善料层透气性，才能保证烧结机产能不降低，否则抽风负压升高，烧结机利用系数降低。

6.1.3.5 改善透气性的主要方法

改善烧结料层透气性，主要通过加强烧结原料准备、强化制粒、改进设备和优化烧结操作参数三方面来实现，

A 加强烧结原料准备

(1) 严格要求铁矿粉和循环物料粒度小于 8mm。

对于高硫铁矿粉要求粒度小于 6mm，以改善脱硫效果。必要时增设入厂铁矿粉破碎流程，以处理铁矿粉中的大块物料。

(2) 严格要求熔剂和固体燃料水分不得影响加工质量。

熔剂加工粒度-3mm 粒级达 90% 以上。小粒级熔剂容易成为制粒核心，同时充分矿化，减少"白点"。

固体燃料加工粒度结合原料结构和生产实际情况，确定适宜-3mm 粒级，避免烧结料层中还原性气氛局部出现、降低燃烧速度、燃烧带过宽、烧结温度分布不均等缺陷。避免固体燃料过粉碎，控制-0.5mm 粒级，提高热利用率，同时改善料层透气性。

(3) 严格控制返矿（包括烧结内返和高炉外返）粒度小于 5mm 或 4mm。

B 强化制粒

(1) 控制适宜烧结料水分，加水点和加水方式是提高制粒效果的重要措施之一。

烧结料中水分的存在能改善料层透气性，主要有三方面的作用，一是水分使物料成球，改善烧结料粒度组成；二是水分覆盖在料球颗粒表面，起润滑剂的作用，减小气流通过料层的阻力；三是水分良好的导热性，不仅限制燃烧带在一个较窄的区间内，而且保证在较少燃耗下获得必要的高温烧结区。

(2) 提高生石灰配比取代石灰石，强化制粒效果。

(3) 完善制粒工艺和优化制粒机工艺参数。

有足够的混烧比（大于 $1.5m^3/m^2$），保证制粒时间大于 5min，是提高制粒效果的主要条件。

C　改进设备和强化烧结操作

（1）改进设备。改进偏析布料工艺，采用多辊布料器改善布料条件，沿台车高度方向烧结料粒度呈上细下粗的偏析布料效果，保证料层有一定的松散性。在烧结机机头安装松料器，改善台车中部料层透气性。

（2）强化烧结操作。将烧结料温度提高到露点以上，减少冷凝水量，减轻过湿现象。控制适宜的烧结料水碳含量，限制燃烧带厚度在较窄区间内。

6.1.4　烧结过程中水的蒸发、冷凝和分解

当烧结过程开始后，在料层的不同高度和不同的烧结阶段水分含量将发生变化，出现水分的蒸发和冷凝现象。

6.1.4.1　水分的蒸发和冷凝

烧结过程中水分蒸发的条件是：气相中水蒸气的实际分压（p_{H_2O}）小于该温度下的饱和蒸汽压（p'_{H_2O}），即 $p_{H_2O} < p'_{H_2O}$。饱和蒸汽压（p'_{H_2O}）随温度升高而增大。在热气体与湿料接触的开始阶段，水蒸气蒸发缓慢，物料含水量无大的变化。废气的热量主要用于预热物料，所以温度明显升高。当物料温度升到100℃，饱和蒸汽压 p'_{H_2O} 可达 $1.013×10^5$Pa（即一个大气压），物料中水分迅速蒸发到废气中去，当物料的饱和蒸汽压 p'_{H_2O} 等于总压 $p_{总}$ 时，水分便激烈蒸发，出现沸腾现象。

烧结过程中，废气压力约为 $0.9121×10^5$Pa（即0.9个大气压），在温度为100℃时，$p_{H_2O} < p'_{H_2O}$，所以应在小于100℃完成水分的蒸发过程。但实际上，在温度大于100℃的混合料中仍有水分存在。原因是废气对混合料的传热速度快，当料温达到水分蒸发的温度时水分还来不及蒸发；此外，少量的分子水和薄膜水同固体颗粒的表面有巨大的结合力，不易逸去。

烧结过程中从点火时起，水分就开始受热蒸发，转移到废气中去，废气中的水蒸气的实际分压不断升高。当含有水蒸气的热废气穿过下层冷料时，由于存在着温度差，废气将大部分热量传给冷料，而自身的温度则大幅度下降，使物料表面饱和蒸汽压（p'_{H_2O}）也不断下降。当实际分压（p_{H_2O}）等于饱和蒸汽压时（p'_{H_2O}），蒸发停止；当 $p_{H_2O} > p'_{H_2O}$ 时，废气中的水蒸气就开始在冷料表面冷凝，水蒸气开始冷凝的温度叫"露点"。水蒸气冷凝的结果，使下层物料的含水量增加。当物料含水量超过混合料的适宜水分时就称为过湿。这就是烧结时水分的再分布现象。

烧结过程中水汽冷凝并发生过湿现象，对于烧结料层的透气性是非常不利的。因为冷凝下来的水分充塞在混合料颗粒之间的孔隙之中，使气流通过的阻力大大增加，同时过湿现象会使料层下部已造好的小球遭受破坏，甚至会出现泥浆，阻碍气体的通过，严重影响烧结过程。

课件—烧结过程中水的蒸发、冷凝和分解

6.1.4.2　减轻过湿带的主要措施

减轻过湿带的主要措施如下：

（1）提高烧结料温度。一切提高烧结料温度到露点以上的措施均可减轻过湿带对烧结过程的影响，提高烧结料温度的措施详见"4.5 提高混合料温度"。

（2）提高混合料的湿容量。赤铁矿和褐铁矿的湿容量大，磁铁矿的湿容量小，生石灰的湿容量大，石灰石和白云石的湿容量小，烧结配矿时兼顾考虑提高混合料的湿容量。

（3）低水分烧结。降低混合料水分，可减少烧结过程冷凝水量，减薄过湿带。

（4）强化制粒。实施强化制粒，有助于增加通过料层气体量，降低烧结料层中水汽分压，降低混合料露点，减轻过湿带的影响。

6.1.4.3 结晶水的分解

混合料中结晶水的分解温度，比游离水蒸发温度高得多。褐铁矿结晶水分解温度 250~300℃，到 360~400℃ 完全分解；黏土质高岭土矿（$Al_2O_3 \cdot 2SiO_2 \cdot 2H_2O$）结晶水去除温度大于 400℃，完全去除要到 1000℃。

一般烧结条件下，约 80%~90% 的结晶水可在燃烧带下的烧结料层中脱除，约 10%~20% 的结晶水则在烧结最高温度下脱除。矿物粒度过粗和导热性差，可能有部分结晶水进入烧结矿带。

结晶水分解吸热，可能降低高温区的烧结温度，因此在用含结晶水的物料烧结时，要考虑适当增加燃料的用量。结晶水分解会引起烧结料中料球碎裂，影响烧结料层透气性，烧结生产尽可能选择失重率小的铁矿粉。有些澳洲矿粉含有较高的结晶水，如火箭粉和扬迪粉；巴西矿粉基本属于磁赤铁矿，结晶水含量很少，但因矿粉存放时间过长，难免 Fe_3O_4 氧化成 Fe_2O_3 而吸水，含有少量的结晶水。

6.1.5 烧结过程固体燃料的燃烧和传热规律

点火后，固体燃料燃烧，燃烧产生高温和 CO、CO_2 等气体，为液相生成和一切物理化学反应的进行提供了所必需的热量和气氛条件。燃料燃烧所产生的热量占全部热量的 85% 以上。燃烧带是烧结过程中温度最高和产生液相的区域，因此，碳的燃烧决定了烧结产量和质量。

6.1.5.1 烧结料层中燃料燃烧的特点

烧结料层中燃料燃烧的特点如下。

（1）烧结过程中固体碳的燃烧是在碳量少和分布稀疏的情况下进行的。

通常烧结料中含碳量按质量计只占总料重的 3%~5%，按体积计不到总体积的 10%，小颗粒的碳分布于大量矿粒和熔剂之中，致使空气和碳接触比较困难，为了保证完全燃烧需要较大的空气过剩系数，通常为 1.4~1.5。

（2）燃烧速度快，燃烧层温度高，燃烧带较窄。

根据固体碳的燃烧机理，碳燃烧的初级反应：

$$2C+O_2 \xrightarrow{} 2CO\uparrow \qquad (6-2)$$

$$C+O_2 \xrightarrow{} CO_2\uparrow \qquad (6-3)$$

课件—燃料
燃烧及传热

次级反应：

$$CO_2 + C = 2CO \uparrow \tag{6-4}$$

$$2CO + O_2 = 2CO_2 \uparrow \tag{6-5}$$

在烧结料层中反应（6-2）和反应（6-3）都有可能进行，在高温区有利于反应（6-2）进行，但由于燃烧带较薄，废气经过预热层时温度很快下降，反应（6-2）受到限制，但在配碳量过多且偏析较大时，此反应仍有一定程度的发展；反应（6-3）是烧结料层中碳燃烧的基本反应，易发生，受温度的影响较少。由于碳的燃烧速度及温度减低很快，所以反应（6-4）和反应（6-5）次级反应不会有明显发展，反应（6-4）和反应（6-5）的逆反应在较低温度时才有可能发生。烧结废气中 N_2 体积含量最多，其次是 O_2，而后是 CO_2，含有少量的 CO，SO_2 含量忽略不计，表现为氧化性气氛。

（3）料层中既存在氧化气氛又存在还原气氛，主要是氧化气氛。

碳粒表面附近 CO 浓度高，O_2 及 CO_2 浓度低，表现为还原气氛；远离碳粒的地方，表现为氧化气氛。不同的气氛组成对烧结过程将产生极大的影响。

因此，宏观讲烧结料层的气氛是氧化性气氛，但在碳粒附近存在局部还原性气氛。

（4）燃烧反应处于扩散速度范围。

烧结料中固体碳的燃烧速度对烧结矿的产量和质量都有影响。由于燃烧层温度很高，故碳的燃烧速度基本上处于扩散速度范围内。因此，一切影响扩散速度的因素，都可以影响燃烧速度。减小燃料粒度，增加气流速度（改善料层透气性、增大风机风量等）和气流含氧量等都能增加燃烧反应的速度，因此，增加风量可以强化燃烧过程和增加烧结速度。

6.1.5.2　烧结过程中的传热

A　烧结料层中的温度分布

燃料燃烧和传热的结果直接影响烧结料层的温度，所谓烧结温度只反映烧结料层中某一点所能达到的最高温度。烧结过程不是等温过程，而是温度变化的过程。图6-2表示点火烧结后，在不同的时间内沿料层高度的温度分布曲线，由图可知，不管料层高度，混合料性质以及其他因素如何，这些温度曲线的形状、变化趋势都是相似的。

燃烧带是温度最高区域，其温度水平主要取决于固体燃料燃烧放出的热量，同时与空气在上部被预热的程度有关。因而，在烧结过程中，随着燃烧带下移，由于上层烧结矿层具有"自动蓄热"作用，温度逐渐升高。据试验测定，当燃烧带上部的烧结矿层达 $180\sim220\mathrm{mm}$ 时，上层烧结矿层的"自动蓄热"作用可提供燃烧带总热量的 $35\%\sim45\%$，所以燃烧带的最高温度是沿料层高度自上而下逐渐升高的。热废气的温度在预热干燥带迅速降低，而预热干燥带烧结料的温度急剧升高。原因是烧结料粒度细，传热表面积很大，传热速度很快。过湿层热交换作用不强，废气和混合料温度变化不大。

B　燃烧带对烧结过程的影响

燃烧带对烧结过程的影响表现在三个方面：燃烧带的移动速度、燃烧带的温度、燃烧带的厚度。

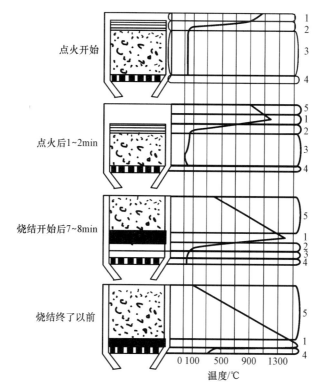

图 6-2 沿烧结料层高度温度分布特性曲线

1—燃烧层；2—干燥及预热层；3—原始混合料；4—箅条；5—烧结矿层

（1）燃烧带的移动速度。燃烧带的移动速度是温度最高点向下的移动速度，也称为垂直烧结速度。垂直烧结速度是决定烧结矿产量的重要因素，产量与其呈正比例关系。在一定的条件下，提高垂直烧结速度，烧结产量增加。但若垂直烧结速度过高，将导致烧结矿强度和成品率下降，结果抵消了产量增长的因素，并使烧结矿质量变差。

（2）燃烧带的温度。燃烧带的温度对烧结矿的强度影响很大。燃烧带温度高，生成液相多，可以提高烧结矿的强度；但温度过高又会出现过熔现象，恶化了烧结料层的透气性，气流阻力大，从而影响产量，同时烧结矿的还原性变差。

（3）燃烧带的厚度。燃烧带的厚度过大会增加气流阻力，也易造成烧结矿过熔。但厚度过小，则不能保证各种高温反应所必需的时间，也会影响烧结矿的质量。

因此，获得合适的燃烧带，是改善烧结生产的重要问题。

C 影响燃烧带的因素

a 影响燃烧带移动速度的因素

实验资料表明，燃烧带移动速度和风速成 0.77~1.05 次方关系。因此，凡能增加风速的因素都可以增加高温移动速度。这是因为空气在料层中是传递热量的介质，加大风速就加快了传热速度，且增加风速还能改善气流与烧结料之间的传热条件和加快燃料的燃烧速度。

生产中增加风速主要依靠改善料层的透气性、减少漏风和增大风机的容量。

b 影响燃烧带温度和厚度的因素

烧结过程中，影响高温区温度和厚度的因素有：配碳量、固体燃料粒度、碳燃烧速度和空气传热速度、气流速度、空气中 O_2 浓度、料层透气性等。

（1）燃料用量。

增加燃料用量，使高温区内部热源增加，从而提高高温区温度水平。

此外，增加燃料用量，也增加了高温区的厚度。这是由于燃料用量增加后，通过高温区的气流中含氧量相对降低，使燃烧速度降低，高温区厚度随之增加。

不同铁矿石类型原料用量：磁铁矿烧结过程中，由于 Fe_3O_4 氧化放热，燃料用量小；赤铁矿缺乏磁铁矿氧化热收入，燃料用量高；菱铁矿和褐铁矿则因为碳酸盐和氢氧化物的分解需要消耗热量，一般则要求更高的燃料用量。目前一般烧结的燃料用量为 4%~6%。

一定配碳量下，空气中 O_2 浓度高、料层透气性好、通过料层风量大，则空气传热速度快，碳燃烧动力学条件好，燃烧带薄。

（2）固体燃料粒度。

燃料粒度对高温区温度也有较大影响。燃料粒度小，比表面积大，与空气接触条件好，燃烧速度快，因此，高温区温度水平高、厚度小。但是，燃料粒度过小，使燃烧过快，既达不到应有的高温，又达不到必要的高温保持时间。当燃料粒度过大时，一方面使燃烧表面积减小，燃烧速度降低；另一方面，料层透气性改善，风速增大，热量很快被带走，使高温区温度降低。因此，适宜的燃料粒度 0.5~3mm。小于 0.5mm 的焦粉，会降低料层的透气性，易被气流吹动而产生偏析，同时燃烧难于达到需要的高温和足够的高温保持时间。但当焦粉粒度大于 3mm 时，易造成布料偏析，将产生使燃烧层变厚及烧结矿强度下降等不良后果。生产中，筛去小于 0.5mm 的料粒很困难，实际使用粒度为 0~3mm。

固体燃料的粒度与混合料中各组分的特性有关：当烧结 0~8mm 粉矿时，燃料粒度稍大时对烧结过程影响不大，而当减少燃料粒度时，烧结质量则明显下降。烧结粒度为 0~8mm 的铁矿粉时，粒度为 1~2mm 的焦粉最适宜，这样的粒度有能力在周围建立 18~20mm 烧结矿块。铁精矿由于粒度细，当燃料粒度减少时对烧结过程影响不大，而当其粒度稍有增大时，成品烧结矿的产率和强度显著下降，在烧结精矿时（-1mm，其中 -0.074mm 占 30%），焦粉粒度 0.5~3mm 最好。

（3）返矿用量。

当增加返矿用量时，由于它能减少吸热反应，有助于提高高温区的温度。当返矿用量过高，会降低烧结矿强度。

（4）固体燃料的燃烧性能。

固体燃料的燃烧性能，也会影响高温区的温度和厚度。无烟煤与焦粉相比，孔隙度小得多，反应能力和可燃性差，故用大量无烟煤代替焦粉时，会使高温区温度下降，高温区厚度增加，从而使垂直烧结速度下降。但无烟煤来源充足，价格便宜，实验证明用无烟煤粉代替 20%~25% 焦粉时，对烧结矿的产量、品质没有影响。当使用无烟煤粉作燃料时，必须注意改善料层的透气性，把燃料粒度降低一些，同时还要适当增加固体燃料的总用量。

（5）碳燃烧速度与传热速度间的配合。

烧结过程中燃烧速度与传热速度间的配合情况，对高温区温度水平和厚度影响也很大。当燃烧速度与传热速度同步时，上层烧结矿积蓄的热量被用来提高燃烧层燃料燃烧的温度，使物理热与化学热叠加在一起，因而达到最高的燃烧层温度；若燃烧速度小于传热速度，这时燃烧反应放出的热量是在该层通过大量空气带来的物理热之后，高温区温度则下降，高温区厚度增加；反之，如果燃烧速度大于传热速度，这时上部的物理热不能大量地用于提高下部燃料的燃烧温度，燃烧层温度也降低，厚度也增加。实际生产中多属于两种速度同步的情况，这样，燃料消耗少，料层温度高，燃烧层厚度也薄。

因此保证料层上、下具有合适而均匀的温度，是烧结过程加热制度的基本要求。

（6）气流速度的影响。

影响空气传热速度的因素有物料粒度、CO_2 含量、H_2O 含量和空气流速。

气流速度对碳燃烧速度和空气传热速度都有影响，但影响程度不同。加快气流速度时，碳燃烧速度和空气传热速度分别以不同速率发展，二者差距逐渐增大而不同步，使燃烧带厚而温度低。

实际生产中必须将气流控制在使碳燃烧速度和空气传热速度相近或同步时，才可实现燃烧带温度最高和厚度最薄，兼顾提高烧结矿产量和改善烧结矿质量。

（7）使用熔剂种类的影响。

生石灰消化放热，利于提高燃烧带温度，减轻过湿带影响，能更快更均匀促进 CaO 矿化反应和各种固液反应，更易生成熔点低、流动性好、易凝结的液相，利于降低固体燃耗，加快烧结速度，且防止游离 CaO "白点" 残存于烧结矿中产生粉化，利于提质提产。

增加石灰石和白云石用量，由于分解吸热，会降低燃烧带温度。

6.1.6　碳酸盐的分解及 CaO 的矿化作用

烧结料中常见的碳酸盐有 $FeCO_3$、$MnCO_3$、$CaCO_3$、$MgCO_3$ 等，以 $CaCO_3$ 为主，$FeCO_3$ 最易分解，$MnCO_3$ 次之，$CaCO_3$ 最难分解。这些碳酸盐有的是矿石本身带入的，也有的是为了生产熔剂性烧结矿配加的，烧结过程中，若能保证 $CaCO_3$ 分解完全，其他几种碳酸盐分解也可完成。

在烧结过程中这些碳酸盐必须充分分解并与其他成分化合生成新的化合物，否则，将影响烧结矿的机械强度。

课件—碳酸盐的分解及 CaO 的矿化作用

6.1.6.1　碳酸盐的分解

碳酸盐受热温度达一定值时，发生分解反应，以石灰石（$CaCO_3$）为例，分解反应如下：

$$CaCO_3 == CaO + CO_2\uparrow \quad -(5.225\sim5.434)\ GJ/t$$

碳酸盐分解条件是：当碳酸盐分解压大于气相中 CO_2 的分压时，开始分解。随温度升高，分解压增大，当碳酸盐分解压等于外界总压时，碳酸盐进行激烈分解，这叫作化学沸腾，此时的温度叫化学沸腾温度。

烧结过程中碳酸盐分解与常温常态下碳酸盐分解是有区别的。烧结过程中碳酸盐及其分解产物 CaO 可以与其他矿物化学反应生成新的化合物。如 500~690℃ 下，CaO 和 SiO_2 发生固相反应生成硅酸二钙（$2CaO \cdot SiO_2$）。500~670℃ 下，CaO 和 Fe_2O_3 发生固相反应生成铁酸一钙（$CaO \cdot Fe_2O_3$）。所以烧结条件下碳酸盐分解变得更容易一些。

实际烧结时，$CaCO_3$ 分解的开始温度约为 750℃，化学沸腾温度约为 900℃。石灰石分解反应主要在燃烧带进行，其他碳酸盐开始分解温度较低，可在预热带进行。烧结过程中，虽然碳酸盐分解有较好条件，但由于燃烧带很薄，烧结速度快，在高温条件下碳酸盐分解时间很短（因为随着烧结层的下移，废气中 CO_2 含量下降，烧结层中残留的石灰石可在 634℃ 结束分解，这种在燃烧带以后分解出的 CaO 对烧结矿的固结和强度都没有好处），有可能来不及分解完毕就转入烧结矿带，为此应创造条件加速其分解反应。

碳酸盐分解反应从矿块表面开始逐渐向中心进行。因此，分解反应速度与碳酸盐矿物的粒度大小有关，粒度越小，分解反应速度越快。但是，在实际烧结层中，可能由于碳酸盐分解吸收大量热量，使得石灰石颗粒周围的料温下降；或者由于燃料偏析使高温区温度分布不均匀，常常出现石灰石不能完全分解的现象。因此，生产中要求石灰石粒度必须小于 3mm，同时应考虑燃料的用量。

6.1.6.2 CaO 的矿化作用

氧化钙的矿化作用是指在烧结过程中，$CaCO_3$ 的分解产物 CaO 与烧结料中的其他矿物（如 SiO_2、Fe_2O_3、Al_2O_3 等）发生反应，生成新的化合物。

（1）氧化钙的矿化作用对烧结矿质量的影响。生产熔剂性烧结矿时，不仅要求添加的石灰石完全分解，而且要求分解产物 CaO 完全矿化。这就是说不希望在烧结矿中存在着游离的 CaO（或称"白点"），这是因为烧结矿中游离的 CaO 与空气中的水发生消化反应：$CaO + H_2O = Ca(OH)_2$，其结果使体积膨胀一倍，致使烧结矿粉化。

（2）影响氧化钙的矿化程度的因素。氧化钙的矿化程度与烧结温度、熔剂和铁矿粉粒度、烧结矿碱度有关。

1）温度对 CaO 矿化作用的影响。当温度为 1200℃，石灰石粒度虽然小于 0.6mm，CaO 矿化程度不超过 50%；但是，当温度升高到 1350℃ 时，石灰石粒度增大到 1.7~3.0mm，而 CaO 矿化程度接近 100%。显然，温度高，CaO 的矿化程度高。但温度过高会使烧结矿过熔，对烧结矿的还原性不利。不能追求 CaO 矿化程度高而一味提高烧结温度。

2）粒度对 CaO 矿化作用影响。熔剂粒度越细，分解越快越充分，CaO 矿化程度越高。熔剂和铁矿粉粒度小于 3mm，1200℃ 下焙烧 1min，CaO 矿化程度可达 95% 以上。熔剂粒度 3~5mm，铁矿粉粒度 6mm，烧结温度下 CaO 矿化程度降低到 60% 左右。生产熔剂性烧结矿，碱性熔剂粒度不大于 3mm，可保证 CaO 矿化程度 90% 以上。

（3）提高 CaO 矿化反应的措施如下：

1）提高烧结温度。

2）降低生石灰、石灰石和矿粉粒度，并加强混匀。

3）延长 CaO 和铁矿粉的反应时间。

6.1.6.3 计算碳酸钙分解度和氧化钙矿化度

碳酸钙分解度：

$$D = \left[(CaO_{石} - CaO_{残}) / CaO_{石} \right] \times 100\% \tag{6-6}$$

式中 $CaO_{石}$——烧结料以 $CaCO_3$ 形式带入的 CaO 总含量，%；

$CaO_{残}$——烧结矿中以 $CaCO_3$ 形式残存的 CaO 总含量，%。

氧化钙矿化度：

$$K = \left[(CaO_{总} - CaO_{游} - CaO_{残}) / CaO_{总} \right] \times 100\% \tag{6-7}$$

式中 $CaO_{总}$——烧结矿中以各种形式存在的 CaO 总含量，%；

$CaO_{游}$——烧结矿中游离的 CaO 含量，%；

$CaO_{残}$——烧结矿中残存的 CaO 含量，%。

例如：某厂生产碱度 2.0 的烧结矿，由于石灰石粒度粗和热制度不合适，烧结矿中游离 CaO 为 8.96%，未分解 $CaCO_3$ 为 7.38%，烧结料中石灰石带入 CaO 总量 28.73%，计算 CaO 矿化度。计算结果保留小数点后两位小数。

解：$K = \left[(CaO_{总} - CaO_{游} - 未分解 CaCO_3 \times (56/100)) / CaO_{总} \right] \times 100\%$

$= \left[(28.73 - 8.96 - 7.38 \times (56 \div 100)) \div 28.73 \right] \times 100\%$

$= 54.43\%$

6.1.7 烧结过程中铁、锰氧化物的分解、还原和氧化

就整体而言，烧结料层是氧化气氛，但在燃料颗粒附近也有还原气氛，因此在烧结过程中，对铁、锰氧化物来说，既有热分解和氧化反应，也有还原反应，这些反应主要发生在烧结料软熔之前，所以对烧结矿的液相成分和矿物组成有很大的影响，必须加以控制。

6.1.7.1 铁氧化物的分解

金属氧化物分解条件是：金属氧化物的分解压（p_{O_2}）大于气相中氧的实际分压（p'_{O_2}）时，氧化物分解；若 $p_{O_2} = p'_{O_2}$ 时，反应处于平衡状态；若 $p_{O_2} < p'_{O_2}$ 时，为氧化反应。

铁氧化物有三种形态：FeO、Fe_3O_4、Fe_2O_3。表 6-1 列出了铁、锰氧化物的分解压。

课件—铁、锰氧化物的分解、还原和氧化

表 6-1 铁、锰氧化物的分解压 （Pa）

温度/℃	$(p_{O_2})_{Fe_2O_3}$	$(p_{O_2})_{Fe_3O_4}$	$(p_{O_2})_{FeO}$	$(p_{O_2})_{MnO}$	$(p_{O_2})_{Mn_2O_3}$
460					
550			21278		

温度/℃	$(p_{O_2})_{Fe_2O_3}$	$(p_{O_2})_{Fe_3O_4}$	$(p_{O_2})_{FeO}$	$(p_{O_2})_{MnO}$	$(p_{O_2})_{Mn_2O_3}$
927		2.2×10^{-8}	1×10^{-2}	101325	37.5
1100	2.6				21278
1300	199.6				101325
1383	21278				
1400	28371				
1452	101325				
1500	303975	1×10^{-11}	$1\times10^{-3.2}$		

从表 6-1 可以看出在铁的氧化物中，高级氧化物比低级氧化物较容易分解。烧结料层中，气相中氧的分压和温度随部位不同差别很大，在烧结矿层，p'_{O_2} 约为 0.018~0.019MPa，温度低于 1000~1100℃；在燃烧层和预热层，废气中的含氧量平均为 2%~7%，故 p'_{O_2} 约为 0.0018~0.0063MPa，而在碳粒附近此值更低，燃烧层的温度一般为 1300~1500℃。由此，可以分析三种铁氧化物分解的可能性。

Fe_2O_3：Fe_2O_3 在 1300℃ 和 1383℃ 时，其分解压分别为 199.6Pa 和 21278Pa，已达到和超过燃烧层气相中氧的分压；到 1425℃ 时，升高到 101325Pa，超过了烧结废气总压。可见，Fe_2O_3 在燃烧层可发生分解或剧烈分解，生成 Fe_3O_4，放出氧来，其反应式为：

$$3Fe_2O_3 === 2Fe_3O_4 + \frac{1}{2}O_2 \uparrow$$

但是，由于烧结料层在 1300℃ 以上高温区的停留时间很短，而且在低于此温度下，Fe_2O_3 已被大量还原，故分解率不高。

Fe_3O_4：Fe_3O_4 的分解压比 Fe_2O_3 小得多，在 1500℃ 也只有 $1\times10^{-2.5}$Pa，远小于烧结气相中氧的分压，故在烧结温度下，单纯的 Fe_3O_4 不能分解，但在有 SiO_2 存在时，Fe_3O_4 可与 SiO_2 化合生成硅酸铁，在温度高于 1300~1350℃ 的情况下，可按下述反应进行热分解：

$$2Fe_3O_4 + 3SiO_2 === 3(2FeO \cdot SiO_2) + O_2 \uparrow$$

FeO：FeO 的分解压比 Fe_3O_4 更低，因此，在烧站料层中不可能进行热分解。

6.1.7.2　铁氧化物的还原

在烧结过程中由于碳粒周围有较强的还原性气氛，所以，就会进行 Fe_2O_3、Fe_3O_4 和 FeO 的还原反应。还原的热力学条件取决于温度水平和气相组成，不同的铁氧化物还原反应进行的情况是不同的。

Fe_2O_3：Fe_2O_3 还原成 Fe_3O_4 的平衡气相组成中 CO 浓度是很低的。只要气相中有 CO 存在，Fe_2O_3 的还原反应即可发生。在烧结料层中，500~600℃ 以下，反应就很容易进行。

$$3Fe_2O_3 + CO === 2Fe_3O_4 + CO_2 \uparrow$$

但在生产熔剂性烧结矿时，由于 CaO 与 Fe_2O_3 在上述温度下可发生固相反应生成 $CaO \cdot Fe_2O_3$，它比自由 Fe_2O_3 难还原一些。

Fe_3O_4：Fe_3O_4 还原时要求平衡气相中 CO 的浓度较高，因而比还原 Fe_2O_3 要困难。但烧结条件下，在燃烧带仍可进行还原反应。在 900℃ 以上的高温下，Fe_3O_4 可按下式还原：

$$Fe_3O_4 + CO = 3FeO + CO_2 \uparrow$$

在有 SiO_2 存在的情况下，有利于 Fe_3O_4 的还原，反应如下：

$$2Fe_3O_4 + 3SiO_2 + 2CO = 3(FeO \cdot SiO_2) + 2CO_2 \uparrow$$

当有 CaO 存在时，则不利于 Fe_3O_4 的还原，这是因为 CaO 对 SiO_2 的亲和力比 FeO 对 SiO_2 的亲和力大，阻止铁橄榄石（$2FeO \cdot SiO_2$）的生成。所以在生产熔剂性烧结矿时，烧结矿中的 FeO 含量低，对改善烧结矿的还原性有利。

FeO：在一般烧结条件下，FeO 被 CO 还原的可能性很小，因为 FeO 的还原需要相当高的 CO 浓度，而一般烧结条件下很难达到。但如果燃料配比大量增加，如达到 10%~20% 以上，则因还原气氛增加，FeO 也能被还原一部分，获得一定数量的金属铁。

铁氧化物被固体碳直接还原，温度要大于 1000℃ 才能进行，而烧结过程中高温区停留时间很短，因此直接还原的可能性很小。

6.1.7.3 铁氧化物的氧化

烧结料层中，气相成分分布很不均匀，在远离燃料的地方为氧化气氛，所以，铁氧化物在分解还原的同时，也会被氧化和再氧化，再氧化是指被还原得到的 Fe_3O_4 或 FeO，被 O_2 重新氧化为 Fe_2O_3 或 Fe_3O_4。这种还原—氧化的发展程度，将影响烧结矿的最终化学成分和矿物组成。再氧化主要在烧结矿层进行，其反应为

$$2Fe_3O_4 + \frac{1}{2}O_2 = 3Fe_2O_3$$

$$3FeO + \frac{1}{2}O_2 = Fe_3O_4$$

在高温下铁氧化物的氧化进行很快，当温度低时，反应速度减慢甚至停止。烧结矿中 Fe_3O_4 及 FeO 的再氧化，提高了烧结矿的还原性，因此在保证烧结矿强度条件下，发展氧化过程是有利的。烧结矿的氧化程度，可用氧化度来表示：

$$氧化度 = \left(1 - \frac{0.2591W(FeO)}{W(Fe_全)}\right) \times 100\% \qquad (6-8)$$

式中　FeO——烧结矿中 FeO 含量，%；

　　　$Fe_全$——烧结矿中全部铁量，%。

由式（6-8）看出，在烧结矿含铁量相同的情况下，烧结矿含 FeO 越少，氧化度越高，而氧化度越高的烧结矿，其还原性越好。因此，在保证烧结矿强度的条件下，生产高氧化度烧结矿，对改善烧结矿还原性具有重要意义。

烧结过程有氧化有还原，但最终烧结过程是氧化还是还原，可由氧化度变化判断。如果烧结矿氧化度大于烧结料氧化度，则整个烧结过程处于氧化过程，如果烧结矿氧化

度小于烧结料氧化度，则整个烧结过程处于还原过程。

例：某原料配比下，烧结料 TFe 为 50.11%，FeO 含量 16.42%，生产烧结矿 TFe 为 57.81%，FeO 含量 7.33%，通过计算氧化度判断整个烧结过程处于氧化还是还原过程。

解：烧结料氧化度 $D = [1-16.42×(56/72)/(3×50.11)]×100\% = 91.50\%$

烧结矿氧化度 $D = [1-7.33×(56/72)/(3×57.81)]×100\% = 96.71\%$

因烧结矿氧化度>烧结料氧化度，所以整个烧结过程处于氧化过程。

影响烧结矿氧化度的主要因素有以下几个方面。

（1）固体燃料用量。固体燃料配比是影响烧结矿中 FeO 含量的首要因素，它决定着高温区的温度水平和烧结料层的气氛性质，对铁氧化物的分解、还原、氧化有直接影响。在同等烧结条件下，随着混合料中碳含量的减少，烧结矿 FeO 含量显著下降，还原性相应提高。适宜固体燃料配比与矿粉性质、烧结矿碱度、料层厚度等有关。赤铁矿粉烧结，由于有 Fe_2O_3 分解耗热，固体燃料配比相对较高；磁铁矿粉烧结，因有 Fe_3O_4 氧化放热，应适当减少固体燃料配比；褐铁矿粉烧结，结晶水分解耗热，需适当增加固体燃料配比，但因褐铁矿粉同化性和液相流动性良好，在高碱度、厚料层、褐铁矿粉配比较高的情况下，固体燃料配比降低。

（2）固体燃料和铁矿粉粒度。减小固体燃料粒度，烧结料层中固体燃料分布更趋均匀，有助于减少固体燃料用量，避免局部高温和强还原性气氛，提高烧结矿氧化度。减小铁矿粉粒度，尤其是磁铁矿粉的粒度，既有利于液相的生成和黏结，又有利于铁矿粉的氧化，减少固体燃料用量，降低烧结矿 FeO 含量。

（3）烧结矿碱度。提高烧结矿碱度，有利于降低烧结矿 FeO 含量，因为高碱度烧结条件下，可形成多种易熔化合物，允许降低燃烧带温度，并阻碍了 Fe_2O_3 的分解与还原。

6.1.7.4 锰氧化物的分解和还原

锰的高价氧化物 MnO_2 和 Mn_2O_3 有高的分解压力，在烧结时可以完全分解，在较低温度下，也能被 CO 还原。Mn_3O_4 的分解压力低，分解难，但易被 CO 还原，其反应式为：

$$Mn_3O_4 + CO === 3MnO + CO_2 \uparrow$$

MnO 比 FeO 还稳定，在烧结条件下既不可能分解，也不能被还原，但可与 SiO_2 等生成难还原的硅酸盐。

6.1.8 烧结过程成矿机理

烧结成矿是在固体燃料燃烧产生的高温条件下，部分铁矿粉和熔剂发生固相反应进而生成液相，液相黏结未熔矿粉，冷凝固结后形成具有一定块度和强度烧结矿的过程。烧结成矿影响烧结矿结构和矿物组成，烧结矿产量、质量和能耗等指标很大程度上取决于高温状态下铁矿粉的成矿性能。铁矿粉烧结成矿性能主要表现为其在烧结过程预热带、燃烧带和冷却初始阶段所发生的物理化学反应的能力。烧结成矿机理包括固相反应、液相生成、液相冷凝结晶三个过程，其中固相反应和液相生成是烧结料能够黏结成块并具有一定强度的基本要素。

6.1.8.1 烧结过程中的固相反应

固相反应在烧结过程中占有很重要地位。固相反应是指烧结料在它们的接触界面上，在液相生成之前以固体状态进行的反应，产物也是固态。在预热干燥带就有固相反应，由于通过固相反应形成了原始烧结料所没有的低熔点化合物，为烧结过程产生液相创造了条件，而液相是烧结过程中使矿粉成块和使烧结矿具有一定强度的主要条件。因此，固相反应的进行情况直接影响烧结矿的质量。

A 固相反应机理

固相反应的机理是离子扩散过程。任何物质间的反应都是由分子或离子运动所决定的。固体分子和液体、气体分子一样，随时都处于不断的运动状态之中，只是因为固体分子质点间的结合力较大，所以运动范围较小。在一般条件下，处于固体状态物质之间的反应是难于进行的。但是，随着温度升高，固体表面晶格的一些离子的运动激烈起来，温度越高，就越容易取得进行位移所需要的能量，当这些离子具有足够能量时，它们就可以向附近的固体表面扩散。这种固体间的离子扩散过程就导致了固相间反应的发生。

烧结所用的铁矿粉和熔剂分别是小于 8mm 和小于 3mm 的物料，破碎到这样的粒度，必然使这些固体晶体受到极大的破坏。受到极大破坏的晶格具有很大的表面自由能，因而质点处于活化状态，它们都力图夺取邻近固体晶格的质点来使自己变成活性较低的稳定晶体，因而呈现出强烈的位移作用。移动的结果使晶格缺陷逐渐地得到校正，从而变成了活性较低的稳定晶体，形成新的化合物。

B 固相反应的条件和特点

固相反应是反应物旧相晶格被破坏和新相晶格形成的过程。随着温度的升高，旧相晶格结点上的离子的振动逐渐加剧起来，当温度升高到使离子能够离开原始中心位置向临近晶格扩散的临界温度时，晶格结点上的离子便离开离子键的束缚，扩散到相邻固体颗粒的表面和内部进行反应，力图形成比单独存在时活性更低的稳定化合物。临界温度是固相反应开始的温度。根据上面的分析可知，影响固相反应的因素是：固相比表面积越大，晶格越不完整的物质，固相反应越易进行；此外温度越高，离子间扩散越容易。因此固相反应的外在条件是温度，而内在条件是晶格的不完整。

固相反应的特点如下：

(1) 固相反应均为放热反应。

固相反应是自由能降低的过程，所有的固相反应都是放热反应。

当反应物加热到固相反应开始的温度，并且周围也达到相同的温度时，反应放出热量，由于不能向外扩散，而使其本身的温度升高，这就加快了固相反应的速度。因此，固相反应一旦开始，它们的速度就会加快，直到反应物的形成。

(2) 两种物质间反应的最初产物，无论其反应物的分子数之比如何，只能是一种化合物，而且是结晶构造最简单的化合物。

因此，对于烧结生产有实际意义的是固相反应开始的温度和最初形成的产物。

课件—烧结
过程中的
固相反应

例如，将 CaO 和 SiO₂ 的混合物，在空气中加热至 1000℃，其中有过剩的 SiO₂，它们的反应进程如图 6-3 所示。在 CaO 与 SiO₂ 接触处，最初反应产物是正硅酸钙（2CaO·SiO₂），继之沿着 2CaO·SiO₂-CaO 接触处，进一步形成一层 3CaO·SiO₂，而沿着 2CaO·SiO₂ 与 SiO₂ 的接触处形成一层 3CaO·2SiO₂，在整个过程的最后阶段才完全形成 CaO·SiO₂（硅灰石）。

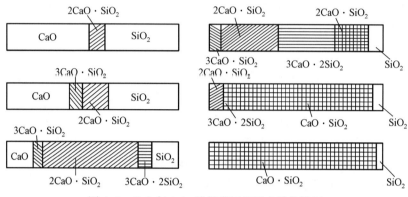

图 6-3　CaO 与 SiO₂ 接触带固相反应结构简图

表 6-2 列出混合物中不同配合比例时，固相反应首先出现的反应产物的实验数据。

表 6-2　反应物不同配比时固相反应的最初产物

反应物质	混合物中分子比例	反应的最初产物
CaO—SiO₂	3:1; 2:1; 3:2; 1:1	2CaO·SiO₂
MgO—SiO₂	2:1; 1:1	2MgO·SiO₂
CaO—Fe₂O₃	2:1; 1:1	CaO·Fe₂O₃
CaO—Al₂O₃	3:1; 5:3; 1:1; 1:2; 1:6	CaO₂·Al₂O₃
MgO—Al₂O₃	1:1; 1:6	MgO·Al₂O₃

表 6-3 汇集了烧结过程中可能生成的某些固相反应产物开始出现的温度的实验数据。

表 6-3　固相反应开始的温度

反应物	固相反应产物	反应产物开始出现的温度/℃
SiO₂+Fe₂O₃	Fe₂O₃ 在 SiO₂ 中的固溶体	575
CaO+SiO₂	2CaO·SiO₂	500, 600, 690
MgO+SiO₂	2MgO·SiO₂	680
MgO+Fe₂O₃	MgO·Fe₂O₃	600
CaO+Fe₂O₃	CaO·Fe₂O₃	500, 520, 600, 610, 650, 675

反应物	固相反应产物	反应产物开始出现的温度/℃
$CaO+Fe_2O_3$	$2CaO \cdot Fe_2O_3$	400
$CaCO_3+Fe_2O_3$	$CaO \cdot Fe_2O_3$	590
$(MgO, CaO, MnO, NiO)+Fe_3O_4$	磁铁矿固溶体	800
$MgO+FeO$	镁浮士体	700
$MgO+Al_2O_3$	$MgO+Al_2O_3$	920, 1000
$FeO+Al_2O_3$	$FeO \cdot Al_2O_3$	1100
$MnO+Al_2O_3$	$MnO \cdot Al_2O_3$	1000
$MnO+Fe_2O_3$	$MnO \cdot Fe_2O_3$	900
$CaO+MgCO_3$	$CaCO_3+MgO$	525
$CaO+MgSiO_3$	$CaSiO_3+MgO$	560
$CaO+MnSiO_3$	$CaSiO_3+MnO$	565
$CaO+Al_2O_3 \cdot SiO_2$	$CaSiO_3+Al_2O_3$	530
$(Fe_3O_4 \cdot FeO)+SiO_2$（石英）	$2FeO \cdot SiO_2$（微粒的硅石）	800, 950
$Fe_3O_4+SiO_2$（石英）	$2FeO \cdot SiO_2$	990, 1100

（3）在非熔剂性烧结料中 Fe_2O_3 和 SiO_2 之间不发生固相反应，Fe_2O_3 只能溶入 SiO_2 中形成有限固熔体。

只有当 Fe_2O_3 还原或分解成 Fe_3O_4 时才能与 SiO_2 反应生成低熔点的 $2FeO \cdot SiO_2$，开始形成的温度为 $910 \sim 1057℃$。因此，燃料用量较多和还原气氛是固相反应中产生 $2FeO \cdot SiO_2$ 的主要条件。

（4）在熔剂性烧结料中主要固相反应产物是 $CaO \cdot Fe_2O_3$。

一方面是由于 $CaO \cdot Fe_2O_3$ 开始形成的温度较低（$500 \sim 700℃$）；另一方面，尽管 CaO 与 SiO_2 的亲和力远比 CaO 与 Fe_2O_3 的亲和力大，但烧结料中 CaO 与 Fe_2O_3 接触的机会多，在相同温度下形成 $CaO \cdot Fe_2O_3$ 的速度比形成 $CaO \cdot SiO_2$ 的速度快，因此熔剂性烧结矿固相反应产物中 $CaO \cdot Fe_2O_3$ 居多。由于 Fe_3O_4 不与 CaO 发生固相反应，只有 Fe_3O_4 氧化生成 Fe_2O_3 后才能生成 $CaO \cdot Fe_2O_3$，所以燃料用量低和强氧化气氛是固相反应生成 $CaO \cdot Fe_2O_3$ 的主要条件。

（5）固相反应的产物不等于烧结矿最终矿物组成。

固相反应的结果产生低熔点化合物，促使烧结过程中产生大量的黏结相，有利于提高烧结矿强度。但固相反应的产物不等于烧结矿最终矿物组成，在后来的熔化过程中，这些复杂化合物大部分又分解成简单化合物。烧结矿是熔融物再结晶的产物，烧结矿的矿物组成受熔融物冷却再结晶规律的支配，而碱度是熔融物结晶作用的决定因素。因此，烧结矿的最终矿物，在燃料用量一定的条件下，主要决定于碱度。只有当燃料用量较低，液相数量较少时，固相反应的产物才能直接转入成品烧结矿中。

　　C　烧结料中常见的固相反应及产物

　　在烧结时经常遇到的铁矿物是赤铁矿和磁铁矿，这些矿石中的主要脉石成分为 SiO_2。当生产熔剂性烧结矿时，需要加石灰石和石灰，它们主要成分为 CaO。这些矿粉在焦炭耗量正常或增多的情况下，烧结料中所进行固相反应流程和反应产物可能有下列几种形式。

　　a　烧结非熔剂性赤铁矿与熔剂性赤铁矿

　　在烧结非熔剂性赤铁矿时，赤铁矿被还原和分解为 Fe_3O_4、FeO 和金属铁，在温度升高时 Fe_3O_4、FeO 与 SiO_2 在固相反应中将形成铁橄榄石。温度再升高铁橄榄石熔化，并且 Fe_3O_4、FeO 和 SiO_2 也转入到熔融物中，见图 6-4。

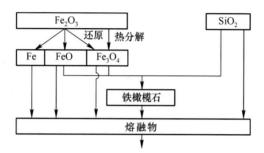

图 6-4　赤铁矿非熔剂性烧结料中固相反应流程

　　在烧结熔剂性赤铁矿时，除存在图 6-4 所示同样过程外，CaO 与 SiO_2 进行固相反应生成正硅酸钙，又与 Fe_2O_3 反应形成铁酸钙，部分未作用完的 SiO_2 同样转到熔融物中。熔融物为多种物质熔化和分解的产物所构成，所以结晶方式复杂，见图 6-5。

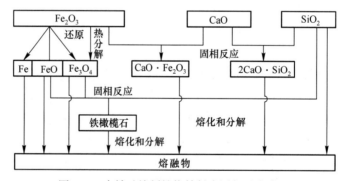

图 6-5　赤铁矿熔剂性烧结料中固相反应流程

　　b　烧结非熔剂性磁铁矿与熔剂性磁铁矿

　　烧结非熔剂性磁铁矿时，与赤铁矿的不同点在于有一部分磁铁矿的中间氧化物，其中部分又再次被还原和分解，见图 6-6。

　　烧结熔剂性磁铁矿烧结料的固相反应流程是最复杂的一个，见图 6-7。在实际烧结过程中，固相反应形成的矿物结构更为复杂，因为除这几种矿物外还有更多的矿物参加。

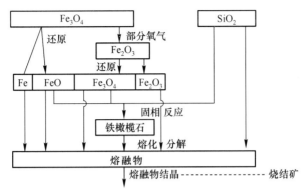

图 6-6 磁铁矿非熔剂性烧结料中固相反应流程

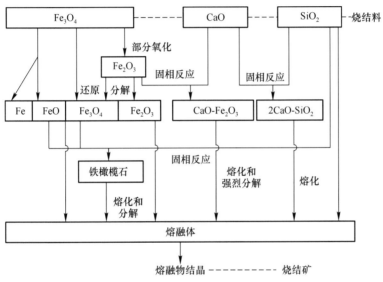

图 6-7 磁铁矿熔剂性烧结料中固相反应流程

6.1.8.2 烧结过程中液相的生成与冷却结晶

A 液相的生成过程

固相反应缓慢且反应产物结晶不完善，结构疏松，靠固相固结的烧结矿强度差。液相生成是烧结矿固结的基础，决定烧结矿的矿相成分和显微结构，对烧结矿产质量影响很大。

（1）初生液相。在固相反应生成新的低熔点化合物或低共熔点物质处，随着烧结温度的升高而首先出现初期液相。例如：Fe_3O_4 熔点 1597℃，SiO_2 熔点 1713℃，Fe_3O_4 和 SiO_2 发生固相反应生成铁橄榄石（$2FeO \cdot SiO_2$），熔化温度 1205℃，当烧结温度达到 1205℃时，即开始生成铁橄榄石液相。

（2）加速生成低熔点化合物。随着烧结温度升高和初期液相的促进作用，低熔点化合物一部分分解成简单化合物，一部分熔化成液相。

课件—烧结过程中液相的生成与冷却结晶

(3) 液相扩展。液相进一步熔融周围大颗粒矿粉，生成低共熔混合物，降低烧结料中高熔点矿物的熔点，使液相得到扩展。

(4) 液相反应。高温下液相中的成分进行置换和氧化还原反应，液相产生气泡，推动碳粒到气流中燃烧。

(5) 液相同化。通过液相的粘性和塑性流动传热，均匀烧结过程温度和成分，趋近于相图上稳定的成分位置。

B　液相在烧结中的作用

(1) 液相是烧结矿黏结相，将未熔的固体颗粒黏结成块，保证烧结矿具有一定的强度。

(2) 液相具有一定的流动性，可进行黏性或塑性流动传热，使高温熔融带的温度和成分均匀，液相反应后的烧结矿化学成分均匀化。

(3) 液相能润湿未熔的矿粒表面，产生一定的表面张力将矿粒拉紧，使其冷凝后具有强度。

(4) 从液相中形成并析出烧结料中所没有的新的矿物，这种新矿物有利于改善烧结矿的强度和还原性。

液相数量多少为最佳，还有待于进一步研究，一般认为应有 50%~70% 的固体颗粒不熔，以保证高温带的透气性，而且要求液相黏度低，具有良好的润湿性。

C　影响液相生成量的因素

(1) 烧结温度。随着烧结温度提高，液相量增加。

(2) 烧结矿碱度。液相量随碱度提高而增加，甚至可以说，碱度是影响液相量和液相类型的主要因素。

(3) 烧结气氛。烧结过程中的气氛，直接控制烧结过程铁氧化物的氧化还原，随着焦炭用量增加，烧结过程的气氛向还原气氛发展，铁的高价氧化物还原成低价氧化物，FeO 增多。一般来说，其熔点下降，易生成液相。

(4) 烧结混合料的化学成分。

1) SiO_2 含量。SiO_2 很容易生成硅酸盐低熔点液相。SiO_2 含量过高，液相生成量过多，料层阻力增大，垂直烧结速度减慢，导致烧结机产能降低；SiO_2 含量过低，液相生成量不足，烧结矿固结强度差。低硅烧结下，适宜 SiO_2 含量是保证烧结矿转鼓强度的基础，高铁低硅烧结矿适宜 SiO_2 含量为 4.8%~5.3%。

2) Al_2O_3 含量。主要由矿石和固体燃料灰分带入，有使熔点升高的趋势，配碳量一定情况下液相生成量减少。

3) MgO 含量。由白云石等熔剂带入，有使熔点升高的趋势，但 MgO 能改善烧结矿低温还原粉化现象。

(5) 铁矿粉软化性能和脉石成分。铁矿粉软化温度越低，软化区间越宽，液相生成量越多。铁矿粉中脉石成分 CaO、MgO、SiO_2、Al_2O_3 决定液相生成温度和液相生成量。一般 CaO、SiO_2 含量高，液相生成温度低且液相生成量多；MgO、Al_2O_3 含量高，液相生成温度高且液相生成量少。

D 烧结过程中的液相

a 铁-氧体系（FeO-Fe$_3$O$_4$）

烧结磁铁矿粉时，由于还原或分解反应的发生，部分 Fe$_3$O$_4$ 转变为 FeO，FeO 可与 Fe$_3$O$_4$ 形成固溶体，其熔化温度比纯 FeO 和 Fe$_3$O$_4$ 都低，在烧结温度下可熔化成为液相。例如，由 45%FeO 和 55%Fe$_3$O$_4$ 组成的固溶体，熔化温度为 1220℃。当烧结高品位磁铁矿粉时，虽然渣相极少，但由于固溶体的熔化，也能使烧结料固结起来，并具有一定的强度。

不过，在实际生产中是很少有此情况的。

b 硅酸铁（FeO-SiO$_2$）体系

烧结料中总存在一定数量的 SiO$_2$，当铁氧化物还原或分解产生有 Fe$_3$O$_4$ 和 FeO 时，与 SiO$_2$ 彼此接触的 Fe$_3$O$_4$ 或 FeO，在 1000℃ 左右便可发生固相反应而形成低熔点化合物铁橄榄石（2FeO·SiO$_2$），其成分为 FeO 72%，SiO$_2$ 28%，熔点 1205℃。2FeO·SiO$_2$ 可分别与 SiO$_2$ 和 FeO 形成熔化温度更低的共晶体 2FeO·SiO$_2$-SiO$_2$ 和 2FeO·SiO$_2$-FeO，前者 FeO 62%，SiO$_2$ 38%，熔点 1178℃；后者 FeO 76%，SiO$_2$ 24%，熔点 1177℃。此外，2FeO·SiO$_2$ 还可与 Fe$_3$O$_4$ 组成低熔点共晶混合物，其成分为 2FeO·SiO$_2$ 83%，Fe$_3$O$_4$ 17%，熔点仅 1142℃，比铁橄榄石更低，它在烧结过程中首先形成液相，随着物料中的 Fe$_3$O$_4$ 逐渐溶入液相，液相的熔点逐步上升，由此可见，在烧结酸性烧结料时，要使 Fe$_3$O$_4$ 较多地溶入液相，需要加热到很高的温度，即配碳量要高。

硅酸铁体系液相是生产非熔剂性烧结矿的主要黏结相。其生成条件是较高的烧结温度和还原性气氛，以保证形成必要的 Fe$_3$O$_4$ 或 FeO，且矿粉中含有较多的 SiO$_2$，液相数量与此密切相关。

形成足够数量的铁橄榄石体系液相，是使非熔剂性烧结矿获得良好强度的前提，这就要求有较高的燃料配比。但燃料不宜过多，否则液相生成过多，导致烧结矿还原性降低，并由于薄壁粗孔结构的出现，烧结矿有变脆的趋向。因此，在烧结矿强度足够的情况下不希望铁橄榄石过分发展。

c 硅酸钙（CaO-SiO$_2$）体系

生产熔剂性烧结矿，烧结料中加入较多的石灰石或生石灰时，它们与矿粉中的 SiO$_2$ 作用，可形成硅酸钙体系的液相。

该体系化合物有：硅灰石（CaO·SiO$_2$），熔点 1544℃；硅钙石（3CaO·2SiO$_2$），熔点 1478℃；正硅酸钙（2CaO·SiO$_2$），熔点 2130℃；硅酸三钙（3CaO·SiO$_2$），熔点 1900℃。另外，该体系还有三个共晶混合物：CaO·SiO$_2$-SiO$_2$、CaO·SiO$_2$-3CaO·2SiO$_2$ 和 2CaO·SiO$_2$-CaO，其共晶温度分别为 1436℃、1460℃ 和 2065℃。

该体系的特点是：无论化合物或共晶混合物的熔化温度都很高，最低也在 1436℃，因此，在烧结条件下不可能熔化形成一定数量的液相，故不能成为烧结料的主要黏结相。2CaO·SiO$_2$ 熔化温度虽然很高，但它是该体系中固相反应的最初产物，在 500~600℃ 下即开始出现，转入熔体中后不分解，因此在烧结矿中可能存在 2CaO·SiO$_2$ 矿物。它的存在将影响烧结矿的强度，这是因为 2CaO·SiO$_2$ 在冷却时，发生晶形转变。2CaO·SiO$_2$ 在不同温度下有 α、α′、β、γ 四种晶形，它们的密度分别为 3.07g/cm^3、

$3.31 \mathrm{g/cm^3}$、$3.28 \mathrm{g/cm^3}$、$2.97 \mathrm{g/cm^3}$。$2CaO \cdot SiO_2$ 冷却时晶形变化：

$$\alpha\text{-}2CaO \cdot SiO_2 \xrightarrow{1436℃} \beta\text{-}2CaO \cdot SiO_2 \xrightarrow{675℃} \gamma\text{-}2CaO \cdot SiO_2$$

上述的正硅酸钙晶形变化中，影响最坏的是 $\beta\text{-}2CaO \cdot SiO_2$ 向 $\gamma\text{-}2CaO \cdot SiO_2$ 的晶形转化，因为这一晶形转变可使其体积增大 10%，从而发生体积膨胀，导致烧结矿在冷却时自行粉碎。

为了防止或减少正硅酸钙（$2CaO \cdot SiO_2$）的破坏作用，在生产中可采用以下措施：

（1）使用粒度较小的石灰石、焦粉，矿粉；加强混合作业。改善 CaO 与 Fe_2O_3 的接触，尽量避免石灰石和燃料的偏析。

（2）提高烧结矿的碱度。实践证明当烧结矿碱度提高到 2.0 以上时，剩余的 CaO 有助于形成 $3CaO \cdot SiO_2$ 和铁酸钙。当铁酸钙中的 $2CaO \cdot SiO_2$ 含量不超过 20% 时，铁酸钙能稳定成 $\beta\text{-}2CaO \cdot SiO_2$ 晶形。此外，添加少量 MgO、Al_2O_3 也有稳定 $\beta\text{-}2CaOSiO$ 晶形转变作用。

（3）加入少量的含有磷、硼、铬等元素的化合物，如硼酸能有效地抑制烧结矿的粉化。

d　铁酸钙（$CaO\text{-}Fe_2O_3$）体系

生产熔剂性烧结矿时，可生成铁酸钙体系的液相成分。该体系的化合物有：铁酸二钙（$2CaO \cdot Fe_2O_3$），熔点为 1449℃；铁酸一钙（$CaO \cdot Fe_2O_3$），熔点为 1216℃；二铁酸钙（$CaO \cdot 2Fe_2O_3$），熔点为 1226℃，二铁酸钙只在 1155～1226℃ 内稳定，1150℃ 分解为 $CaO \cdot Fe_2O_3$ 及 Fe_2O_3。另外，$CaO \cdot Fe_2O_3$ 与 $CaO \cdot 2Fe_2O_3$ 能组成共晶混合物，熔点为 1205℃。

该体系液相的特点是：

（1）熔化温度低，而且一旦 $2CaO \cdot Fe_2O_3$ 液相生成后，当其中逐步溶入 Fe_2O_3 时，其熔化温度是逐步下降的。这是造成烧结矿碱度高，烧结温度较低，FeO 低的原因之一。

（2）$CaO \cdot Fe_2O_3$ 不仅熔点低，而且生成速度快，它在 500～700℃ 时就开始出现，并是固相反应的最初产物，随温度升高，反应速度加快。烧结矿碱度不很高时，主要生成物是 $CaO \cdot Fe_2O_3$；当碱度达到 2.0 左右时，开始出现 $2CaO \cdot Fe_2O_3$。

（3）当烧结料层中出现熔体时，由于熔体中 CaO 与 SiO_2 的亲和力远大于 CaO 与 Fe_2O_3 的亲和力，故当温度较高，最初以 $CaO \cdot Fe_2O_3$ 进入熔体中的 Fe_2O_3 将被 SiO_2 分解出来，甚至被还原成 FeO，只有在 CaO 含量高的情况下，才会保留较多的铁酸钙。以铁酸钙作烧结矿的主要黏结相时，烧结矿的强度和还原性都很好，这就是获得铁酸钙体系液相的重要意义。

获得铁酸钙体系液相的条件是：烧结温度较低，氧化性气氛较强，烧结料碱度高，石灰石粒度细并混合均匀。由于生成 $CaO \cdot Fe_2O_3$ 需要 Fe_2O_3，故烧结赤铁矿粉比烧结磁铁矿粉更有利于该体系的形成。

e　钙铁橄榄石（$CaO\text{-}FeO\text{-}SiO_2$）体系

生产熔剂性烧结矿，当燃料配用较多，烧结温度高，还原性气氛强时，引起铁氧化物的分解、还原，产生 FeO，在此情况下，可形成钙铁橄榄石体系的液相成分。该体系的主要化合物有钙铁橄榄石（$CaO \cdot FeO \cdot SiO_2$），铁黄长石（$2CaO \cdot FeO \cdot SiO_2$），钙铁辉石（$CaO \cdot FeO \cdot 2SiO_2$）和钙铁方柱石（$2CaO \cdot FeO \cdot 2SiO_2$），其熔化温度依次为 1208℃，1280℃，1150℃，1190℃。这些化合物的特点是能够形成一系列的固溶体，并在固相中产生复杂的化学变化和分解作用。

钙铁橄榄石的生成条件与铁橄榄石相似，都需要高温和还原性气氛，但钙铁硅酸盐体系的熔化温度比铁橄榄石体系的低，且液相的黏度较小，从而使得烧结熔剂性烧结矿时，气流阻力比烧结非熔剂性烧结矿时要小，故能改善透气性，强化烧结过程。缺点是液相流动性过好，易形成薄壁大孔结构，使烧结矿变脆。

f 钙镁橄榄石（CaO-MgO-SiO_2）体系

烧结料中含有 MgO，烧结熔剂性烧结矿时，除配加石灰石外，还常加入白云石，因此，可出现钙镁橄榄石体系的液相成分。其主要化合物有：钙镁橄榄石（$CaO \cdot MgO \cdot SiO_2$），熔点 1490℃；镁黄长石（$2CaO \cdot MgO \cdot 2SiO_2$），熔点 1454℃；镁蔷薇辉石（$3CaO \cdot MgO \cdot 2SiO_2$），熔点 1570℃；透辉石（$CaO \cdot MgO \cdot 2SiO_2$），熔点 1391℃，此外，还有二元系化合物镁橄榄石（$2MgO \cdot SiO_2$），熔点 1890℃；偏硅酸镁（$MgO \cdot SiO_2$），熔点 1557℃；铁酸镁（$MgO \cdot Fe_2O_3$）等。

可见，在熔剂性烧结料中加入适量的 MgO 时，可使硅酸盐的熔化温度降低，在烧结温度下，其低熔点混合物及透辉石、镁黄长石可以完全熔融，有的可部分熔融，这就增加了烧结料层中的液相数量；同时，因 MgO 的存在，生成镁黄长石和钙镁橄榄石，就减少了正硅酸钙和难还原的铁橄榄石、钙铁橄榄石生成的机会；此外，MgO 有稳定 β-C_2S 的作用；不能熔化的部分高熔点钙镁橄榄石矿物，在冷却时成为液相结晶的核心，可减少玻璃质的形成等。这些，均有助于提高烧结矿的机械强度，减少粉化率，改善还原性。因此，生产熔剂性烧结矿时，添加适量白云石是有利的。

g 铁钙铝的硅酸盐（CaO-SiO_2-Al_2O_3-FeO）体系

当矿粉中含 Al_2O_3 较高时，可形成含铝的硅酸盐矿物，如铝黄长石（$2CaO \cdot Al_2O_3 \cdot SiO_2$）、铁铝酸四钙（$4CaO \cdot Al_2O_3 \cdot Fe_2O_3$）及铝酸钙与铁酸钙的固溶体（$CaO \cdot Al_2O_3$-$CaO \cdot Fe_2O_3$）等。

Al_2O_3 的存在对改善烧结矿的性质有良好的作用：它可降低烧结料的熔化温度，从而增加液相数量；形成铝黄长石可减少或消除 β-C_2S 的生成并提高正硅酸钙开始出现的碱度，能提高液相的表面张力，降低其黏度，促进氧离子的扩散，有助于铁氧化物的氧化，利于铁酸钙的生成。因此，富含 Al_2O_3 的烧结矿强度较好，不易粉化。

由于烧结料成分复杂，烧结工艺因素多变，故烧结过程中，可能出现的液相成分还要复杂多样。在烧结生产中，应积极创造条件，促进有利于改善烧结矿强度与还原性的液相成分生成，并且采取抑制措施，尽量减少或避免有损烧结矿质量的液相成分出现。

6.1.8.3 液相冷却结晶

随着燃烧带下移，料层上部烧结矿便开始冷却结晶。烧结矿在冷却过程中仍有许多物理化学变化发生，冷却过程对烧结矿品质影响很大。

随着烧结矿层的温度降低，其液相中的各种化合物开始冷却结晶。结晶的原则是：熔点高的矿物首先开始结晶析出，然后是熔点低的矿物析出，来不及结晶的就成为玻璃质。

A　冷却

冷却速度是影响冷却过程的主要因素。料层中不同部位的冷却速度差别很大，烧结矿表层温度下降快，一般为 120~130℃/min，下层为 40~50℃/min。冷却速度过快，结晶来不及发展，易形成无一定结晶形状易破碎的玻璃质，这是表层烧结矿强度低的重要原因。冷却太慢也降低烧结机产量，造成烧结矿卸下温度太高，给运输胶带带来困难。

改善上层烧结矿转鼓强度低的措施有燃料分加、微负压点火、加大边部点火强度、点火炉后设置保温炉、适当压下表层烧结料、厚料层烧结等。

（1）实施 -1mm 燃料分加工艺技术，提高上层烧结料固定碳含量，增加上层固定碳燃烧放热，补充上层烧结料热量不足的问题。

（2）减小点火器下风箱隔板间隙，且风箱双蝶阀控制，减小点火器下风箱负压，实施炉膛内零压或微负压点火，避免因外界冷空气抽入点火器而造成上层烧结温度低。

（3）台车边部增设边烧嘴，提高边部点火强度。

（4）设置点火保温炉，即点火炉后增设保温炉，且保温炉内设置适量烧嘴或引入环冷机余热废气，保温炉内温度达 700~900℃，上层烧结矿缓慢冷却（当上层烧结矿温度达 800℃ 以上时，控制冷却速度 10~15℃/min，能促进结晶完全，改善烧结矿转鼓强度。但 800℃ 以下缓冷，给 β-C_2S 晶型转变创造条件，对转鼓强度不利），避免因急剧冷却而产生裂缝和玻璃质，造成烧结矿转鼓强度变差。

（5）安装压料辊适当压下约 10mm 烧结料，提高上层烧结料装料密度。尤其褐铁矿配比高的原料结构，烧结过程中料层收缩率大，需适当压下烧结料，减小烧结过程中料层收缩率。

（6）实施厚料层烧结，减少上层烧结矿所占的比例，提高整体烧结矿转鼓强度。

冷却速度受料层透气性、抽风速度、抽风量的影响。料层透气性好，抽风量大，冷却速度就快。解决冷却速度与烧结矿强度矛盾的有效途径是，既改善料层透气性，又增加料层厚度，这样既可维持烧结速度，又使表层强度差的烧结矿比例减少，产量、质量都得到保证。

B　凝固与结晶

随温度降低，液相逐渐冷凝，各种化合物开始结晶。未熔融的烧结料中的 Fe_2O_3、Fe_3O_4 颗粒，以及从烧结料中随抽风带来的结晶碎片、粉尘等都可充当晶核，然后围绕晶核，依各种矿物熔点高低先后结晶，晶核沿着传热方向，呈片状、针状、长条状和树枝状等不断长大。因各处冷却条件不同，晶粒发展也不一样。一般说来，表面层冷却速度快，结晶发展不完整，易形成无一定结晶形状、易碎的玻璃质；下部料层冷却缓慢，结晶较完整，这是下部烧结矿层品质好的主要原因。

液相冷凝速度过快，大量晶粒同时生成而互相冲突排挤，又因各种矿物的膨胀系数不同，结晶过程中烧结矿内部产生的内应力不易消除，甚至使烧结矿内部产生细微裂纹，降低了烧结矿的强度。

a 结晶形式

（1）结晶。液相冷却降温到矿物的熔点时，某成分达到过饱和，质点相互靠近吸引形成线晶，线晶靠近成为面晶，面晶重叠成为晶芽，以晶芽为基地质点呈有序排列，晶体逐渐长大形成，这是液相结晶析出过程。

（2）再结晶。在原有矿物晶体基础上，细小晶粒聚合成粗大晶粒，是固相晶粒的聚合长大过程。

（3）重结晶。温度和液相浓度变化使已结晶的固相物质部分溶入液相中以后，再重新结晶出新的固相物质，这是旧固相通过固—液转变后形成新固相的过程。

b 影响液相结晶因素

结晶原则是根据矿物的熔点由高到低依次析出，影响结晶的因素有：

（1）温度。同种物质的晶体在不同温度下生长，因结晶速度不同，所具有的形态有差别。

（2）析出的晶体和杂质。由于结晶开始温度和结晶能力、生长速度的不同，后析出的晶体形状受先析出晶体和杂质的干扰，晶体外形可分为：

自形晶：结晶时自范性得到满足，以自身固有的晶形和晶格常数析出长大，具有极完好的结晶外形。

半形晶：结晶能力尚可，自范性部分得到满足，部分结晶完好。

它形晶：温度低而结晶能力差的晶体析出时，自范性得不到满足，受先析出晶体和杂质的阻碍而表现形状不规整，无任何完好结晶面。

（3）结晶速度。结晶速度快，则结晶晶芽增多，初生的晶体较细小，很快生长成针状、棒状、树枝状的自形晶；反之晶体多数成为粗大的半自形晶或它形晶；当结晶速度极小时，因冷却速度大而来不及结晶，易凝结成玻璃相。

（4）液相黏度。液相黏度很大时，质点扩散的速度很慢，晶面生长所需的质点供应不足，因而晶体生长很慢，甚至停止生长，但是晶体的棱和角可以接受多方面的扩散物质而生长较快，造成晶体棱角突出、中心凹陷的所谓"骸状晶"。

结晶过程既遵循布拉维法则，又受外部环境的影响，所以晶体的形状是由其内部构造和生成环境两方面决定的。

6.1.9 烧结矿的矿物组成、结构及其对质量的影响

烧结矿是烧结过程的最终产物。烧结矿的矿物组成和结构，是由烧结过程熔融体成分和冷却速度所决定。而烧结矿的矿物组成和结构，在很多方面决定着烧结矿的冶金性能。因此，对烧结矿组成、结构的研究，对控制和研究烧结矿的品质，有十分重要的意义。

课件—烧结矿的矿物组成、结构及其对质量的影响

6.1.9.1 烧结矿的矿物组成

烧结矿是由含铁矿物和脉石矿物及其生成的液相黏结而成。矿物组成随原料和烧结工艺条件不同而不同，主要受碱度和燃料用量的影响。在烧结矿生产过程中，由于生产不同碱度的烧结矿，参与反应的组分不同，在生产低碱度（酸性）烧结矿时，参与反

应的 CaO 很少，所形成的矿物相就以 $FeO \cdot SiO_2$ 黏结相为主；而当生产自熔性烧结矿时，随参与反应的 CaO 增加，黏结相就以 $2CaO \cdot SiO_2$ 为主；当生产高碱度烧结矿时，有更多的 CaO 参与反应，黏结相就以 $CaO \cdot Fe_2O_3$ 或 $2CaO \cdot Fe_2O_3$ 为主，尚有一部分 $3CaO \cdot SiO_2$ 存在。以下列出常见的三种类型烧结矿的矿物组成：

（1）酸性烧结矿：Fe_3O_4（60%～70%），Fe_2O_3（1%～3%），Fe_xO（5%～10%），Fe_2SiO_4（25%～30%）或 $2FeO \cdot SiO_2$。

（2）自熔性烧结矿：Fe_3O_4（40%～50%），Fe_2O_3（1%～3%），$CaO \cdot Fe_2O_3$（2%～8%），Fe_2SiO_4（20%～25%），Fe_xO（10%～15%）。

（3）高碱度烧结矿：Fe_3O_4（25%～40%），Fe_2O_3（3%～10%），Fe_xO（<5%），$CaO \cdot Fe_2O_3$（20%～50%），$2CaO \cdot SiO_2$（5%～10%），玻璃相（3%～5%）。

对于普通矿粉生产的烧结矿，当碱度在 0.5～5.0 范围时，主要的矿物组成有含铁矿物、熔剂矿物、黏结相矿物、其他硅酸盐。

A　含铁矿物

（1）磁铁矿（Fe_3O_4）。磁铁矿熔点 1597℃，是一般酸性和自熔性烧结矿的主要矿物，在高碱度烧结矿中也有一定比例的 Fe_3O_4，尤其磁铁精粉率高且弱还原性气氛下，Fe_3O_4 矿物组成增加。Fe_3O_4 强度高，还原性较好。

（2）赤铁矿（Fe_2O_3）。赤铁矿熔点 1565℃，在酸性和自熔性烧结矿中含量较低，一般不超 5%。R 为 1.8～2.5 高碱度烧结矿中含量在 10% 左右，$R>2.5$ 超高碱度烧结矿中 Fe_2O_3 矿相更高一些，当赤铁矿配比高且氧化度高的气氛下，Fe_2O_3 矿物组成增加。Fe_2O_3 强度较高，还原性很好。

（3）浮氏体（Fe_xO）。浮氏体熔点 1371～1423℃。酸性烧结矿中 Fe_xO 含量达 20% 以上，自熔性烧结矿中 Fe_xO 含量 15% 左右。熔剂性烧结矿中随着碱度升高 Fe_xO 含量降低。低碳低温烧结，Fe_xO 含量与烧结矿转鼓强度和还原性无直接关系。

B　熔剂矿物

a　白云石（$Ca \cdot Mg(CO_3)_2$）

化学组成：纯白云石较少，通常含少量的 Fe^{2+} 或 Mn^{2+} 而代替 Mg^{2+}，当 Fe^{2+} 完全代替 Mg^{2+} 时，称为铁白云石（$Ca \cdot Fe(CO_3)_2$）；当 Mn^{2+} 完全代替 Mg^{2+} 时，称为锰白云石（$Ca \cdot Mn(CO_3)_2$）。

物理性质：三方晶系，晶体常呈简单菱面体，晶面常弯曲。颜色为灰白、浅黄、浅绿及玫瑰色。硬度 3.5～4 级，密度 2.87t/m³。当遇到冷的稀盐酸时微微发泡。

b　方镁石（MgO）

化学组成：方镁石中常含少量 Fe、Mn、Zn 等杂质。

物理性质：等轴晶系，常呈立方体、八面体或不规则粒状。颜色为白、灰、黄色。硬度 6 级，密度 3.6t/m³，熔点 2800℃。

在镁砖、钢渣及高镁烧结矿中常出现方镁石。

c　方解石（石灰石）（$CaCO_3$）

化学组成：方解石中含有 Mn、Fe、Mg 及少量的 Pb、Zn 等。

物理性质：三方晶系，最常见的晶体为三角面体或菱面体。颜色为无色或乳白色，有时因混入物染成各种浅色。玻璃光泽，硬度3级，密度2.7t/m³。与冷的稀盐酸作用起泡，放出二氧化碳。方解石是常见矿物之一，石灰石中绝大部分是方解石，铁矿石中也常含方解石作为脉石矿物。

d 石英（SiO_2）

化学组成：石英中常含机械混入物，如金红石、电气石、阳起石等，呈微包裹体而存在于石英内，常有CO_2、H_2O、NaCl、$CaCO_3$等气态、液态和固态包裹体。

物理性质：石英有两种变体，一种高温变体α-石英，属斜方晶系；另一种低温变体β-石英，属三方晶系。在常压下二变体的转变温度为573℃，低温变体是柱面与正负两种菱面体的聚形，高温变体为柱面很短的六方双锥。颜色为无色、乳白色，有时因含杂质而呈紫、黄、淡红、淡绿等色，含有机质者呈黑色。硬度7级，密度2.65t/m³，熔点1713℃。

在硅质耐火材料、玻璃的原料及高硅烧结矿和氧化球团矿中常见石英矿物。

C 黏结相矿物

a 铁酸一钙（$CaO \cdot Fe_2O_3$）

化学组成：铁酸一钙（$CaO \cdot Fe_2O_3$）中可固溶有$CaO \cdot Al_2O_3$。

物理性质：四方晶系，晶体呈片状、粒状、长针状，密度2.53t/m³，熔点1216℃。

在自熔性烧结矿中，铁酸一钙黏结相很少；熔剂性烧结矿，特别是赤铁矿配比高且碱度R为1.9~2.2烧结矿中，主要依靠铁酸一钙作为黏结相，尤其针状复合铁酸钙（即四元铁酸钙SFCA）性能最优。

随着碱度的增加，铁酸一钙晶型逐渐变粗。当碱度超过2.3时，烧结矿中出现铁酸二钙（$2CaO \cdot Fe_2O_3$），矿物强度较低，还原性较好。铁酸一钙是一种强度很高、还原性好的理想黏结相。

b 铁酸二钙（$2CaO \cdot Fe_2O_3$）

化学组成：铁酸二钙中可固溶有Al_2O_3。

物理性质：斜方晶系，晶体呈粒状，黄褐色，1436℃分解。

二元铁酸钙有二铁酸钙（$CaO \cdot 2Fe_2O_3$）、铁酸一钙（$CaO \cdot Fe_2O_3$）、铁酸二钙（$2CaO \cdot Fe_2O_3$）。烧结矿中二元铁酸钙是在碱度1.8以上、强氧化性富氧下生成的，一般随着碱度的升高，铁酸钙增加，生成铁酸钙的顺序为

$$CaO \cdot 2Fe_2O_3 \longrightarrow CaO \cdot Fe_2O_3 \longrightarrow 2CaO \cdot Fe_2O_3$$

但由于烧结过程诸多因素的影响，如生石灰、石灰石的分布状态和粒度变化等，不出现以上生成规律。

c 铁橄榄石（$2FeO \cdot SiO_2$）

化学组成：铁橄榄石中含镁橄榄石（Mg_2SiO）（0%~10%），还可含MnO及CaO，可与Mn_2SiO_4构成类质同象系列。

物理性质：斜方晶系，常呈短柱状、粒状、块状或平行板状，颜色多为绿黄色到带绿的黑色，当其中的铁一旦氧化时，呈现红褐色至棕红色、黑色。硬度6.5级，密度

4.32t/m³，熔点 1177℃。

铁橄榄石是酸性和自熔性烧结矿的主要黏结相，在熔剂性烧结矿中含量较少，但当配碳量高时，熔剂性烧结矿中常出现铁橄榄石。铁橄榄石强度较高，但还原性很差。

d　钙铁橄榄石（CaO·FeO·SiO₂）

物理性质：斜方晶系，晶体呈柱状、板状或菱形断面，灰黑色，熔点 1208℃。

在自熔性烧结矿中常见钙铁橄榄石；生产熔剂性烧结矿，当配碳较多，烧结温度高，还原性气氛强时，FeO 含量增多，可生成钙铁橄榄石。

钙铁橄榄石与铁橄榄石比较，生成条件相似，都需要高温和还原性气氛。但钙铁橄榄石熔化温度低，且液相黏度较小，气流阻力小，改善料层透气性、强化烧结过程，缺点是液相流动性过好，易形成薄壁大孔结构，烧结矿变脆，转鼓强度变差。钙铁橄榄石强度较高，还原性较差。

e　铁酸镁（MgO·Fe₂O₃）

化学组成：铁酸镁中有时含有少量 Mn、Ti 等。

物理性质：等轴晶系，晶体呈八面体，但通常为粒状。硬度 6~6.5 级，密度 4.5t/m³，熔点 1580℃，强磁性。

在镁矿中和 MgO 含量高的烧结矿、球团矿中常出现铁酸镁。烧结生产中加入 MgO，有助于降低硅酸盐的熔化温度，生成钙镁橄榄石体系的液相，增加液相量；同时因 MgO 的存在生成钙镁橄榄石，减少硅酸二钙和难还原的铁橄榄石、钙铁橄榄石生成的机会；此外 MgO 有稳定 β 型硅酸二钙（β-C₂S）的作用，不能熔化的高熔点钙镁橄榄石矿物在冷却时成为液相结晶的核心，可减少玻璃质的形成，有助于提高烧结矿转鼓强度，减少粉率，改善还原性。

f　硅灰石（CaO·SiO₂）

碱度 R 为 1.0~1.2 烧结矿中存在硅灰石。

g　硅酸二钙（也即正硅酸钙）（2CaO·SiO₂，简写为 C₂S）

在熔剂性烧结矿中常见正硅酸钙（2CaO·SiO₂），强度低。正硅酸钙是固相反应的最初产物，由于熔点很高为 2130℃，烧结温度下不发生熔化和分解，直接转入成品烧结矿中。

正硅酸钙属于多晶型矿物，烧结过程中发生一系列晶型转变，体积膨胀，产生内应力，导致烧结矿粉碎，严重造成烧结矿强度变差。

h　硅酸三钙（3CaO·SiO₂）

化学组成：硅酸三钙中可固溶少量 MgO 和 3CaO·Al₂O₃ 等。

物理性质：三方晶系，晶体呈柱状、板状或条状，熔点 2070℃，硬度 5~6 级，密度 3.2t/m³。

当烧结矿碱度 R>2.0 时，可生成硅酸三钙（3CaO·SiO₂）并代替硅酸二钙，它无晶型转变特性，对烧结矿转鼓强度有利。在冷却缓慢的高碱度烧结矿中，硅酸三钙的形状稍不规则，其边缘常被分解出来的小颗粒 β-2CaO·SiO₂ 所包围。

i　含有 Al₂O₃ 脉石黏结相

含有 Al₂O₃ 脉石时，烧结矿黏结相矿物有铝黄长石 2CaO·Al₂O₃·SiO₂，铁铝酸四钙（4CaO·Al$_2$O$_3$·Fe$_2$O$_3$）。

通常 Al$_2$O$_3$ 高时，能抑制正硅酸钙晶型转变，有利于防止烧结矿粉化，有利于提高转鼓强度。但 Al$_2$O$_3$ 过高，渣相熔点升高，不利于造渣，烧结温度低时易出现生料。Al$_2$O$_3$ 适宜含量为 1.5%～2.0%。

j 含有 MgO 脉石黏结相

含有 MgO 脉石时，有钙镁橄榄石（CaO·MgO·SiO$_2$）、镁橄榄石（2MgO·SiO$_2$）、镁黄长石（2CaO·MgO·SiO$_2$）。

常见镁橄榄石（2MgO·SiO$_2$），物理性质为斜方晶系，晶体呈三向等长状或短柱状，集合体具有粒状特征。颜色为白色、淡黄或淡绿。硬度6~7级，密度3.2t/m^3，熔点1890℃。在镁砖、高镁炉渣及高镁烧结矿中常出现镁橄榄石。MgO 对烧结矿质量有正负两方面的影响，一是 MgO 可固溶于正硅酸钙（2CaO·SiO$_2$）中，有稳定正硅酸钙相变的作用，有利于防止烧结矿粉化和转鼓强度下滑。同时烧结矿 MgO 含量适当时，高炉渣相流动性好，玻璃相减少，液相张力增加；二是烧结料中 MgO 含量过高时，因 MgO 熔点高为2800℃，不易熔化，烧结温度低时烧结矿中有生料，降低烧结矿转鼓强度。

k 含有 TiO$_2$ 脉石黏结相

含有 TiO$_2$ 组分时，有钙钛矿（CaO·TiO$_2$）存在，无相变，抗压强度高，有一定的贮存能力，但脆性大，烧结矿平均粒径小。

l 玻璃相 SiO$_2$

玻璃相是强度很低的矿相。Al$_2$O$_3$、TiO$_2$ 等在玻璃相中析出，是造成烧结矿低温还原粉化的主要原因。

不同的矿物，其性能是不一样的，表6-4为烧结矿主要矿物及黏结相的性能。

表6-4 烧结矿主要矿物及黏结相的性能

矿物	熔化温度/℃	抗压强度/KPa	还原率/%
赤铁矿 Fe$_2$O$_3$	1536（1566）	2670	49.9
磁铁矿 Fe$_3$O$_4$	1590	3690	26.7
铁橄榄石 2FeO·SiO$_2$	1205	2000	1.0
铁橄榄石 CaO$_{0.25}$·FeO$_{1.75}$·SiO$_2$	1160	2650	2.1
CO$_{0.5}$·FeO$_{1.5}$·SiO$_2$	1140	5660	2.7
CaO·FeO$_{1.5}$·SiO$_2$（结晶相）	1208	2330	6.6
CaO·FeO·SiO$_2$（玻璃相）		460	3.1
CaO$_{1.5}$·FeO$_{0.5}$·SiO$_2$		1020	1.2
铁酸一钙 CaO·Fe$_2$O$_3$	1216	3700	40.1
铁酸二钙 2CaO·Fe$_2$O$_3$	1436	1420	28.5
二铁酸钙 2CaO·2Fe$_2$O$_3$	1200		58.4
三元铁酸钙 CaO·2Fe$_2$O$_3$	1380		59.6

矿物	熔化温度/℃	抗压强度/KPa	还原率/%
枪晶石 3CaO · 2SiO$_2$ · CaO 硅灰石	1410	672.8	
CaO · SiO$_2$	1540	1135.8	
镁黄长石 2CaO · MgO · 2SiO$_2$	1590	2382.7	
铝黄长石 2CaO · Al$_2$O$_3$ · 2SiO$_2$	1451~1596	1620.4	
钙镁辉石 CaO · MgO · 2SiO$_2$	1390	580.2	
镁蔷薇辉石 3CaO · MgO · 2SiO$_2$	1598	1981.5	
正硅酸钙 2CaO · SiO$_2$	2130		
钙镁橄榄石 CaO · MgO · SiO$_2$	1490		

6.1.9.2 烧结矿的结构

烧结矿的结构包括宏观结构和微观结构两个方面。宏观结构是指烧结矿的外观特征，用肉眼来判断烧结矿空隙的大小、孔隙分布及孔壁的厚薄。烧结矿宏观结构主要与烧结过程生成液相量及其性质有关，可分为四种结构。

（1）微孔海绵状结构。当燃料用量和烧结温度适宜，液相生成量适度，黏度较大时，形成微孔海绵状结构，这种结构烧结矿还原性好，强度高。

（2）粗孔蜂窝状结构。当燃料配比多，烧结温度高，液相生成多且黏度小时，形成粗孔蜂窝状结构，烧结矿表面和孔壁显得熔融光滑，其强度和还原性均较差。

（3）石头状结构。燃料配比更多，烧结温度过高时，产生过熔现象，形成气孔度很小的石头状结构，其强度尚好，但还原性很差。

（4）松散状结构。燃料配比低，液相生成量少，烧结料颗粒仅点接触黏结，烧结矿强度很低。

烧结矿的微观结构一般是指在显微镜下观察所见到的烧结矿矿物结晶颗粒的形状、相对大小及它们相互结合排列的关系。常见的有以下几种结构：

（1）粒状结构。烧结矿中含铁矿物与黏结相矿物晶粒相互结合成粒状结构。分布均匀，强度较好。

（2）斑状结构。烧结矿中含铁矿物晶粒呈斑晶状，与细粒的黏结相矿物互相结合成斑状结构，强度也较好。

（3）骸晶结构。烧结矿中早期结晶的含铁矿物晶粒，发育不完全，呈骨架状，其内部常为硅酸盐粘结相矿物充填，但仍保持含铁矿物结晶外形和边缘部分，形成骸晶结构。

（4）丹点状共晶结构。含铁矿物呈圆点状或树枝状分布于黏结相矿物中。

（5）熔蚀结构。含铁矿物被黏结相矿物所熔融，形成熔蚀结构。这是高碱度烧结矿的结构特点。含铁矿物与黏结相矿物接触紧密，强度较好。

（6）交织结构。含铁矿物与黏结相矿物彼此发展或交织构成，此种结构的烧结矿强度最好。

6.1.9.3 烧结矿的矿物组成和结构对烧结矿质量影响

A 转鼓强度的影响

烧结矿的机械强度是指抵抗机械负荷的能力，一般用抗压、落下和转鼓强度表示耐压、抗冲击和耐磨能力。

（1）矿物自身抗压强度。

烧结矿中常见矿物抗压强度排序：铁酸一钙>磁铁矿>赤铁矿>铁橄榄石>钙铁橄榄石>铁酸二钙>硅酸二钙>硅酸一钙>玻璃质。

生产低硅熔剂性烧结矿，尽量减少玻璃质的形成，以提高烧结矿转鼓强度。

（2）烧结矿冷凝结晶的内应力。

烧结矿在冷却过程中，产生不同的内应力：烧结矿块表面和中心存在温差而产生的热应力，各种矿物具有不同热膨胀系数而引起的相间应力，硅酸二钙在冷却过程中的多晶转变所引起的相变应力。内应力越大，能承受的机械作用力越小。

（3）烧结矿中气孔的大小和分布。

固体燃料用量少，则烧结温度低，大气孔少，强度高；固体燃料用量多，则烧结温度高，气孔结合数量减少而孔径变大且形状由不规则形成球形，强度低。

（4）烧结矿中组分多少和组织的均匀度。

非熔剂性烧结矿的矿物组成属低组分，主要为斑状或共晶结构，其中的（Fe_3O_4）斑晶被铁橄榄石（$2FeO \cdot SiO_2$）和少量玻璃质所固结，强度良好。

熔剂性烧结矿的矿物组成属多组分，主要为斑状或共晶结构，其中的 Fe_3O_4 斑晶或晶粒被钙铁橄榄石（$CaO \cdot FeO \cdot SiO_2$）、玻璃质和少量硅酸钙等固结，强度差。

高碱度烧结矿的矿物组成属低组分，为熔融共晶结构，其中的 Fe_3O_4 与铁酸钙等黏结相矿物一起固结，具有良好的强度。

生产实践中，往往在低碱度烧结矿中可见铁酸钙，相反在高碱度烧结矿中可见生成硅酸铁，这是由于原料粒度偏析和化学成分偏析以及矿化反应不充分。

烧结矿成分越不均匀，其转鼓强度越差。

B 还原性的影响

（1）矿物自身还原性。烧结矿中常见矿物还原性排序：赤铁矿>二铁酸钙>铁酸一钙>磁铁矿>铁酸二钙>钙铁橄榄石>玻璃质>铁橄榄石。

（2）气孔率、气孔大小和性质。烧结反应进行越充分，气孔越小，还原性好，固结加强，气孔壁增厚，强度好。

（3）矿物晶粒大小和晶格能的高低。磁铁矿晶粒细小，在晶粒间黏结相很少，在 800℃ 时易还原；但当大颗粒的磁铁矿被硅酸盐包裹时，则难还原或者只是表面还原。

课件—烧结过程中硫及其他有害杂质的脱除

6.1.10 烧结过程中硫及其他有害杂质的脱除

矿石中有害杂质指妨碍高炉冶炼或对生铁产品质量有不良影响的物质。通常有害杂质有硫、磷、氟、氯、砷、钾、钠、铅、锌、锡等。

矿石中有益元素指与 Fe 伴生的元素，可被还原并进入生铁，能改善钢铁材料的性能，对金属质量有改善作用或可提取的元素。有益元素有锰、铬、钴、镍、钒等。

有害杂质和有益元素是相对的，随着冶炼技术进步可变害为益。钛用于特殊钢冶炼为有益元素，对炉壁结瘤为有害元素，但界限含量高；铜有时为有害杂质，有时为有益元素。少量铜可改善钢的耐腐蚀性，但铜过多使钢热脆，不易轧制焊接。

烧结过程中，凡能挥发、分解、氧化成气态的有害杂质，均可部分脱除。烧结过程脱除硫、钾、钠、砷、氟、氯，不脱除铅，不易脱除锌。入炉炉料有害元素界限及影响见表 6-5。

表 6-5　入炉炉料有害元素界限及影响

元素	界限含量	危　害	有害杂质
硫	≤0.3% ≤4.0kg/t	使钢热脆，降低钢的焊接性、抗腐蚀性和耐磨性，降低铸件韧性	烧结、炼铁部分脱除
磷	≤0.07% ≤1.0kg/t	使钢冷脆，降低钢的低温冲击韧性、焊接性、冷弯性和塑性	烧结、炼铁不脱除
氟	≤0.05%	高温下气化，腐蚀金属，危害农作物及人体；CaF_2 侵蚀破坏炉衬	烧结部分脱除
氯	≤0.001% ≤0.6kg/t	使高炉炉墙结瘤，破损耐材；焦炭吸附氯化物后反应性增强，热强度下降	烧结部分脱除
砷	≤0.07% ≤0.1kg/t	由于非金属性很强不具有延展性使钢冷脆，降低机械性，不易焊接；炼优质钢时，铁水中不应含 As	烧结部分脱除 炼铁难脱除
碱金属 （K、Na）	K_2O+Na_2O≤0.25% ≤3kg/t	易挥发，循环累积炉身结瘤，悬料，烧坏风口，破坏炉衬；降低焦炭和矿石的强度	烧结部分脱除
铅	≤0.1% ≤0.15kg/t	极易被还原，不溶于生铁，密度大沉积炉底破坏砖衬；Pb 蒸汽在高炉上部循环累积，形成炉瘤，破坏炉衬	烧结不脱除
锌	≤0.1% ≤0.15kg/t	Zn 和 ZnO 循环富集后冷凝沉积在炉身上部炉墙上膨胀破坏炉壳；与炉尘混合易形成炉瘤	烧结不易脱除
锡	≤0.08%	使钢脆性，易炉壁结瘤	烧结、炼铁不脱除

6.1.10.1　硫的脱除

硫是对钢铁危害最大的元素，硫几乎不熔于固态铁，以 FeS 形态存在于晶粒接触面上，熔点低为1193℃，当钢被加热到1150~1200℃时被熔化，使钢材沿晶粒界面形成裂纹，即热脆性。

要求生铁一级品 S≤0.03%，合格品 S≤0.07%，高炉脱硫是生产合格生铁的首要任务，入炉料 S 含量超标时，高炉调整炉渣碱度，提高脱硫系数，确保生铁 S 含量合格。

A 烧结原料中硫的来源和存在形态

烧结原料中硫的存在形态主要有单质硫、无机硫（硫化物、硫酸盐）、有机硫。主要来自铁矿粉和熔剂，以硫化物（硫铁矿）和硫酸盐形态存在。

铁矿粉中的硫大部分以黄铁矿（FeS_2）形态存在，烧结过程中 FeS_2 分解和氧化放热，有利于降低固体燃耗，且能脱除大部分硫，铁矿石中的硫对烧结过程无不利影响。

为降低高炉硫负荷，要求烧结矿 S≤0.03%，入炉料 S 含量越低越好。

B 硫化物中硫的脱除

FeS_2 是烧结原料中主要硫矿物，分解压较大，在烧结过程中易于分解，也易氧化，在烧结过程中易于脱除。脱除途径是靠热分解和氧化变成硫蒸气 SO_2、SO_3 进入废气中。

在较低温度下，280~565℃时，FeS_2 分解压较小，FeS_2 中的硫主要靠氧化去除，其反应为

$$2FeS_2 + 5\frac{1}{2}O_2 === Fe_2O_3 + 4SO_2 \uparrow + 1668900kJ$$

$$3FeS_2 + 8O_2 === Fe_3O_4 + 6SO_2 \uparrow + 2380238kJ$$

在温度高于 565℃时，发生 FeS_2 分解和分解生成的 FeS 及 S 燃烧。

$$FeS_2 === FeS + S - 77916kJ$$

$$2FeS + 3\frac{1}{2}O_2 === Fe_2O_3 + 2SO_2 \uparrow + 123096kJ$$

$$3FeS + 5O_2 === Fe_3O_4 + 3SO_2 \uparrow + 1723329KJ$$

上述硫的氧化反应中，在温度低于 1300~1350℃时，以生成 Fe_2O_3 为主；当温度高于 1300~1350℃时，以生成 Fe_3O_4 为主。

在有催化剂（如 Fe_2O_3）存在的情况下，SO_2 可能进一步氧化成 SO_3：

$$SO_2 + O_2 === SO_3 \uparrow$$

在温度 500~1383℃时，FeS_2、FeS 可被 Fe_2O_3 和 Fe_3O_4 直接反应，反应如下：

$$FeS_2 + 16Fe_2O_3 === 11Fe_3O_4 + 2SO_2 \uparrow$$

$$FeS + 10Fe_2O_3 === 7Fe_3O_4 + SO_2 \uparrow$$

$$FeS + 3Fe_3O_4 === 10FeO + SO_2 \uparrow$$

其他硫化物（如 $CuFeS_2$、CuS、ZnS、PbS 等）由于较稳定，需要在高温下才能氧化。从含铜硫化物中脱硫较困难。

C 有机硫的脱除

燃料中的有机硫也易被氧化，在加热到 700℃ 左右的焦粉着火温度时，有机硫燃烧成 SO_2 逸出。

$$S_{有机} + O_2 === SO_2 \uparrow$$

D 硫酸盐中的硫的脱除

硫酸盐中的硫主要靠高温分解脱除。但硫酸盐的分解温度很高，因此脱除困难。如

$CaSO_4$ 在 975℃ 开始分解，1375℃ 分解反应剧烈进行；$BaSO_4$ 在 1185℃ 开始分解，1300～1400℃ 分解反应剧烈进行。反应式如下：

$$CaSO_4 === CaO + SO_2 \uparrow + \frac{1}{2} O_2 \uparrow$$

$$BaSO_4 === BaO + SO_2 \uparrow + \frac{1}{2} O_2 \uparrow$$

但是在烧结料中有 Fe_2O_3、SiO_2 存在，改善了 $CaSO_4$、$BaSO_4$ 分解的热力学条件，使硫酸盐中的硫脱除得容易些。

$$CaSO_4 + Fe_2O_3 === CaO \cdot Fe_2O_3 + SO_2 \uparrow + \frac{1}{2} O_2 \uparrow$$

$$BaSO_4 + SiO_2 === BaO \cdot SiO_2 + SO_2 \uparrow + \frac{1}{2} O_2 \uparrow$$

试验表明，添加铸铁屑显著加速硫酸盐中硫的脱除。

$$BaSO_4 + 4Fe === BaO + FeS + 3FeO$$

从以上分析可知，烧结过程中，黄铁矿、有机硫的脱除，主要是氧化脱除，是吸热反应；硫酸盐的硫的脱除，主要是高温分解脱除，是吸热反应，烧结过程因高温区停留时间短，不能保证硫酸盐脱硫反应充分进行。单质硫和硫化物，在氧化反应中脱除，脱硫率高；硫酸盐，在分解反应中脱除，分解所需温度高，脱硫困难，脱硫率低；有机硫，需高温和强氧化剂脱除，脱硫困难。

E　沿料层高度硫的再分布

烧结过程中，在燃烧层、预热层或烧结矿层中氧化、分解产生的 SO_2、SO_3 和 S 进入废气中，当废气经过预热层和过湿层时，这些气态硫将有一部分再次转入烧结料中，这种现象称为硫的再分布。硫的再分布，使脱硫率平均下降 5%～7%。若料层烧不透，生料增多，则影响更明显，故应予克服

F　影响烧结脱硫率的因素

从脱硫反应分析得知，适宜的烧结温度、大的反应表面、良好的扩散条件和充分的氧化气氛是保证烧结过程顺利脱硫的主要因素，具体表现在：固体燃料用量和性质、矿石的物理化学性质、烧结矿碱度、返矿数量、操作因素等。

a　固体燃料用量

燃料用量直接关系着烧结的温度水平和气氛性质，是影响去硫的主要因素。燃料用量不足时，烧结温度低，对分解去硫不利；随燃料用量增加，料层温度提高，有利于硫化物、硫酸盐的分解；但燃料配比超过一定范围，则因温度太高或还原性气氛增强，使液相和 FeO 增多，而 FeS 在有 FeO 存在时，组成易熔共晶 FeO-FeS，其熔化温度从 1170～1190℃ 降至 940℃，表面渣化。这样既因 O_2 浓度降低不利于硫的氧化，又使 O_2 和 SO_2 的扩散条件变坏，均恶化去硫条件，导致脱硫率降低。燃料用量对烧结气氛中 O_2 的浓度、去硫效果的影响如图 6-8 所示。

适宜的燃料用量与原料含硫量、硫的存在形态、烧结矿碱度、铁料的烧结性能等因

素有关，应通过试验确定。从去硫的角度考虑，首先应了解原料中硫的主要存在形态。若以硫化物为主，则温度不宜过高，氧化性气氛应很强，适宜的燃料配比就较低。因为硫化物氧化是放热反应，本身就节约燃料消耗，1kg 黄铁矿约相当于 0.3kg 燃料；若以硫酸盐为主，则应有高的烧结温度和中性或弱还原性气氛，燃料配比相应较高。

b 铁矿粉粒度和性质

铁矿粉粒度主要影响气相中 O_2 和 SO_2 的扩散条件，影响脱硫反应表面积。

铁矿粉粒度小，硫化物和硫酸盐氧化、分解产物易于从内部排出。铁矿粉的比表面积较大，硫化物和硫酸盐暴露在表面的机会大，氧比较容易向铁矿粉内部扩散，促进脱硫反应。

铁矿粉粒度过细或烧结料制粒效果差，烧结料层透气性差，空气抽入量减少，供给氧量不足，同时硫化物和硫酸盐的氧化、分解产物不能迅速从烧结料层排出，不利于脱硫反应。

铁矿粉粒度过大，虽改善外部扩散条件，但内扩散和传热条件变差，反应比表面积减少，不利于脱硫。

应在不降低烧结料层透气性限度内尽量缩小铁矿粉粒度。烧结要求铁矿粉粒度小于 8mm，对于高硫矿小于 6mm 为宜，且尽量减少 -1mm 粒级，以改善脱硫效果。

图 6-9 所示为矿石粒度对脱硫的影响。

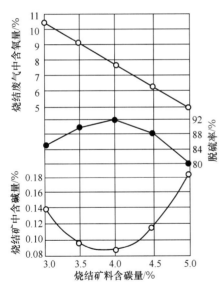

图 6-8 燃料用量对脱硫的影响
(烧结矿碱度为 1.25)

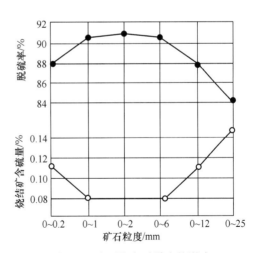

图 6-9 矿石粒度对脱硫的影响
(烧结矿碱度为 1.25；碳的用量为 4%)

c 熔剂性质影响脱硫率

烧结矿碱度相同情况下，配加生石灰遇水消化成粒度极细的消石灰，比表面积很大，吸收 S、SO_2、SO_3 能力更强，脱硫率明显降低。配加石灰石、白云石因其遇水不消化，比表面积较小，特别是分解放出 CO_2 增强氧化性气氛，阻碍对气流中硫的吸收，且 MgO 与烧结料中某些组分生成较难熔的化合物，提高烧结料软化温度，有利于脱硫，对脱硫率的影响较生石灰小。

d　烧结矿碱度

实践表明，随烧结矿碱度的提高，脱硫效果明显降低，如图 6-10 所示。原因是：烧结矿中添加熔剂后，由于生成低熔点物质，熔化温度降低，液相数量增多，恶化了扩散条件；在相同的燃料配比下，烧结温度降低，不利于去硫反应；碱度提高，熔剂分解后透气性改善，烧结速度加快，高温持续时间缩短，也对去硫不利；高温下，CaO 和 CaCO$_3$ 有很强的吸硫能力，生成 CaS 残留在烧结矿中，从而使烧结矿含硫量升高。矿粉品位越低，烧结矿碱度越高，加入的熔剂越多，对脱硫影响越大。如某厂曾用低铁高硅矿粉生产高碱度烧结矿，当碱度由 1.49 提高到 2.48 时，其脱硫率由 42% 降到 30%。铁矿粉品位越低，烧结矿碱度越高，加入的熔剂越多，脱硫率越低，因此生产高碱度烧结矿时，最好多配加低硫铁矿粉。

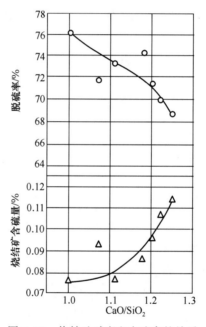

图 6-10　烧结矿碱度和去硫率的关系

e　返矿的数量

返矿对脱硫有两个互相矛盾的影响，一方面返矿可改善烧结料透气性，对脱硫有利；另一方面由于返矿的使用可促进液相更多更快地生成，促使一部分硫进入烧结矿中，对脱硫不利。所以，适宜的返矿用量要根据具体情况来定。

f　操作因素

良好的烧结操作制度是提高烧结去硫率的保证条件。主要应考虑布料平整，厚度适宜，使透气性均匀；控制好机速，保证烧好烧透，不留生料。

G　烧结脱硫较炼铁炼钢脱硫具有优势

高炉炼铁过程中虽能脱硫，但需较高的炉温和较高的炉渣碱度，需要消耗焦炭，不利于增铁节焦。炼钢过程中脱硫比炼铁过程脱硫困难得多。烧结过程中能脱除大部分硫化物和有机硫中的硫,既不需要额外的固体燃料消耗,又可明显减轻炼铁和炼钢过程中的脱硫任务,非常经济合理,也是烧结生产的优势。

烧结过程中能有效脱硫,主要是依靠硫化物的热分解和氧化、硫酸盐的高温分解和硫的燃烧作用,以及烧结气流中的过剩氧,为脱硫反应创造气氛条件,分解和燃烧产生的 SO_2 随气流逸出达到脱硫目的。硫化物和有机硫的脱硫过程是放热反应,不仅无须增加燃耗,用高硫矿烧结时,还能适当降低燃耗。

选矿、烧结、高炉炼铁过程均可脱除原料中的部分硫。虽然烧结和炼铁过程可脱除大部分硫,但仍然需要控制高炉炉料中的硫含量。

H 烧结过程脱硫率计算

$$脱硫率\ \eta = [(烧结料\ S\ 含量 - 烧结矿\ S\ 含量)/烧结料\ S\ 含量] \times 100\% \qquad (6-9)$$

例:已知烧结料 S 含量 0.382%,烧结矿 S 含量 0.050%,计算烧结过程脱硫率。计算结果保留小数点后一位小数。

解:脱硫率 = [(烧结料 S - 烧结矿 S)/烧结料 S] × 100%

$$= [(0.382\% - 0.050\%)/0.382\%] \times 100\%$$

$$= 86.9\%$$

6.1.10.2 其他有害杂质的脱除

烧结过程中,凡能挥发、分解、氧化成气态的有害杂质,均可部分脱除。

A 氟的脱除

高炉矿石中氟含量较高时,炉料粉化并降低其软熔温度,降低矿石和焦炭熔融物的熔点,高炉很容易结瘤。含氟炉渣熔化温度比普通炉渣低 100~200℃,属于易熔易凝的“短渣”,流动性很强,对硅铝质耐火材料有强烈的侵蚀作用,严重时腐蚀炉衬,造成风口和渣口破损。普通铁矿石 F<0.05%,对高炉冶炼无影响;当铁矿石 F 含量高引起炉渣 F 含量高时,应提高炉渣碱度降低炉渣流动性。

我国包头矿含氟较高,它在矿石中以萤石(CaF_2)的形态存在。烧结过程中的去氟反应为

$$2CaF_2 + SiO_2 \Longrightarrow 2CaO + SiF_4$$

生成的 SiF_4 极易挥发,进入废气中,但在下部料层中又部分地被烧结吸收。

当 SiF_4 遇到废气中的水汽时,会按下式分解:

$$SiF_4 + 4H_2O(g) \Longrightarrow H_4SiO_4 + 4HF$$

另外,水蒸气还可直接与 CaF_2 发生下列反应:

$$CaF_2 + H_2O(g) \Longrightarrow CaO + 2HF$$

生成的 HF 也进入废气中。

由以上反应可见,生产熔剂性烧结矿,加入 CaO 对去氟不利,而增加 SiO_2 是有利于去氟的。往烧结料中通入一定的蒸汽,生成挥发性的 HF,可提高去氟效果。一般烧结过程中的去氟率可达 10%~15%,操作正常时可达 40%。

废气中含氟既危害人体健康，又腐蚀设备，故应回收，化害为利。

B　钾、钠的脱除

高炉铁矿石和燃料带入的 K、Na 等碱金属，在高炉不同部位炉衬内滞留渗透，使硅铝质耐火材料异常膨胀，严重时引起耐材剥落侵蚀、炉底上涨甚至炉缸烧穿等事故，造成高炉中上部炉墙结瘤、下料不畅、气流分布和炉况失常。高炉内碱金属使球团矿异常膨胀，显著降低还原强度，加剧还原粉化。

高炉有效控制碱金属的办法一是严格控制入炉料碱金属含量；二是定期炉渣排碱。

高炉碱金属由原燃料带入，日常管理中要对入炉碱负荷、原燃料碱金属含量和收支平衡进行定期检测分析，把握其变化，通过烧结和高炉配矿减少碱金属入炉量，高炉碱负荷偏高要定期采取炉渣排碱措施。

烧结过程脱除部分钾和钠。在燃烧带生成的碱金属挥发物进入烧结废气，随着烧结废气下移，碱金属及其氧化物在过湿带被吸附产生富集，随着过湿带的消失和烧结矿带的形成，碱金属随废气挥发脱除，所以保证烧结料层烧透是脱除钾、钠的重要环节。

C　砷的脱除

a　烧结过程脱砷原理

砷使钢的焊接性能变坏。当钢中含砷>0.15%时，使钢的物理机械性能变坏。

我国某些矿石中含有砷，存在形态可能有：砷黄铁矿（FeAsS）、斜方砷铁矿（FeAsS$_2$）、含水砷酸铁（FeAsO$_4$·2H$_2$O）等。

在温度 430~500℃时，它们可以部分氧化，其反应式为

$$2FeAsS+5O_2 \Longrightarrow Fe_2O_3+As_2O_3+2SO_2$$
$$2FeAsS_2+7O_2 \Longrightarrow Fe_2O_3+As_2O_3+4SO_2$$

温度在 1000℃以上时，无水砷酸铁激烈进行分解：

$$4FeAsO_4 \Longrightarrow 2Fe_2O_3+2As_2O_3+2O_2$$

烧结过程脱砷的关键是生成挥发性的 As$_2$O$_3$ 气体，在 500℃挥发进入烟气中，并及时被抽入烟气中而排出。

生成的 As$_2$O$_3$ 在 500℃挥发进入废气，在温度降低时，又有部分以固体状态冷凝下来，沉积在烧结料中。在氧化气氛中，As$_2$O$_3$ 可能进一步氧化成 As$_2$O$_5$，而且在 CaO 存在的条件下，能生成稳定的不挥发的砷酸钙：

$$CaO+As_2O_3+O_2 \Longrightarrow CaO·As_2O_5$$

在有 SiO$_2$ 存在的条件下，又可进行以下反应：

$$CaO·As_2O_5+SiO_2 \Longrightarrow CaO·SiO_2+As_2O_5$$

As$_2$O$_5$ 不易脱除，这是烧结过程中去砷率不高（一般 30%~40%）的原因。

As$_2$O$_3$ 俗称砒霜，是剧毒物质，危害人体健康，工业卫生标准规定废气中含砷不大于 0.3mg/m^3，烟囱允许排放浓度为 160mg/m^3。故烧结含砷较高的矿石时，必须严格控制排放废气中含砷量，并要采取措施回收砷化物。

b　影响脱砷率的因素

影响脱砷率的因素有总管负压、配碳量、烧结矿碱度、料层部位、料层厚度，其中

总管负压和配碳量影响较大，料层厚度的变化对脱砷率影响不大。

（1）总管负压升高，脱砷率提高。

随着总管负压的升高，脱砷率提高。总管负压升高，产生的 As_2O_3 气体快速被抽入烟气而排出，来不及与 CaO 等物质反应生成固态砷酸盐，大大减少了砷的残留；但当总管负压过高时，烧结矿转鼓强度明显下降，所以要以保证烧结矿质量为前提，兼顾烧结矿砷含量不超标，确定适宜的总管负压。

（2）适宜的配碳量使脱砷率高。

配碳量与脱砷率的变化规律不明显，因为配碳量对脱砷率的影响主要表现在两个方面，一方面增加配碳量提高烧结温度，有利于含砷化合物的分解和挥发，促进烧结脱砷；另一方面增加配碳量增强烧结还原气氛或减弱氧化气氛，有利于 $FeAsO_4 \cdot 2H_2O$ 还原生成 As_4O_6，同时抑制含砷化合物分解。

适宜的配碳量使脱砷率高，配碳量偏低和偏高脱砷率都低。配碳量偏低时，料层热量不足，部分含砷矿物不能进行反应且氧化性气氛强，As_2O_3 气体进一步氧化成 As_2O_5 而不易脱砷；配碳量偏高时，减弱氧化性气氛，同时高温生成过多的低共熔物，阻塞 As_2O_3 气体进入烧结烟气，不利于脱砷。

（3）烧结矿碱度与脱砷率成反比。

酸性烧结脱砷率高。因为矿石中的砷在无阻碍情况下以 As_2O_3 形式被脱除，烧结料中 CaO 含量较少，不利于生成砷酸钙（$CaO \cdot As_2O_5$）。

高碱度烧结脱砷率降低。CaO 对脱砷率有正负两方面的影响，有利方面是 CaO 消化放热提高料温，并改善制粒效果和料层透气性，有助于 As_2O_3 气体挥发排出；不利方面是烧结料中 CaO 含量增多，As_2O_3 在逸出升华过程中部分与烧结料中的 CaO（特别是石灰石分解产生的 CaO）发生反应，固结富集生成稳定的砷酸钙而残留在烧结矿中，抑制烧结过程脱砷，高碱度烧结对脱砷率的负影响大于正影响。

（4）料层表层脱砷率稍低。

随着烧结从料层表层到料层下部，脱砷率逐渐增大。料层表层脱砷率稍低是因为表层热量不足，烧结温度偏低并且表层氧气充足，FeAsS 过氧化生成 $FeAsO_4$ 而不易脱砷；在料层中下部脱砷率高，因为烧结温度和烧结气氛适宜脱砷，FeAsS 经过氧化生成 As_2O_3 气体挥发进入烧结烟气而脱除砷。

D 铅、锌的脱除

一般烧结配碳下，铅被氧化成 PbO，烧结过程不脱除铅。一般烧结配碳下，锌被氧化成 ZnO 沉积在烧结料层中，烧结过程不易脱锌。

a 高炉排铅

高炉要求入炉铁矿石铅负荷≤0.15kg/t，入炉料中铅主要来源于块矿。

铅以 PbS、$PbSO_4$ 形态存在于炉料中，铅密度大（11.34g/cm^3），熔点低（327℃），沸点高（1540℃），不溶于铁水。炼铁过程中铅的氧化物很容易被还原成 Pb，Pb 在铁水中溶解度很小（0.09%），在炉渣中溶解度也很小（0.04%），Pb 密度比 Fe 大，因此还原的 Pb 易聚集在炉底铁水层之下，易渗入砖缝中，是造成炉底破损原因之一。

铅在高温区气化而进入煤气中，到达低温区时又被氧化为 PbO，再随着炉料的下降而循环富集到炉底。

在高炉底部设置排铅口，出铁时降低铁口高度或加大铁口角度，便于排铅。

b 烧结—炼铁锌富集

高炉要求入炉铁矿石锌负荷≤0.15kg/t，入炉料中锌主要来源于烧结矿。

自然界中 Zn 以硅酸盐（$Zn_2SiO_4 \cdot H_2O$）形态存在，高炉冶炼过程中易被 C、CO、H_2 还原为 Zn，能被 CO 和 CO_2 氧化成 ZnO。

锌在高炉中循环并危害较大。高炉冶炼过程中锌在1000℃以上高温区被 CO 还原为气态锌，锌蒸气在炉内氧化还原循环，ZnO 颗粒沉积在高炉炉墙上，与炉衬和炉料反应生成低熔点化合物，在炉身下部甚至中上部形成炉瘤。锌严重富集时炉墙结厚，炉内煤气通道变窄，炉料下降不畅，炉内风量不足，频繁崩料滑料，严重危害高炉冶炼指标和高炉寿命。

锌沸点低，Zn 和 ZnO 在 970~1200℃升华为气体。锌从高炉排出后大部分进入高炉污泥或干法除尘布袋灰中，高炉锌负荷很高时，高炉污泥和除尘灰中锌含量也很高。

现代高炉原燃料中 Zn 主要由烧结除尘灰、高炉布袋除尘灰和重力灰、转炉尘泥带入。这些尘泥加入烧结过程中约30%进入废气，大部分被烧结机头电除尘器捕集进入除尘灰中，再次返回配入烧结料中；约70%残留在烧结矿中进入高炉炉料中。高炉冶炼过程中约70%的 Zn 进入布袋灰和重力灰中，再次返回配入烧结料中，因此 Zn 和 ZnO 在烧结和高炉冶炼过程中形成恶性大循环，造成 Zn 对高炉冶炼危害越来越严重。

高炉锌负荷主要来源于锌在高炉内部的小循环和烧结—炼铁之间的大循环富集，需要新建脱锌工艺将烧结机头电除尘灰、高炉布袋除尘灰和重力除尘灰中的 Zn 脱除后再用于烧结，才能杜绝烧结—炼铁过程中锌的恶性循环。球团矿、块矿、焦炭、煤粉中的微量锌含量对高炉形不成危害，高炉锌负荷高着重从烧结矿带入锌含量查找，应根据炉料结构推算出烧结矿锌含量上限值，通过限制烧结配入的锌含量控制高炉锌负荷不超标。

E 氯的脱除

焦炭在高炉内吸附氯化物后反应性增强，热强度下降。氯易造成高炉炉墙结瘤，耐材破损。氯对设备和管道有极强的腐蚀性，进入煤气中的氯以 Cl^- 形式腐蚀煤气管道，造成煤气泄漏。燃烧含氯的煤气，其燃烧产物中生成剧毒物质二噁英。

高炉氯主要来源于铁矿石和烧结矿。国内铁矿石氯含量很少，进口铁矿石氯含量高或用海水选矿带入 NH_4Cl，一些企业在成品烧结矿上喷洒 $CaCl_2$ 溶液以改善低温还原粉化指标，或向喷吹煤粉中添加含氯助燃剂，也是高炉氯的来源之一。进口铁矿粉是烧结氯负荷的主要来源，其次是循环返矿和炉尘带入氯元素。烧结过程中氯元素大部分被烧结矿带走，机头和机尾除尘灰带走氯元素的比例也较高。

F 烧结过程磷不脱除

磷是钢材中的有害成分，降低钢在低温下的冲击韧性，使钢材产生冷脆，磷高时钢的焊接性能、冷弯性能、塑性降低。

磷共晶熔点较低，降低铁水熔化温度，延长铁水凝固时间，改善铁水流动性，利于铸造形状复杂的普通铸件，但磷影响铸件强度，除少数高磷铸造铁允许较高磷含量外，一般生铁磷含量越低越好。

磷在矿石中一般以磷灰石（$3CaO \cdot P_2O_5$）形态存在。

烧结过程不脱除磷，高炉炼铁过程中磷全部被还原并大部分进入生铁，也不脱除磷，磷在铁水预处理"三脱"中或炼钢过程中脱除。

控制生铁磷含量低的主要途径是控制入炉料带入的磷含量低。球团矿、块矿和熔剂中磷含量较低，入炉料中磷含量主要来源于烧结矿，需通过烧结配矿严格控制烧结矿中磷含量（一般烧结入炉比 80% 左右要求烧结矿 P<0.07%）满足高炉磷负荷 ≤1.0kg/t。

G 钛等有益元素

有些与 Fe 伴生的元素被还原进入生铁，改善钢材的性能，称这些元素为有益元素，如钛、铬、镍、钒等。

铬为不锈钢、耐酸钢及耐热钢的主要合金元素，提高碳钢的硬度和耐磨性而不使钢变脆，含量超过 12% 时，使钢具有良好的高温抗氧化性和耐腐蚀性，增加钢的热强性。其缺点是显著提高钢的脆性转变温度和促进钢的回火脆性。

镍提高钢的强度，对塑性的影响不显著。不仅耐酸而且抗碱，具有抗蚀能力，是不锈耐酸钢中的重要元素之一。

钛改善钢的耐磨性和耐蚀性，含钛高的铁矿石应作为宝贵的钛资源。

钛对于炼铁来说既是有害元素，又是有益元素。铁矿石中的钛以 TiO、TiO_2、TiO_3 形态存在，钛是难还原元素，其氧化物与铁水中的 C、N 反应生成高熔点固体颗粒 TiC 和 TiN 存在于炉渣中，使炉渣黏度急剧增大，当其含量超过 4%~5% 时恶化炉渣性质，高炉冶炼困难，且易结炉瘤。有益方面是由于 TiC 和 TiN 颗粒易沉积在炉缸、炉底的砖缝和内衬表面，有保护炉缸和炉底内衬的作用，钛矿常作为高炉冶炼护炉料。冶炼普通生铁时，入炉铁矿石 TiO_2<1.5%，采取钛渣护炉时适当提高 TiO_2 含量。

烧结矿中 TiO_2 超过一定值时严重降低烧结矿还原性、低温还原粉化性和转鼓强度。

6.2 烧结工艺操作及设备

6.2.1 烧结目的和作用

（1）烧结的目的。烧结的目的是将铁矿粉进行造块，为高炉冶炼提供优质的人造富矿。按照烧结设备和供风方式的不同，可分为鼓风烧结、抽风烧结和在烟气中烧结。抽风烧结又分连续式和间歇式烧结。连续式烧结设备有带式烧结机和环式烧结机等。

（2）烧结的意义。烧结具有如下重要意义：

1）高效合理利用铁矿石资源，满足钢铁工业发展；

2）为高炉提供化学成分稳定、粒度均匀、还原性好、冶金性能高的优质烧结矿，

为高炉优质、高产、低耗、长寿创造良好的条件;

3) 综合利用高炉炉尘灰、轧钢皮、硫酸渣、钢渣等工业生产的废弃物;

4) 回收有色金属、稀土和稀有金属。

(3) 烧结的作用。烧结机是烧结厂最重要的设备,烧结是最关键的工序。烧结生产是将原料进行配料、混匀、制粒后,通过布料、点火、抽风烧结,使烧结料烧结成烧结饼,经破碎、冷却、筛分得到成品烧结矿。

6.2.2　烧结设备

6.2.2.1　带式烧结机的工作原理

传动装置带动的头部星轮将台车由下部轨道经头部弯道而抬到上部水平轨道,并推动前面的台车向机尾方向移动。在台车移动过程中,给料装置将铺底料和混合料装到台车上,并随着台车移动至风箱上面即点火器下面,同时进行点火抽风,烧结过程从此开始。当台车继续移动时,位于台车下部的风箱继续抽风,烧结过程继续进行。台车移至烧结机尾部的那个风箱或前一个风箱时,烧结过程进行完毕。台车在机尾弯道处进行翻转卸料,然后靠后边台车的顶推作用而沿着水平(摆架式或水平移动架式)或一定倾角(机尾固定弯道式烧结机)的运行轨道移动,当台车移至头部弯道处,被转动着的头部星轮咬入,通过头部弯道转至上部水平轨道,台车运转一周,完成一个工作循环,如此反复进行。

6.2.2.2　带式烧结机的结构

我国带式烧结机主要有两种结构形式,一种是摆架式;一种是弯道式。前者的特点是尾部有摆架(或水平移动架)用以吸收台车的热膨胀,避免台车的撞击和减少有害漏风,头部链轮与尾部链轮大小相同,尾部弯道采用三圆弧特殊曲线,台车的密封采用弹簧压板。后者的主要特点是在烧结机的尾部采用一种固定弯道,以吸收台车的热膨胀,尾部没有链轮,回车道具有一定的斜度,弯道采用圆形曲线,其台车密封采用刚性或弹簧压板。

带式烧结机由烧结机本体、给料装置、点火装置和抽风除尘设备等组成,图6-11为带式烧结机示意图。

带式烧结机本体主要包括传动装置、台车、真空箱、密封装置。

A　传动装置

烧结机的传动装置,主要靠机头链轮(驱动轮)将台车由下部轨道经机头弯道,运到上部水平轨道,并推动前面台车向机尾方向移动,如图6-12所示。

现场视频—烧结机

烧结机头部的驱动装置由电动机、减速机、齿轮传动和链轮等部分组成,机尾链轮为从动轮,与机头大小形状都相同,安装在可沿烧结机长度方向运动的并可自动调节的移动架上(图6-13)。首尾弯道为曲率半径不等的弧形曲线,使台车在转弯后先摆平,再靠近直线轨道的台车,以防止台车碰撞和磨损。移动架(或摆动架)既解决台车的

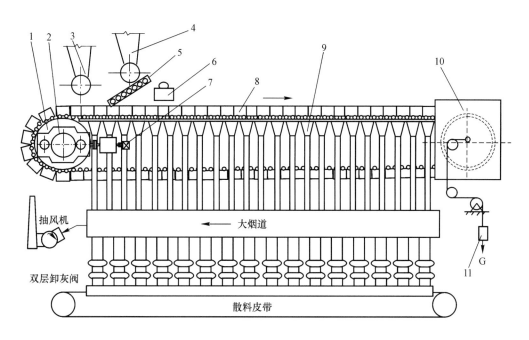

图 6-11 典型带式烧结机配置示意图

1—头部星轮；2—柔性传动；3—铺底料装置；4—泥辊给料装置；5—辊式布料器；6—点火器；
7—主驱动电动机；8—台车；9—风箱装置；10—机尾摆架装置；11—机尾摆架配重

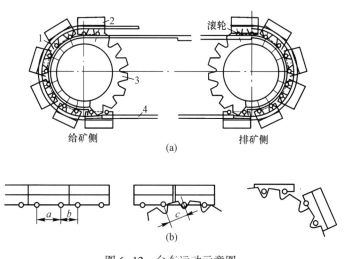

图 6-12 台车运动示意图

（a）台车运动状态；（b）台车尾部链轮运动状态

1—弯轨；2—台车；3—链轮；4—导轨

现场视频—
烧结机尾

动画—星轮

热膨胀问题，也消除台车之间的冲击及台车尾部的散料现象，大大减少了漏风。

旧式烧结机尾部多是固定的，为了调整台车的热膨胀，在烧结机尾部弯道开始处，台车之间形成一断开处，间隙为 200mm 左右，此种结构由于台车靠自重落到回车道上，

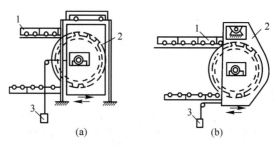

图 6-13　尾部可动结构

(a) 水平移动式尾部框架；(b) 摆动式尾部框架

1—台车；2—移动架 (a)，摆动架 (b)；3—平衡锤

彼此之间因冲击而发生变形，造成台车端部损坏，不能紧靠在一起，增加漏风损失；同时使部分烧结矿从断开处落下，还需增设专门漏斗以排出落下的烧结矿。

B　台　车

带式烧结机是由许多台车组成的一个封闭式的烧结带，所以，台车是烧结机的重要组成部分。它直接承受装料、点火、抽风、烧结直至机尾卸料，完成烧结作业。烧结机有效烧结面积是台车的宽度与烧结机有效长度的乘积。

台车由车架、挡板、滚轮、箅条和活动滑板（上滑板）五部分组成。图 6-14 为国产 $75m^2$ 烧结机台车。台车铸成两半，由螺栓连接。台车滚轮内装有滚动轴承，台车两侧装有挡板，车架上铺有三排单体箅条，箅条间隙 6mm 左右，箅条的有效抽风面积一般为 12%~15%。

现场视频—
烧结台车

动画—台车

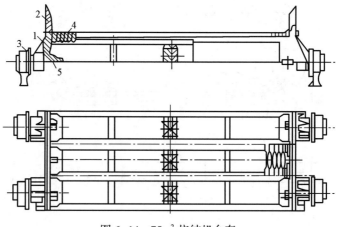

图 6-14　$75m^2$ 烧结机台车

1—车架；2—挡板；3—滚轮；4—箅条；5—滑板

台车的结构形式有整体、二体及三体装配三种。通常宽度为 1.5~2m 的台车为整体结构，宽度为 2~2.5m 的台车多为二体装配结构，宽度大于 3m 的台车多采用三体装配结构。材质为铸钢或球磨铸铁。

在烧结过程中，台车在倒数第二个（或第三个）风箱处，废气温度达到最高值，在返回下轨道时温度下降。所以台车在整个工作过程中，既要承受本身的自重、算条的重力、烧结矿的重力及抽风负压的作用，又要受到长时间反复升降温度的作用，台车的温度通常在 200~500℃ 之间变化，将产生很大的热疲劳。因此既要求台车车架强度好，受热不易变形，算条形式合理，使气流通过阻力小，而又保证抽风面积大，强度高，耐热耐腐蚀。

台车寿命主要取决于台车车架的寿命。据分析台车的损坏主要是由于热循环变化，以及与燃烧物接触而引起的裂纹与变形。此外还有高温气流的烧损，所以建议台车材质采用可焊铸铁或钢中加入少量的锰、铬等。

挡板用螺栓同车体固定，其工作条件恶劣，由于温度周期性急剧变化，导致交变热应力和相变应力，使挡板容易产生热疲劳裂纹而损坏，其寿命很短，应采用热疲劳抗力高，并具有一定抗氧化、抗生长性能的材料制作。同台车车体一样，挡板现在大多采用铁素体球墨铸铁 QT42-10 铸造，也有用灰铸铁铸造的。

每一台车安有四个转动的车轮（滚轮），轮子轴是使用压下法将轴装在车体上。车轮一般采用滚动轴承。轴承的使用期限是台车轮寿命的关键，其使用期限一般较短，主要原因是使用一段时间后，车轮的润滑脂被污染及流出，使阻力增大，磨损加剧。现在用滑动轴承代替滚动轴承。

台车底是由算条排列于台车架的横梁上构成的。算条的寿命和形状对生产影响是很大的。一般要求算条材质能够经受住激烈的温度变化，能抗高温氧化，具有足够的机械强度。铸造算条的材质主要是铸钢、铸铁、铬镍合金钢等。

C 真空箱

真空箱装在烧结机工作部分的台车下面，用钢板焊成，上缘弹性滑道与台车底面滑板紧密接触，下端通过导气管（支管）同水平大烟道连接，其间设有调节废气流的蝶阀。真空箱宽度与台车宽度对应，长度方向则用横隔板分开。日本在台车宽度大于 3.5m 的烧结机上，将风箱分布在烧结机的两侧，风箱角度大于 36°。400m² 以上的大型烧结机，多采用双烟道，用两台风机同时工作。

6.2.2.3 烧结机常见故障及处理

带式烧结机的台车跑偏与赶道是比较常见的故障，其产生的原因是错综复杂的，二者有相似之处，但又有不同之点。

所谓台车跑偏，多是指平面台车在运行过程中，其一边的台车轮缘摩擦着轨道，而另一边台车轮却与轨道有一定间距，台车宽度方向的中心线路与其运行方向基本一致，但与烧结机纵中心线存在平行位移，即台车没有产生歪斜。

所谓台车赶道，多是指回车道台车在运行中产生了歪斜，即台车宽度方向的中心线与其运行方向形成了一定夹角。赶道越严重，夹角就越大。台车赶道时从三个部分可以明显看出来：一是机尾冲程处（固定弯道式）：烧结边不同台车在下落过程中不是平行下落的，两端有先后之分，下落的冲击声也可听到有两响，机尾冲程量明显不一致。二是在回车道上，可以看到相邻台车的肩膀车头已有明显的错位，同一台车机边前后轮缘与回车道的接触有明显差异；三是在机头星轮的下部，当台车车轮与星轮啮合时，一边接触到了，而另一边还有明显的距离。

A　烧结机电机电流高或突然停机

处理办法：

（1）发现电流异常偏高或烧结机运行异常，应立即切断事故开关；

（2）从以下几方面检查：看台车轱辘是否掉、卡弯道、台车游板是否顶滑板、台车腰是否顶风箱隔板、台车是否跑偏掉道、弯道移位是否卡清扫器、台车抬头挡板是否顶平料板等；

（3）确定故障原因并报告主控室；

（4）排除故障：必须专人负责，统一指挥，做好安全防范措施，谨防盲目转机扩大事故或伤人；

（5）试转正常后恢复生产。

B　烧结机其他常见故障及处理

烧结机其他常见故障及处理如表6-6所示。

表 6-6　烧结机常见故障及处理

故　障	原　因	处理方法
烧结机其他电流偏大	滑道缺油，台车赶道或塌腰擦隔板	疏通滑道油孔，更换台车
台车跑偏	头尾弯道不正，滑道缺油，台车轮直径不一致，轨道不正	弯道找正，滑道疏通油孔，更换台车轨道，找水平，找跨距
滑板堆起	滑板翘起，台车油板的螺丝松动	更换台车、补上旧滑板，检查松动螺栓进行处理
台车在回车道上掉道	台车掉轮子，机尾弯道错位	台车补轮子，弯道找正
台车轮卡弯道	台车运行不正，台车轮摆动	台车轮背帽上紧或更换

6.2.3　烧结参数控制与调节

6.2.3.1　烧结风量与真空度的控制

风是烧结作业赖以进行的基本物质条件之一，也是加快烧结过程最活跃积极的因素，抽过料层的风量越大，垂直烧结速度越快，在保持成品率不变的情况下，可大幅度提高烧结生产产量。但是，风量过大，烧结速度过快，混合料各组分没有足够的时间互相黏结在一起，将降低烧结矿的成品率，同时冷却速度的加快，也会引起烧结矿强度的降低。

生产中常用的加大料层风量的方法有三种：改善烧结料的透气性；改善烧结机及其抽风系统的密封性，降低漏风率；提高抽风机能力。

改善烧结料的透气性，减少料层阻力损失，在不提高风机能力的情况下，可以达到增产的目的；同时，烧结生产的单位电耗降低。因为这种措施使通过料层的风量相对增加，而有害风量相对减少，提高了风的利用率，这种方法是合理的。

目前，烧结机的漏风率一般在40%~60%。也就是说抽风消耗的电能仅有一半用于烧结，而另一半则白白浪费掉了。同时漏风裹带着的灰尘对设备造成严重的磨损。因此，堵漏风是挖掘风机潜力、提高通过料层风量的十分重要的措施。烧结机的漏风主要存在于台车与台车及滑道之间，它约占烧结机总漏风率的90%；其次存在于烧结机首尾风箱；此外烧结机集气管、除尘器及导气管道也会漏风。当炉条、挡板不全，台车边缘布不满料时，漏风率进一步加大。减少漏风的方法主要有下面几个方面：

(1) 采用新型的密封装置；

(2) 按技术要求检修好台车弹簧滑道；

(3) 定期成批更换台车和滑道，台车轮子直径应相近；

(4) 利用一切机会进行整炉条、换挡板；

(5) 清理大烟道，减少阻力，增大抽风量；

(6) 加强检查堵漏风；

(7) 采取低碳厚料操作，加强边缘布料。

抽风烧结过程是在负压状态下进行的，为了克服料层对气流的阻力，以获得所需要的风量，料层下必须保持一定的真空度。在料层透气性和有害漏风一定的情况下，抽风箱内能造成的真空度高，抽过料层的风量就大，对烧结是有利的。所以，为强化烧结过程，都选配较大风量和较高负压的风机。

当风机能力确定后，真空度的变化也是判断烧结过程的依据之一。正常情况下，各风箱有一个相适应的真空度，当真空度出现反常情况时，则表明烧结抽风系统出现了问题。比如水分过大或过小时，由于烧结料层的透气性变差，风箱与总管的负压均上升；燃料配比和点火温度过高时，会导致液相过多和表层过熔，负压升高；当返矿质量变差、混合料压得过紧、混合料粒度变小以及风箱堵塞或台车箅条缝隙堵塞严重时，负压也将升高。当真空度反常地下降时可能出现跑料、漏料系统漏风现象，或者风机转子磨损严重、烧结终点提前等。

6.2.3.2 料层厚度与机速

一般来说，料层薄，机速快，生产率高，但在薄料层操作时，表层强度差的烧结矿数量相对增加，使烧结矿的平均强度降低，返矿和粉末增多，同时还会削弱料层的自动蓄热作用，增加燃料用量，降低烧结矿的还原性。生产中，在烧好、烧透的前提下，应尽量采用厚料层操作。这是因为烧结矿带有自动蓄热作用，提高料层厚度能降低燃料消耗。而低碳厚料操作一方面既有利于提高烧结矿强度，改善烧结矿的粒度组成，使烧结矿大块降低，粉末减少，粒度趋于均匀，成品率提高；另一方面又有利于降低烧结矿氧化亚铁含量，改善烧结矿的还原性；此外还有利于减轻劳动强度，改善劳动条件。国内烧结厂一般采用700mm厚的料层操作，有的企业超过900mm。

合适的机速是在一定的烧结条件下，保证在预定的烧结终点烧透烧好。影响机速的因素很多，如混合料粒度变细，水分过高或过低，返矿数量减少及品质变坏，混合料制粒性差，预热温度低，含碳量波动大、点火煤气不足及漏风损失增大等，就需要减低机速，延长点火时间来保证烧结矿在预定终点烧透烧好。

烧结机的速度是根据料层厚度及垂直烧结速度的快慢而决定的，机速的快慢以烧结终点控制在机尾倒数第二个风箱为原则（机上冷却除外）。在正常生产中，一般稳定料层厚度不变，以适当调整机速来控制烧结终点。机速的调整要求稳定、平缓，防止忽快忽慢，不能过猛过急。

6.2.3.3　烧结终点

控制烧结终点，就是控制烧结过程全部完成时台车所处的风箱位置。

烧结机的烧结终点一般控制在机尾倒数第二个风箱的位置上。正确而严格地控制烧结终点一方面可以充分利用烧结面积，提高产量，降低燃耗；另一方面对于无铺底料的烧结机还具有减少炉条消耗、改善机尾劳动条件和延长主抽风机转子使用寿命的作用。如果烧结终点提前了，这时烧结面积未得到充分的利用，同时使风大量从烧结机后部通过，破坏了抽风制度，降低了烧结矿产量。而烧结终点滞后时，必然造成生料增加，返矿量增加，成品率降低，此外没燃烧完的固定碳卸入冷却机，会继续燃烧，破坏设备，降低冷却效率。

正确控制烧结终点是生产操作的重要环节。正确判断烧结终点的主要依据是：

(1) 仪表所反映的主管废气温度、负压，机尾末端三个风箱的温度、负压差；

(2) 机尾断面黑、红层厚薄和灰尘大小；

(3) 成品烧结矿和返矿的残碳量。

烧结终点的标志是：风箱废气温度下降的瞬间，或者说废气温度最高的风箱位置。往往此风箱废气温度较前后风箱高 20~40℃。比如，75m² 烧结机 14 号风箱温度为250~300℃，13 号及 15 号风箱较 14 号风箱低 20~40℃，则 14 号风箱位置为烧结终点。主管废气温度在 100~135℃左右。终点以后的风箱，由于上部台车的物料全部变成烧结矿带，透气性良好，再加上烧结机尾部漏风的影响，故负压随之下降。

根据最后几个风箱的废气温度来判断和控制烧结终点，在时间上是滞后的。废气温度陡然上升点为过湿带消失点，在废气温度陡然上升的前后几个风箱支管处安装热电偶，实时监测这几个关键风箱的废气温度变化情况，如果过湿带消失点提前，则预判烧结终点位置也提前，可通过减小主抽风机风门开度或加快机速或提高料层厚度等措施，调整烧结终点往后推移；如果过湿带消失点滞后，则预判烧结终点位置也滞后，可通过加大主抽风机风门开度或减慢机速或降低料层厚度等措施，调整烧结终点位置往前移。这样就可及早纠正烧结终点位置，提高烧结矿产质量和降低能耗。

肉眼观察机尾烧结断面，均匀整齐，红层不得超过整个断面的 1/5，炉条呈灰白色，既不粘高温烧结矿也不带湿料；卸料时摔打声音铿锵有力。

返矿残碳量小于 0.1%，烧结矿残碳量接近 0.1%。

微课—烧结
终点判断与
调整

调节烧结终点的措施是变动机速、变动料层厚度和调整真空度，常用方法是调整机速。烧结终点有自动调节和人工调节两种，自动调节是据终点处风箱的废气温度进行自动控制；人工调节也可根据终点风箱的废气温度和直接观察机尾烧结面状况进行调整。

6.2.3.4　烧结料水分

烧结过程中，混合料水分适宜时，台车料面平整，点火火焰不外喷，机尾断面解理整齐。

水分过高时，下料不畅，布料器下的料面出现鱼鳞片状，台车料面不平整，料层自动减薄，严重时点火火焰外喷，出点火器后料面点火不好，总管负压升高，有时急剧升高，总管废气温度急剧下降，机尾断面松散，有窝料"花脸"，出现潮湿层。

水分过小时，台车料面光，料层自动加厚，点火火焰外扑，料面溅小火星，出点火器后的料面有浮灰，烧结过程下移缓慢，总管负压升高，废气温度下降，机尾呈"花脸"，粉尘飞扬。

水分不均时，点火不匀，机尾烧结断面出现"花脸"。

如果发现烧结料水分异常，烧结工要及时与混料工联系，并针对情况采取相应的措施。一般应采取固定料层、调整机速的方法，水分偏大时减轻压料，适当提高点火温度和配碳量或降低机速，只有在万不得已的情况下，才允许减薄料层厚度。

6.2.3.5　烧结料中碳

当混合料固定碳高时，料面出点火器后2~3m仍不变色，表面过熔结硬壳，总管负压、废气温度升高，机尾断面有火苗，赤红层大于1/3，粘炉条，烧结矿气孔大，呈蜂窝状，FeO升高。

混合料固定碳低时，表层点不好，离点火器台车的红料面比正常缩短，料面有浮灰，垂直烧结速度减慢，总管负压、废气温度降低，机尾断面红层薄，火色发暗，严重时有"花脸"，烧结矿FeO降低。在增加燃料配比的同时降低机速。

当燃料粒度大时，点火不均匀，机尾断面冒火苗，局部过熔，断面呈"花脸"，有粘台车现象。此时应与配控（配料室）联系，在严格加工粒度的同时，可采取适当减少配碳量、提高料层厚度或加快机速等措施。

混合料固定碳目前应控制在2.4%~2.8%左右。降低烧结固体燃耗的措施：

（1）提高烧结料带入物理热（如配加生石灰、混合料矿槽中通入过饱和蒸汽、热风烧结等），减少烧结废气带走热量。

（2）提高固体燃料的燃烧效率。

控制固体燃料粒级在0.5~3mm；实施-1mm燃料分加技术。

（3）控制烧结原料的特性。

烧结原料中Al_2O_3含量升高1个百分点，燃耗升高约7kg/t。

烧结原料中结晶水含量升高1个百分点，燃耗升高2~5kg/t。

烧结料水分升高1个百分点，多耗热量46kJ/t。

烧结矿FeO含量升高1个百分点，燃耗升高1~3kg/t。

（4）厚料层烧结。

充分利用料层自动蓄热的原理，料层提高10mm，燃耗降低约0.3kg/t。

（5）采用新工艺新技术。

强化制粒、偏析布料、低温烧结、废气余热利用。

6.2.3.6　烧结操作经验总结

在长期的生产实践中，我国烧结工作者根据烧结生产过程的主要因素，把提高生产能力的经验做了归纳。比如烧结厂提出了20字的技术操作方针："精心备料、稳定水碳、减少漏风、低碳厚料、烧透筛尽"。"精心备料"是烧结生产的前提条件；"稳定水碳"是稳定生产的关键性措施；"减少漏风"是烧结的保证条件；"低碳厚料""烧透筛尽"是生产优质、高产、低耗烧结矿的途径。

"精心备料"其内容很广泛，它包括原、燃料的质量及其加工准备，以及配料、混合、造球等方面，只有做到"精心备料"，才能为烧结机提供稳定的工作生产条件。

"稳定水碳"是指烧结料的水分、固定碳含量要符合烧结机的要求，且波动要小。烧结料的适宜水分是保证造球、改善料层透气性的重要条件。烧结料中的固定碳是烧结过程的主要热源。减少烧结料水、碳的波动就为烧结机的稳定操作创造了条件。因此，稳定水、碳是稳定烧结生产的关键性措施。

"减少漏风"对抽风系统而言就是减少漏风，提高有效抽风量，充分利用主风机能力。对烧结机而言就是风量沿烧结机长度方向要合理分布，而沿台车宽度方向要均匀一致。主风机是烧结生产的心脏，而合理用风提高有效抽风量对优质、高产、低耗具有重要的意义。因此，减少漏风是烧结生产的保证措施。

"低碳厚料"是指在允许的条件下，采用低配碳、厚料层的操作，该操作可以相对地减少烧结机表层低质烧结矿的数量，提高烧结矿的强度和成品率，还可以充分地利用料中的自动蓄热作用，提高热能的利用率，降低燃料消耗及 FeO 含量。因此，低碳厚料操作是获得优质、高产、低耗烧结矿的途径。

"烧透筛尽"是烧结生产的目的，它体现了质量第一的思想，烧透才能保证强度高、粉末少。烧透是根本，筛尽是辅助，烧不透，也就筛不尽。如果保证了烧透，既可使质量提高，产量也不会降低。相反，不保证烧透而一味的快转会适得其反，质量保不了，产量会降低，能耗还将升高。因此，"烧透筛尽"也是获得优质、高产、低耗烧结矿的途径。

烧结操作经验中的几个方面是相辅相成的，假如某一因素、某一环节控制不好，其他环节就会失调。可以肯定，随着科学技术的不断进步和生产的不断发展，烧结操作经验必将得到不断发展和完善。

课后复习题

1. 简述减轻过湿带的主要措施。
2. 简述烧结料层透气性的决定因素。
3. 简述改善烧结料层透气性的主要方法。
4. 简述燃烧带对烧结过程的影响，如何控制燃烧带。
5. 什么是矿化作用？简述提高 CaO 矿化反应的措施。

6. 简述影响烧结矿氧化度的主要因素。

7. 简述影响烧结液相生成量的因素。

8. 简述防止或减少正硅酸钙 $2CaO \cdot SiO_2$ 的破坏作用的措施。

9. 简述烧结矿的矿物组成和结构对烧结矿质量的影响。

10. 简述影响烧结脱硫率的因素。

11. 简述正确控制烧结终点的意义，如何判断烧结终点。

12. 简述降低烧结固体燃耗的措施。

试题自测 6

7 烧结矿成品处理

7.1 烧结矿成品处理工艺

较完善的烧结矿成品处理系统主要包括烧结矿的热破碎、热筛分、冷却、整粒、铺底料和表面处理等。各工序之间以漏斗和胶带运输机相互连接，形成较紧凑的生产系统。

7.1.1 热破碎

从烧结机机尾卸下的烧结饼，不经破碎处理不利于冷却，也不符合高炉对原料粒度的要求，同时大块料在运输中易在矿槽或漏斗内卡塞和损坏胶带。对烧结饼破碎，不仅利于运输，还为烧结矿的冷却和高炉冶炼创造条件。

7.1.2 热筛分

热筛分的目的是去掉烧结矿中的粉末，提高烧结矿的冷却速度，改善高炉的透气性，使高炉炉况顺行，煤气流分布均匀。同时，筛出的热返矿参加配料，提高混合料温度，强化烧结过程。

常用的筛分设备有固定棒条筛和热矿振动筛两种，由于热返矿存在不利于配料精度的提高、污染岗位环境、职工劳动强度高等缺点，所以在新建烧结机时，取消热矿筛，烧结饼经单辊破碎后全部进入冷却机冷却和其中的粉末在成品烧结矿出厂前筛出。

7.1.3 冷却

烧结矿冷却就是将机尾卸下的红热烧结矿由卸矿温度强制冷却为低于120℃的冷矿。

7.1.3.1 冷却的优点

(1) 烧结矿冷却后，便于整粒，出厂成品块度均匀，可以强化高炉冶炼，降低焦比。

(2) 冷矿可用带式输送机运输和上料，使冶金厂运输更加合理，适应高炉大型化发展的需要。

(3) 高炉采用冷矿可以提高炉顶压力，延长高炉烧结矿矿仓和高炉炉喉设备的使用寿命，减少高炉上料系统的维修量。用热烧结矿高炉炉顶温度高达400~500℃，为了保护炉顶设备，只能维持低炉顶压力50~75kPa，而用冷烧结矿高炉炉顶温度在250℃

以下，无钟炉顶压力可提高到 150kPa 以上，现代大高炉可达 250~300kPa，十分利于强化高炉冶炼。尤其采用无钟炉顶的高炉，为了提高密封效果和保持炉顶高压，必须使用冷烧结矿。

(4) 采用鼓风冷却时，有利于冷却废气的余热利用，并有利于改善烧结厂和炼铁厂厂区的环境。

7.1.3.2 烧结矿冷却方式

A 按冷却地点和冷却设备分类

a 机外冷却

机外冷却指在烧结机以外，用专用冷却设备对烧结矿进行冷却。

b 机上冷却

机上冷却指在烧结机上烧结到达终点位置以后，以烧结机后部某段作为冷却段，通过抽风或鼓风对烧结矿进行冷却。

机上冷却缺点是不能准确控制烧结段和冷却段，互相之间干扰较大，烧结产能低且冷却不均匀。

连续带式抽风烧结机已淘汰机上冷却，全部采用机外冷却。

B 按冷却机形状分类

分为带式冷却机和环式冷却机，广泛采用环式冷却机。

a 带式冷却机

烧结矿在带有密封罩的链板机上缓慢移动，通过密封罩内抽风机进行强制冷却。

优点是设备制造比环式冷却机简单，且运转过程中不易出现跑偏、变形等问题，设备密封性能好，布料均匀，不易产生布料偏析和短路漏风，卸矿时翻转180°，细粒烧结矿容易掉落，箅条不易堵塞，冷却效果好。

缺点是回车道空载，设备重量较相同处理能力的环式冷却机重约 1/4，链板需要的特殊材料较多。

b 环式冷却机

环式冷却机的主体由沿着环形轨道水平运动的若干个扇形冷却台车组成，形成一个首尾相连的环式冷却机，冷却台车的上方设有排气烟囱。

C 按冷却风机通风方式分类

将环式冷却机分为抽风式环冷机和鼓风式环冷机，二者各有优缺点，总体鼓风环冷机优于抽风环冷机，广泛采用鼓风环冷机。

鼓风环冷机利用冷却风机的强制鼓风作用，通过风箱从台车底部将冷空气鼓入烧结矿层，通过冷空气与热烧结矿层的热交换达到冷却的目的，形成的高温热废气回收进行余热利用，低温热废气通过排气烟囱排入大气。

抽风环冷机利用冷却风机的强制抽风作用，在台车料层上方产生负压将冷空气吸入烧结矿层，通过冷空气与热烧结矿层的热交换达到冷却的目的，形成的热废气通过各自的烟囱排入大气。

7.1.3.3　影响冷却效果的因素

（1）风量的影响。风量越大，冷却效果越好。但风量过大将引起电耗增加，同时风量大，风速高，将导致气流含尘量增加，使风机叶片磨损加剧。

（2）风压的影响。一般来说如果风压低，阻力大，通过料层的风速将达不到额定值，冷却效果将降低。

（3）冷却时间的影响。冷却时间短，将达不到预期的冷却效果，但过长的冷却时间将降低冷却机的处理能力。

（4）料层厚度的影响。在冷却机面积一定时，选择较厚的料层可使冷却时间延长，有利于大块热矿的冷却。但料层增厚，阻力变大，相应提高风压，动力消耗增大；料层太薄，容易造成铺料不平，透气性不均，并且加快了机速，冷却时间短，影响冷却效果。

（5）铺料的影响。铺料要求均匀，当铺料不均时，料层薄处的气流阻力小，冷空气势必在此大量通过，降低了冷却效果。热矿的粒度大小对冷却效果的影响也是很大的。因此要求操作人员要根据料层厚度、粒度大小等情况，调整机速或料层厚度，使冷却效果达到最佳值。

（6）筛分效率。筛分效率低时，会使大量的粉尘或小粒级矿料进入冷却机，堵塞料块之间和台车的网眼，从而增大抽风阻力，降低冷却效果。

（7）烧结工艺制度的影响。烧结过程燃料的粒度与用量直接影响冷却效果，所以焦粉或煤粉的粒度与用量应严格控制在规定的范围内，严格控制烧结终点。否则，残碳较高的烧结矿在冷却机内将继续燃烧，不仅降低冷却效果，严重时会烧坏冷却机。此外冷却机本身的漏风也会降低冷却效果。

7.1.3.4　一般烧结矿冷却效果差的原因

一般烧结矿冷却效果差的原因如下：

（1）固体燃料用量大或粒度粗，机尾烧结矿未烧透，残碳高，在环冷机内二次燃烧。

（2）环冷机料层透气性差；环冷机料层厚度与风量不适宜。

（3）环冷机布料不均，环冷鼓风机开启台数少或风量小；环冷鼓风机运转异常。

（4）环冷机算板或冷却风道堵塞，通风差。

（5）环冷机未及时放灰，卸灰仓满；环冷机漏风严重。

7.1.3.5　成品工处理高温烧结矿

成品工处理高温烧结矿步骤如下：

（1）立即汇报中控高温烧结矿数量、程度及位置，进行如下冷却处理。

（2）如果无红矿，且高温矿数量少时，按高温矿位置现场开大鼓风机风门。

（3）如果无红矿，但高温矿数量多时，按高温矿位置现场开启备用鼓风机。

（4）如果有红矿，洒水冷却处理，按红矿运转方向提前两个台车打开洒水管支管。

（5）待开支管人员离开 5m 后逐步开洒水总管阀门，开度根据红矿严重程度而定。

（6）根据红矿位置变化，在远离热蒸汽位置打开红矿料头前部洒水支管阀门。

（7）按红矿位置变化，在远离热蒸汽位置逐个关闭红矿料尾后部洒水支管阀，然后关闭总管阀，打开退水阀，将洒水管内积水全部退净。

（8）根据冷却情况调整板式给料机排矿速度，必要时在成品皮带机的机尾洒水冷却。

（9）中控提前 10min 通知高炉机运做好外运准备，成品各岗位全线监视物料。

7.1.3.6 冷却操作的监测

判断烧结矿达到冷却要求的经验：

（1）冷却后的烧结矿表面温度应在 120℃ 以下，小块能用手摸，直观不烧皮带。

（2）出料口废气温度一般小于 120℃，料口料层静压应控制在一定范围。

7.1.4 整粒

烧结矿的整粒工艺是由日本和德国等国最先发展起来的，我国是在 20 世纪 80 年代中期才开始采用整粒工艺，武钢三烧 1984 年在国内率先建成烧结矿整粒系统。烧结矿的整粒包括冷却后烧结矿破碎和筛分两部分，冷矿破碎是将大块的成品烧结矿进一步破碎至 50mm 以下，有效地控制成品矿粒度组成范围。而冷矿筛分是进一步筛分除去烧结矿中的粉末，并分出铺底料。因而烧结矿的整粒，改善了烧结矿的强度，减少烧结矿的粉末含量，使烧结矿的粒度组成均匀，化学成分也趋于稳定。

整粒铺底料工艺流程主要是由冷破碎和筛分工序组成，其工艺流程根据各厂的实际情况而有不同形式，下面介绍的是目前国内较为典型的三种流程。

7.1.4.1 四段式筛分整粒

冷却后的烧结矿，通过第一道筛，分出大块，经过对辊破碎后，与筛下物一起进入第二道筛子，二筛的筛上物作为成品矿，筛下的经过三筛筛出铺底料，筛下物经四筛筛去粉末后送往高炉，流程见图 7-1。这种流程的特点是每台筛子筛出一种成品或铺底料，能够较合理地控制烧结矿的上下限粒度和铺底料粒度，成品粉末少，且都采用振动筛，筛分效率高。武钢四烧和宝钢就是采用这种工艺流程，该流程投资高，烧结矿运转次数多。

7.1.4.2 一筛为分级振动筛的三段式筛分整粒

图 7-2 和图 7-3 为三段式分级振动筛筛分整粒工艺流程。这种流程与图 7-1 较相似，不同的是将一、二段筛分合在一起或将二、三段筛分合在一起，节省了一台筛分设备，也可减少烧结矿的运转次数，节省投资。武钢三烧采用的是图 7-1 的整粒工艺流程，该流程对烧结矿的粒度上、下限控制较好，成品矿粉末含量少。

从流程比较来看，很明显图 7-3 更有其优越性，对于双层固定筛来说，将破碎后的烧结矿直接送入三筛，可减轻双层筛的负荷，减少筛板磨损，同时也减少了双层筛的维修量。

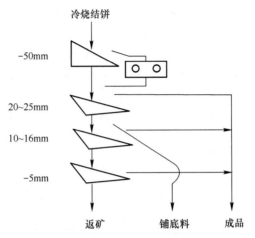

图 7-1 四段式筛分整粒工艺流程

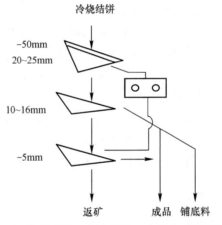

图 7-2 三段式整粒工艺流程图 （一段为双层振动筛）

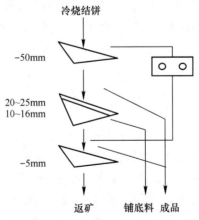

图 7-3 三段式整粒工艺流程图 （二段为双层振动筛）

图 7-4 为无破碎三段单层筛分流程图。这种流程是由于低温、厚料层烧结工艺的不断发展，成品矿大块少而发展来的。与前两种流程相比，取消了冷破碎和一段筛分，有利于作业率提高，节省了设备、占地面积和投资，但这种工艺由于取消了冷破碎和一段筛分，对烧结矿粒度的上、下限控制要差一些。

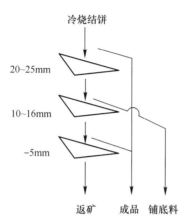

图 7-4　无破碎三段单层筛分工艺流程图

7.1.4.3　整粒铺底料工艺流程的布置

在小型厂矿中整粒流程一般以单系统布置为主，但对于大、中型烧结厂来说，要考虑烧结机的作业率，通常以双系统布置为主，其布置形式主要有以下两类：

（1）每个系列处理能力设计为总生产能力的 50% 或 75%，并设有可移动式备用振动筛，保证作业率。这种设计可以在一个系列出问题时，维持烧结机生产能力的 50% 或 75%，并在较短时间内，整体更换振动筛。有的厂还设有成品矿堆场或矿槽，可缓冲烧结矿与高炉的供求关系。

（2）每个系统的处理能力与生产能力相等，一个系列生产，一个系列备用。这种布置作业率高，维修方便，在国内普遍采用这种布置。

7.1.4.4　铺底料

所谓铺底料是用粒级在 10~20mm 范围内的一部分成品烧结矿，在烧结机布料前，将这部分烧结矿均匀地铺在台车炉箅条上，其厚度为 20~40mm。

A　铺底料在烧结生产中的作用

（1）隔热保护层。从烧结机机尾观察烧结断面，当燃烧带到达底层时，铺底料是暗红色的松散颗粒，没有粘料现象。铺底料能吸收一部分料层热量，将熔融的高温物料与台车炉箅条隔开，降低了炉箅子的温度，减少了台车受热负荷的影响。因此，铺底料是良好的隔热层。铺底料充当了隔热体，减少了烧结矿对炉箅条的磨损，所以铺底料可以延长炉箅条的寿命。

（2）充当过滤层。铺底料可以均匀烧结抽风气流，从而改善了料层的透气性，同时还可以防止炉箅条不齐而产生的抽洞现象，控制风的短路，降低了有害漏风。铺底料还可以吸收废气中的水分和细粉末，并使废气中的初始粉尘浓度和含湿量降低，延长了风箱的使用寿命，减少了主抽风机叶片的磨损，同时也减轻了机头除尘器和除尘设备的负荷。

（3）有利于降低固体燃耗，提高烧结生产率。铺底料不但可以吸收热量，还能吸收水分便于过湿带水分的蒸发，提高了料层的透气性和垂直烧结速度，有利于烧结生产率的提高。同时还可以提高烧结料层，发挥烧结料层的蓄热作用，减少配碳量，降低固体燃耗。铺底料有利于烧结料层的烧透，使烧结料中的固定碳充分燃烧，不但可以降低配碳量，还可以降低烧结矿中的残碳含量。

B　铺底料的粒度和厚度

铺底料的粒度组成一直是生产厂家较为关注的问题，实践表明，当铺底料厚度不变时，随着铺底料粒度的提高，垂直烧结速度提高，但粒度过大对烧结生产的产量有影响。根据国内外生产实践表明，铺底料粒度在 10~16mm 内为宜，并且粒级范围越窄，料层的透气性越好。铺底料的粒度应与铺底料量和铺底料厚度相匹配，因炉箅条的间隙决定了铺底料的下限粒度，而上限粒度应考虑底料量，同时铺底料用量又与铺底料厚度有关，所以铺底料的上限粒度应比铺底料用量略高一点进行选择。

铺底料的厚度为 20~40mm，铺底料的厚度以铺底料最大粒度、料层高度及烧结料的透气性一并考虑，原料结构也会影响铺底料的厚度，有的烧结厂将铺底料粒度限制在 8~16mm。

7.1.5　烧结矿表面处理工艺

对烧结矿成品进行表面处理是 20 世纪 90 年代才发展起来的一种新的技术。武钢二烧于 1992 年在国内首先用于工业生产。生产指标表明，高炉使用经表面处理的烧结矿后，产量增加 7.94%，焦比降低 1.31kg/t，取得了明显的经济效益。

所谓对烧结矿表面处理，就是使用卤族盐类熔剂喷洒在成品烧结矿上，被喷洒的烧结矿经水分的挥发，卤族盐类物滞留在烧结矿表面，形成一层薄膜将烧结矿紧紧地包裹住。

在炼铁工艺过程中，高炉料柱必须保证一定的透气性，以保证料柱从上而下的运动和炉内煤气从下而上的运动能够顺利进行，从而达到增加矿石的间接还原和减少矿石直接还原，降低高炉焦比的目的。另外铁矿石在高炉低温区（500℃左右），即高炉炉身上部区域，由于煤气与铁矿石接触，导致铁矿石由高价铁被还原为低价铁，烧结矿也是如此。

反应式为：

$$3Fe_2O_3 + CO \Longrightarrow 2Fe_3O_4 + CO_2$$

这一转变，导致铁矿石内部晶格的相变造成铁矿石体积膨胀，在此过程中，铁矿石在发生相变和体积膨胀的这一部分产生粉化，称为低温还原粉化。烧结矿也不例外，只是由于使用的原料不同，采用的烧结工艺参数不同，烧结矿中再生的 Fe_2O_3 的含量也不相同。而烧结矿低温还原粉化率主要与烧结矿中再生 Fe_2O_3 含量、烧结矿碱度和矿相组织有关。

实施烧结矿表面处理工艺就是控制烧结矿在高炉低温区的还原，从而达到防止烧结矿粉化的目的。当烧结矿在炉内随料柱逐步下降到中温区后，对烧结矿进行保护的这层薄膜在600~700℃时，遇高温而汽化，烧结矿再与煤气或焦炭进行接触，开始烧结矿在高炉内的还原过程。所以这些卤族盐类物质在高炉的上部300~700℃的区间内形成一个卤族盐类物质的蒸汽层，在温度较低（200~300℃）区间这些"蒸汽"冷凝，将烧结矿等炉料包裹起来，到温度在600~700℃时，包裹层离开烧结矿等炉料，成为"蒸汽"，随炉内其他气体一并上升，这样无限制地循环。当这些"蒸汽"超过一定的浓度后，多余部分将从高炉上升管排出高炉。

烧结矿成品表面处理工序通常是设置在烧结矿成品胶带运输机和高炉烧结矿矿槽之间。其设备由溶液制罐、溶液贮存罐和高压水泵及喷雾泵组成。对于喷洒的要求一是控制适宜的溶液浓度和喷洒量，以效果好、用量少、成本低为准；二是控制适宜的喷洒面积和喷洒高度，以便喷洒均匀。

烧结矿成品处理设备是烧结矿成品处理的关键，在满足烧结生产工艺要求的前提下，尽量选用一些可靠性好、经久耐用、维修简便的设备，是保证烧结矿成品处理质量的首要措施。

7.2 烧结矿成品处理设备

7.2.1 单辊破碎机

7.2.1.1 工作原理

单辊破碎机经由电动机驱动减速机，减速机带动辊轴，辊轴上交错分布着一些辊齿，随着辊轴的转动，辊齿交错通过固定算条的间隙处，烧结饼块在辊齿与算板间受剪切力而破碎，破碎效率高，粒度均匀，达到破碎大块物料，便于均衡物料粒度和使冷却工序顺利进行的作用。单齿辊破碎机用于破碎从烧结机卸出的大块烧结饼，其温度高达600~800℃。因其长期处于高温、多尘的工作环境中，必须由耐高温、抗磨损的材料制成。为了延长其使用寿命，国内外除了选用优质材料或表面堆焊耐热、耐磨的硬化层以外，还采用分别给单辊轴和算板通水冷却的方式达到延长使用寿命的效果。

7.2.1.2 结构与功能

单辊破碎机的结构主要是由传动装置、单辊辊轴（辊齿）、辊轴给排水冷却装置、辊轴轴承支架、算板及保险装置等组成的，其结构如图7-5所示。

传动装置由电动机、减速机和保险装置组成。保险装置主要有定扭矩和保险销两种形式。目前采用较广泛的是定扭矩装置，当破碎机工作时，有异物进入使破碎机过负荷时，破碎机转矩超过了设定值，联轴器打滑，这时由打滑检测器测出并控制破碎机停机

动画—
热破碎机

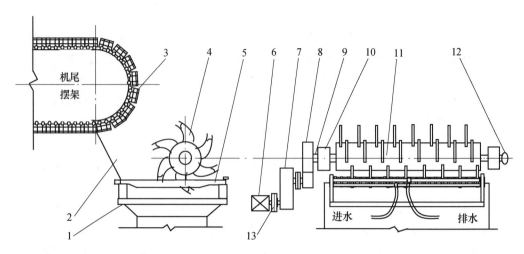

图 7-5　热矿单辊破碎机配置简图

1—水冷箅板台车；2—机下漏斗；3—烧结机台车；4—单辊齿；5—水冷箅板；6—电动机；7—减速机；
8—大开式牙；9—小开式牙；10—辊轴轴承座；11—单辊轴；12—旋转给水接头；13—定扭矩联轴器

和设备联锁。而保险销形式则通过保险销被剪断来保护电机和破碎机。

单辊轴给排水冷却装置由主轴、辊齿、轴承、给排水冷却装置组成。主轴是空心轴，以便于通水冷却，用 25 号碳钢或 40Cr 钢锻制而成，辊齿按圆周方向与主轴焊接，辊齿端都可以堆焊抗高温耐磨层，也可镶齿冠，以提高辊齿使用寿命。

箅板近几年多采用活动形式，即将其搁置于移动检修台车框架的限位槽内，便于检修或更换箅板，箅板又可分为通水形式和保护帽形式两种。通水箅板制成单根式，中间通水冷却；保护帽箅板上外套耐磨、耐热铸造保护帽，保护帽可掉头，可更换。

7.2.1.3　单辊破碎机常见故障

单辊破碎机是烧结生产的重要设备，一旦出现故障，就要停产，所以及时检查和发现设备隐患是保证烧结生产正常进行的必要手段。单辊破碎机常见故障及处理见表 7-1。

表 7-1　单辊破碎机常见故障及处理

故　障	原　因	处理方法
保险销子断	齿冠松动偏斜断裂，铁块卡住单辊或烧结矿堆积过多，衬板断裂而偏斜	紧固或更换齿轮，处理障碍物或更换衬板
轴瓦温度高	轴瓦缺油，冷却流水量小或断水	加油，处理冷却水，检查水压、水质及管道
单辊窜动严重	负荷不平均不水平，止推轴瓦失效	检查轴的水平或更换轴瓦
马耳漏斗堵塞	烧结机碰撞间隙大，马鞍漏斗衬板变形，大块卡死	调整烧结机碰撞间隙，处理马耳漏斗变形或勤捅漏斗

续表7-1

故　障	原　因	处理方法
机尾簸箕堆料	过烧粘炉箅子, 清扫器磨损, 未及时处理积料	严格控制烧结终点, 检查补焊或更换清扫器或及时清理积料
单辊箱体连接螺丝断裂	前后壁变形	更换螺栓, 检查箱体前后壁

7.2.2　冷却设备

用于烧结矿冷却的设备种类很多, 按大的流程划分, 有机上冷却和机外冷却两种。用于机外冷却的设备有环式冷却机和带式冷却机。

7.2.2.1　环式冷却机

环式冷却机由机架、导轨、扇形冷却台车、密封罩及卸矿漏斗等组成。

传动装置由电机、摩擦轮和传动架组成。传动架用槽钢焊接成内外两个大圆环, 每个台车底部的前端有一个套环, 将台车套在回转传动架的连接管上。后端两侧装有行走轮, 置于固定在内外圆环间的两根环形导轨上运行。外圆环上焊有一个硬质耐磨的钢板摩擦片, 该摩擦片用两个铸钢摩擦轮夹紧, 当电动机带动摩擦轮转动时, 二者间摩擦作用, 使传动架转动而带动冷却台车做圆周运动。

根据通风方式不同, 环式冷却机, 简称为环冷机, 可分为抽风环冷机和鼓风环冷机两大类。

抽风式环冷机的台车底部安装有百叶窗式箅板和铁丝网, 上部罩在密封罩内。在环形密封罩上等距离设置三个烟囱, 内安装轴流式抽风风机。风机布置在排气罩的上方, 利用风机在料层上方产生的负压, 把冷空气从台车底部吸入, 冷空气在穿过料层时与烧结矿进行热交换而达到冷却的目的。被加热的空气由风机通过各自的烟囱排入大气。为避免冷空气从料面吸入, 排气罩的两侧与台车栏板之间必须严格密封。抽风机的数量取决于冷却机的处理能力以及排风量, 一般应设置两台以上。

鼓风式环冷机与抽风式环冷机的区别在于冷空气是由鼓风机从台车底部鼓入, 通过烧结矿加热后从烟罩排入大气。因此台车需要设置风箱和空气分配套, 风箱与台车底部需严格密封, 而排气罩除高温段因防止粉尘外逸需采取密封措施外, 其余部分可采用屋顶式的排气罩。鼓风环式冷却机设备见图7-6。

动画—
环冷机

按台车运行方向, 卸矿槽设在烧结机尾部给矿点的前面位置。卸矿槽上的导轨是向下弯曲的。热烧结矿经热矿筛的给矿装置进入台车, 台车运动的过程中, 受到从台车下经百叶窗式箅条抽入的冷风冷却, 当台车行至曲轨处时, 后端滚轮沿曲轨下行, 台车尾部向下倾斜60°, 在继续向前运行过程中, 将冷却后的烧结矿卸入漏斗内。卸完后, 又走到水平轨道上, 重新接受热烧结矿。如此循环不断, 工作连续进行。

现场视频—
环冷机

环式冷却机是一种比较好的烧结矿冷却设备。它的冷却效果好, 在20~30min内烧结矿温度可降到100~150℃。台车无空载运行, 提高了冷却效率且运行平稳, 静料层冷却过程中烧结矿不受机械破坏, 粉碎少。环式冷却机结构简单, 维修费用低。

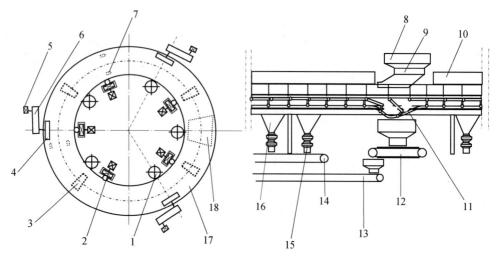

图 7-6 鼓风环式冷却机的设备示意图

1—挡轮；2—鼓风机；3—台车；4—摩擦轮；5—电动机；6—驱动机构；7—托轮；
8—破碎机下溜槽；9—给矿斗；10—罩子；11—曲轨；12—板式给矿机；13—成品胶带机；
14—散料运输设备；15—双层卸灰阀；16—风箱；17—摩擦片；18—曲轨下料漏斗

7.2.2.2 带式冷却机

带式冷却机也是目前世界上广为应用的一种冷却设备，它是一种带有百叶窗式通风
孔的金属板式运输机，如图 7-7 所示。带式机由许多个台车组成，台车两端固定在链
板上，构成一条封闭链带，由电动机经减速机传动。工作面的台车上都有密封罩，密封
罩上设有抽风（或排气）的烟囱。

现场视频—
带冷机

现场视频—
冷却后皮带

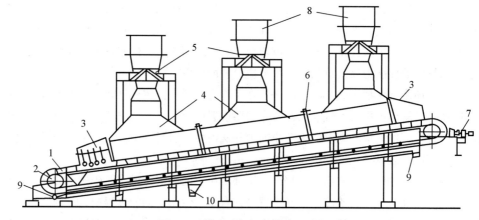

图 7-7 带式冷却机的设备示意图

1—链板；2—链轮；3—端部密封罩；4—密封罩；5—抽风机；6—密封罩吊架；
7—传动装置；8—烟囱；9—刮板运输机；10—漏斗

带式冷却机的工作原理是热烧结矿自链带尾端加入台车，靠卸料端链轮传动，台车
向前缓慢地移动，借助烟囱中的轴流风机抽风（或自台车下部鼓风）冷却，冷却后的

烧结矿从链带头部卸落，用胶带运输机运走。

带式冷却机除了设备可靠外还具有如下特点：

（1）烧结矿边冷却边运输，适于多台布置，有利于老厂改建，增添冷却设备。

（2）冷却效果较好，热矿由 700~800℃ 冷却到 100℃，冷却时间一般 20~25min。

（3）布料均匀。由于带式冷却机台车是矩形的，并且沿直线运行，因而烧结矿能够均匀地布在台车上，不易产生布料偏析和短路漏风现象。

（4）带式冷却机可安装成一定的倾角，兼作运输设备，把冷却的烧结矿运至缓冲矿槽。

（5）带式冷却机设备制造比环式冷却机简单，且在运转过程中不易出现跑偏、变形等问题，因而设备的密封性能好。

（6）由于带式冷却机卸矿时翻转 180°，细粒烧结矿一般能掉下来，所以算条不易堵塞，冷却效果好。

（7）带式冷却机的回车道是空载的，因而设备重量较相同处理能力的环式冷却机要重约 1/4。同时，带式冷却机的轴流风机安装在带冷机上方的高架式机架上，对安装检修不便。

7.2.2.3 烧结机上冷却系统

机上冷却不需单独配置冷却机，只是把烧结机延长，前段台车用作烧结，后段台车用作冷却，分别叫烧结段和冷却段。两段各有独立的抽风系统，中间用隔板分开，防止互相窜风。强制送入的冷风穿过料层，进行热交换。冷却后的烧结矿从机尾卸下，热废气经除尘后从烟道排出。

机上冷却方式于 20 世纪 60 年代末获得成功并开始应用。20 世纪 70 年代以来发展很快。机上冷却与机外冷却相比，各有长短。

机上冷却的优点是：工艺流程简单，布置紧凑。因冷却过程中烧结矿自行破碎，可以取消热矿破碎机、热矿振动筛（热振筛为普通振动筛取代）和单独的冷却机等几项重要的设备，减少了环节，减少了事故，降低了维修费用，提高了作业率。同时减少了产生灰尘污染环境的来源地，冷却系统的环境得到改善；烧结矿自行破碎后，透气性好，冷却速度快；另外，机上冷却产品中残碳量较低，成品率较高，返矿量减少，固体燃料消耗降低，冷却过程中氧化条件充分，烧结矿中的 FeO 含量降低，还原性得到改善。

存在的主要问题是台车受高温作用时间长，容易断裂损坏，使用寿命降低或者需要增加费用；同一烧结机上，烧结和冷却相互制约，尤其在原燃料条件和操作条件波动较大时，为了保证冷却效果，只得减慢机速，因而烧结机利用系数比机外冷却要低；烧结矿细粒粉末影响冷却料层的透气性，致使冷却风压比机外冷却高得多，电耗也增加且无热返矿，需另外考虑预热措施，如加生石灰或蒸汽等。

7.2.2.4 环式冷却机常见故障与处理措施

环式冷却机常见故障与处理措施见表 7-2。

表 7-2　环式冷却机常见故障及处理措施

故　　障	原　　因	处　理　方　法
烧结矿顶台车	下料嘴堵	捅开料嘴、打倒车
台车跑偏道	台车轮子不转； 传动环与挡轮之间间隙过大使传动环径间位移过大	更换车轮； 调整挡轮与摩擦板之间的间隙
台车转动不灵活，掉轮	轴承坏； 挡圈脱落，珠粒磨损松动； 间隙没有达到要求	更换轴承和更换车轮； 更换轴承和更换车轮； 调整间隙
摩擦轮与摩擦板打滑	摩擦轮对摩擦板压力不够； 摩擦轮与摩擦板之间有杂物； 冬天停车有水结冰； 扇形台车卡道； 布料太厚，负荷大； 摩擦轮松动； 摩擦板与摩擦轮罩发生干涉； 摩擦盘面上有积料或水或油脂或异物； 上下摩擦轮端面错位或有一个不转或轴承坏	调整弹簧，增大压力； 装好清扫器，清除杂物； 除冰层； 处理卡道台车； 调整烧结机和冷却机的匹配系数提高环冷机速； 加固摩擦轮； 调整摩擦轮罩； 清除异物； 停机调整
台车卡弯道	台车轮子不转或脱落； 弯道、曲轨变形或损坏； 台车轮轴销子脱落	打倒车、挂倒链、更换轮子； 处理弯道； 上销子
风机震动	风机叶轮失去平衡； 轴承坏	处理更换叶轮； 处理更换轴承
台车内布料不均匀	给矿漏斗结构有问题； 烧结矿料下偏	修正漏斗及结构； 在漏斗底板上安装分料器
台车冷空气进不去	算条变形或间隙有物阻碍	清除卡杂物，更换算条
冷却效果差	风机叶片装置不当，风量不够； 台车钢丝网堵塞； 密封不好，有害漏风增加； 布料厚度不适应； 烧结矿筛分效果差	调整风机叶片； 清理钢丝网； 修理密封装置； 调整机速； 加强筛分

7.2.2.5　冷却机给矿机常见故障原因

（1）环冷机板式给矿机跑偏掉链的原因。

1）尾轮卡异物；给矿机超负荷运转；链带润滑不良，缺油。

2）链带一侧磨损严重，两侧张紧不均匀，销子开。

3）斗子变形开，运行过程中有卡阻现象。

4）头尾轮中心不在一条线上；两侧张紧不均匀。

5）板式给矿机的下料点不正。

6）检查给矿机是否下料大负荷大，如大则通知中控减慢机速。

7）检查板式给矿机是否有异物，如有则停机处理。

8）检查链带是否松或缺油，如缺油则加油。

9）链带咬合不好；检查链斗是否损害，如有损害则更换。

（2）环冷机板式给矿机电机温升大于60℃的原因。

1）板式给矿机卡异物或过载，给料量大；轴承间隙小。

2）风扇坏，工作环境温度高或散热不好；电机内部故障。

（3）环冷机板式给矿机轴承温度过高的原因。

1）油填充过多；轴承间隙大；轴承损坏。

2）轴与轴承安装歪斜，前后两轴承不同心。轴窜动；负荷大。

（4）环冷机板式给矿机减速机振动或声音异常的原因。

1）负荷过大；减速机齿轮咬合不好，打齿。

2）减速机齿轮磨损或缺油或油太多或密封不好；减速机轴承间隙小。

3）减速机与头轮或电机不在一条线上；减速机地基螺丝松动。

7.2.2.6　冷却机鼓风机常见故障原因

（1）环冷鼓风机轴承温度高的原因。

1）油位低；供油不足；轴承润滑不良或损坏。

2）轴承装配时不合理，轴向间隙小或存在质量问题。

3）油质量等级低；风机轴承冷却水系统异常。

4）风机轴承振动大或有冲击载荷。

（2）环冷鼓风机电动机电流过大温度过高的原因。

1）环冷机超负荷运转；冷却系统异常；气温过高或散热不好。

2）开环冷机时鼓风机风门未关；鼓风机风量超过额定值；电动机电源单相断电。

3）联轴器连接不正确。

（3）环冷鼓风机轴承箱剧烈振动的原因。

1）电机轴与风机轴不同心。

2）机壳或进风口与叶轮摩擦。

3）基础刚度不够。

4）叶轮铆钉松动或叶轮变形。

5）联轴节螺栓松动；轴承坏或轴承弯。

6）风机轴承箱上连接螺栓松动。

7）风机的进出气管道安装不良，产生振动。

8）风机转子不平衡。

9）环冷鼓风机风门开度太大；轴承磨损严重；风机风叶磨损。

10）润滑系统异常，没有按规定及时补油，或漏油。

7.2.2.7　冷却机技术操作要点

冷却机技术操作要点如下：

（1）开车前要检查螺丝螺栓的紧固情况，摩擦轮压紧弹簧的使用情况，各润滑点的给油情况，各种信号仪表的灵敏情况各部件的风冷、水冷情况等。

（2）正常操作由烧结集中控制室集中统一操作，机旁操作是在集中操作系统发生故障或试车时使用。

（3）风机必须在得到调度室和高压室的允许下，才可以转动。

（4）布料要铺平铺满，控制好料层的厚度。

（5）要勤观察冷却情况，发现问题及时查找原因，采取措施。

（6）检修停机时，鼓风机不能与烧结机同步停机，必须将料冷却到要求范围内方可停鼓风机。

（7）经冷却后的烧结矿温度应在120℃以下，直观不烧皮带；出料口废气温度不得大于120℃。

7.2.2.8　烧结矿冷却时注意事项

烧结矿冷却时注意事项如下：

（1）冷却机的启动必须等风机启动完毕后进行；风机停转，冷却机应立即停止生产；冷却机后面的设备发生故障时，冷却机应立即停转，而风机可继续运行，直至冷却机内热烧结矿温度降低到120℃为止；冷却机前面的设备发生故障时，冷却机可继续运转直到机内物料全部运完为止；冷却机短期停机，一般不停风机，需长时间停机，可按正常停机处理。

（2）冷却机应保持料层厚度的相对稳定，保证料铺平铺匀，以充分提高冷却效果。冷却机的机速应根据烧结机机速快慢变化，及时做相应调整，尽量避免跑空台车或台车布料过厚，影响冷却效果。当冷却机的来料过小时，应减慢冷却机的运行速度；反之则应增加，以充分利用冷风，提高冷却效果，避免烧坏皮带；当透气不好时，应加快冷却机运行速度。

（3）当运行皮带严重损坏时，必须停冷却机进行检查处理。

（4）要经常检查卸料漏斗、卸料弯道、空心轴销子、台车轮，出现问题及时处理。

（5）要经常检查风机有无不正常的振动，各部机械是否有不正常的噪声，当抽风机突然发生很大振动时，必须停车检查。

（6）手动操作时，如果冷却机有料，必须经主控允许，待及下一工序运转正常，方可运转。

（7）出现冷筛皮带严重损坏，或其他不利于设备安全运转等情况时，必须停冷却机进行检查。

7.2.3　烧结矿破碎设备

烧结矿的破碎主要使用对齿辊破碎机，冷却后的烧结饼通过一次筛分，筛出大于50mm的烧结饼，再通过双（对）齿辊破碎机破碎，其目的是控制烧结矿上限粒度，使入炉烧结矿粒度均匀，有利于实现高炉炉料用胶带运输机上料，实现高炉上料自动控制。随着烧结工艺技术的进步，国内大多数烧结厂已取消了对齿破碎工序，烧结饼经过筛分后直接分出铺底料、返矿和成品烧结矿。

　　双（对）齿辊破碎机是成品整粒系统的重要设备之一，安装在一次筛分设备与二次筛分或三次筛分设备之间。双（对）齿辊破碎机工作原理是由电动机通过减速机驱动固定辊转动，再通过安装在固定辊端头的连板齿轮箱中的连板和齿轮，使固定辊与活动辊做相向旋转。当物料经加料斗进入两辊之间时，由于辊子做相向旋转，在摩擦力和重力作用下，物料由两辊之间的齿圈咬入破碎腔中，在冲击、挤压和磨削的作用下破碎，破碎后的成品矿自下部料斗口排出，其结构见图7-8。

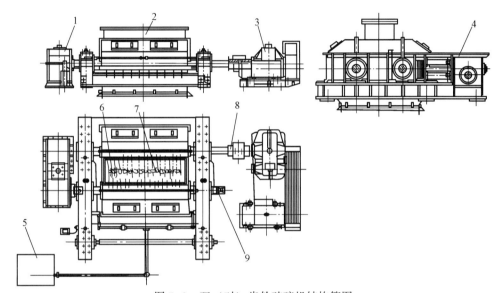

图7-8　双（对）齿轮破碎机结构简图

1—连板齿轮箱；2—齿辊罩；3—传动装置；4—架体；5—液压系统；6—固定辊；
7—活动辊；8—链条联轴器；9—速度检测器

　　烧结生产中，双（对）齿辊破碎机是强制排料、破碎大块烧结饼的设备，也是在伴有冲击、振动负荷的条件下工作的机械设备，与其他破碎设备相比，具有诸多优点：

　　（1）结构简单、重量轻、投资少；

　　（2）破碎过程的粉化程度小，产品多为立方体状；

　　（3）破碎能量消耗少；

　　（4）工作可靠、故障少、使用维修方便；

　　（5）自动化水平较高，可自动排除故障。

7.2.4　烧结饼筛分设备

　　烧结饼筛分是为了有效控制烧结矿上、下限粒度，并按需要进行分级，以达到提高烧结矿质量的目的。烧结机的铺底料也可以从筛分过程中分出，经过整粒筛分后的烧结矿粒度均匀，粉末少，强度高，对改善高炉冶炼指标有很重要的作用。

　　国内以前多采用筛分效率高的热矿振动筛进行热烧结饼的筛分，随着科技发展，棒条筛已逐步进入烧结生产，棒条筛以设备小、重量轻、电耗低、占地面积小、筛分效率高等优点为许多烧结厂所采用。热返矿可改善烧结混合料的粒度组成和预热混合料,对提高烧结矿的质量有利。但热矿振动筛因在高温下工作,振动筛事故多,降低了烧结机作业率。因此,近年来设计投产的大型烧结机均取消了热筛工序,烧结饼自机尾经单辊破碎后直接进入冷却机冷却。

7.2.4.1 冷矿振动筛构造与工作原理

A 冷矿振动筛的构造

为防止由于工作时膨胀不均匀而引起的箅板松动,采用蝶形弹簧组作热补偿机构,小梁与侧板用铆接方式连接。振动器是产生振力的部件,它是由一对速比为 1:1 的渐开线齿型人字齿轮,箱体由转动轴、偏心块和轴承组成的。振动器旁边有扇形偏心块,并可根据生产需求,调整偏心块的固定位置,使筛子的运行符合生产要求。

挠性联轴器是将功率传给振动器的连接部件,它由橡胶挠性盘和中间的花键轴套等组成(见图 7-9)。要保证振动筛工作时,电机的轴线固定不振,就需要联轴节,不但能传递功率,还具有角度和长度的位移补偿功能,也就是靠橡胶挠性盘和中间花键轴套来完成补偿。减振底架由减振架和弹簧组成,热矿振动筛采用了二次减振的方法,减轻了对厂房的振动,又避免了筛体在停车时的损坏。

现场视频—
给振动筛
送料

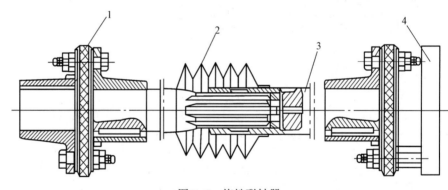

图 7-9 挠性联轴器
1—橡胶挠性盘;2—保护套;3—花键轴套;4—连接法兰

现场视频—
振动筛

筛箱是筛子的运动部件,它由筛框、筛箅板、箅楔固定装置和挡板组成。箅板安装在小梁上,采用螺旋压板固定结构,中间箅板采用斜楔固定结构(见图 7-10)。

B 冷矿振动筛的工作原理

筛箱所需动力,是由两个振动器产生的,振动器上两对偏心块在电动机带动下,作高速相反方向旋转,产生定向惯性力传给筛箱,与筛箱振动时所产生的惯性力相平衡,从而使筛箱产生具有一定振幅的直线往复运动。

现场视频—
筛分系统

7.2.4.2 振动筛类型

(1)惯性振动筛。惯性振动筛采用电动机直接驱动,减少了三角胶带传动中的复杂结构和筛箱的扭摆力矩,从而提高振动筛的处理能力和延长检修周期。惯性振动筛具

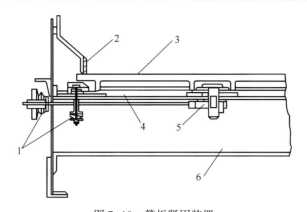

图 7-10 箅板紧固装置

1—蝶形弹簧；2—挡板；3—箅板；4—挡料板；5—斜楔；6—横梁

有振幅调整方便、设备结构简单等特点，但振动器结构复杂。

（2）直线振动筛。直线振动筛具有设备结构简单、作业率高、振动器维修方便的特点，多用于三四次筛分和高炉槽下筛分。它具有筛分效率高的优点，但电耗较高。

（3）椭圆等厚振动筛。椭圆等厚振动筛的筛面由不同倾角的三段组成，使物料层在筛面各段厚度近似相等。采用三轴驱动，强迫同步激振原理，运动状态稳定，筛箱运动轨迹为椭圆。椭圆等厚筛分有利于物料在筛面上的向前输送、分层和筛透，故与普通直线筛和圆运动筛相比有较大的处理量和较高的筛分效率。而当具有相同的处理量和相同的筛分效率时，椭圆等厚筛具有较小的筛分面积，能节约投资。

7.2.4.3 振动筛的有关计算

A 筛分效率计算

筛分效率是衡量筛分设备技术性能的重要标志。在日常生产中，求得最佳筛分效率，又不致影响生产率，是筛分工所要研究的主要课题之一。

筛分效率计算公式：

$$\eta = \frac{a - r}{a(100 - r)} \times 100\% \qquad (7-1)$$

式中 η——效率；

a——总给矿量中筛下物含量，%；

r——筛上物中未筛净的筛下物的含量，%。

而 a、r 这两个数据在生产时检验部门是要进行测定和给出的。

通过筛分效率的计算，可以了解生产过程是否正常和进行烧结矿温度指标的估计，同时也是检查筛子运转情况的一种方法。

生产实践表明，当筛分效率为 70% 左右时，生产量和筛分效率为最佳。

B 振动筛生产率计算

要想得到最佳生产率，就必须掌握其计算方法，才能够进行科学的比较。其计算公式：

$$Q = F \cdot \delta \cdot q \cdot k \cdot N \cdot O \cdot P \cdot L \tag{7-2}$$

式中　　　　　　Q——生产能力，t/h；

　　　　　　　　F——振动筛有效面积（一般为实际面积的 0.85~0.9），m^2；

　　　　　　　　δ——物料堆密度，t/m^3；

　　　　　　　　q——单位筛面平均生产率，$m^3/(m^2 \cdot h)$；

k, L, N, O, P——校正系数（均可在设计手册中查出）。

　　生产能力还可以进行估算，也就是将烧结机的生产量减去一次返矿量得到粗略的生产能力，或用进料胶带上 1m 胶带烧结矿重量乘以胶带速度的 70% 就可以得到此时筛子处理能力。

　　C　筛子净空率的计算

　　筛子净空率的大小直接影响筛分效率，净空率越大，筛分率越高。其计算公式：

$$A = \frac{S_1}{S} \times 100\% \tag{7-3}$$

式中　A——筛子净空率，%；

　　　S_1——筛孔面积，m^2；

　　　S——筛子面积，m^2。

　　在工艺对粒度要求允许的情况下，适当增加筛孔面积，是提高筛分效率的有效方法。

7.2.4.4　筛分作业

　　筛分作业操作是指生产过程中提高筛分效率，保证设备的正常运转，及时发现设备缺陷，加强对设备的润滑，处理生产事故和排除设备故障。技术操作要点如下：

　　（1）掌握设备性能。

　　（2）为达到筛分效率，设备必须在没有负荷的情况下方可启动，等筛子运转正常后才允许给料生产，停机前先将筛子内烧结饼排空。

　　（3）利用定修检查筛板情况，筛板堵塞面积不得超过 20%，确保铺底料粒度符合工艺要求，粉末不带入高炉，筛算板不得有磨坏现象。

　　（4）掌握铺底料的槽位，控制给料时间，采用自动控制。

　　（5）注意铺底料粒级和冷返矿粒级变化情况，发现不正常及时汇报。

7.2.4.5　提高筛分效率的途径

　　提高筛分效率的方法较多，但要求既达到提高筛分效率，又不影响生产率的目的，这是值得摸索的问题。

　　A　调整给料偏析

　　烧结饼进入筛子时的均匀度直接影响筛子的平衡，同时还应考虑充分利用筛分面积。实践表明，烧结饼沿筛面横向均匀布料，有利于筛面的利用，是提高筛分效率的重要措施。

保证烧结饼均匀分布的途径：

（1）注意使用分料器，保证下料的稳定，调试分料板对烧结饼在筛面上的均匀分布是有效的，在筛分过程中，烧结饼能均匀分布。

（2）检修后的验收中，注意振动筛的平衡度，保证出料口与水平线平行，若是悬挂式振动筛可调节悬挂钢绳；若是落地式振动筛，就要注意减振弹簧。

B 控制给料量

给料量对筛分效率影响很大，一般给料量越小，筛分效率越高，但给料量过小，会影响生产率。实践中当筛分效率为70%左右时，可以获得最佳值。

C 稳定筛子进料量

筛分效率与进料量的稳定有较大关系，在生产过程中应防止进料过多或过少及间断给料。实践表明给料量的稳定对稳定振动筛的工作参数有利，保证筛分过程中烧结矿运动的稳定，同时提高了筛分效率。在生产操作中要加强对筛子进出料量的检查，防止堵塞。

D 加强设备维护

加强维护，确保筛分设备处于良好工作状态，是提高筛分效率的有效方法。

（1）定期更换三角带，稳定设备的工作参数，保证筛子的振幅和频率。

（2）及时拧紧固定螺栓，保证设备的正常运转。

（3）定期清理筛孔的堵塞，保证筛分面积。

（4）及时消除减振装置弹簧内的散料，使减振器正常工作。

7.2.4.6 振动筛常见故障及处理

振动筛常见故障及处理方法见表7-3。

表7-3 振动筛常见故障及处理方法

故障性质	产生原因	处理方法
振动器轴承温度高或抱轴	润滑油太少，轴承装配太紧，冷却水量小或断水	加强湿润和冷却水，调整或更换轴承
振幅偏小或不规则振动	振动器不均衡，底座螺丝松动或底座裂纹，支撑弹簧堆料	紧固螺栓、补焊裂纹，调整振动器，清理弹簧处的物料
布料不均匀	进料流槽衬板变形，挡料板磨损，不规则振动，筛箅板磨损或压料板脱落	焊补更换箅板和压条，调整振动器和挡料板
筛箅板跳动（有敲打声）	筛板的地脚开焊，筛板锁紧装置松动	加焊紧固或更换锁紧装置
返矿顶筛子或烧结矿压筛子	返矿漏斗堵塞（衬板变形或卡有杂物），阶梯溜槽衬板变形或卡有杂物	处理返矿漏斗和阶梯漏斗

7.2.5　烧结机和环（带）冷机的密封装置类型

烧结矿的生产是通过抽风烧结来完成的，减少漏风率即解决密封问题就显得相当重要。在烧结生产中，风机的能量一定，如果漏风量越多，则通过烧结料层的风量就越少，对产量的影响也越大。因此，良好的密封对于提高烧结设备的生产率和产品质量，降低烧结矿成本具有很重要的意义。烧结机的漏风牵涉到很多方面，下面仅对烧结机台车与风箱之间以及机头、机尾等的密封装置做一些介绍。

烧结机台车与风箱之间的密封，目前主要采用下列三种形式。

7.2.5.1　弹性滑道密封

在烧结机轨道的两侧分别安装了滑槽，滑槽与风箱之间满焊。滑槽当中装有蛇形板簧，板簧的上下方均垫有鸡毛纸垫，上面装有弹性滑板，滑板在板簧与台车的作用之下可上下活动，从而保证台车的油板与滑板紧密相贴，达到密封效果。为减少台车油板与滑板之间的摩擦阻力，每间隔几块滑板就有一块带油管的滑板，润滑油脂就通过自动集中润滑装置给到滑板的表面，滑板的表面开有油槽，以储存润滑脂，使接触面经常保持适当的油膜，以保证台车与风箱间良好的密封性。为了防止滑板被台车推走，在每块滑板的两边都设计有定位止动块，分别嵌入滑槽的定位槽内。弹性滑道密封装置见图7-11。

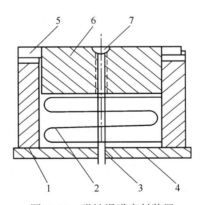

图 7-11　弹性滑道密封装置

1—滑槽；2—蛇形板簧；3—油管；4—密封垫；5—止动块；6—滑板；7—油槽

7.2.5.2　密封装置采用弹簧式结构

风箱两侧是采用固定滑道，而将密封装置用螺栓连接在台车体上，密封滑板通过柱销及弹簧销装在密封装置的门形柜体上，由螺旋弹簧以适当的压力将其压在固定滑道上。密封板与滑道间打入润滑油脂所形成油膜保持密封。目前，国内绝大多数大型的烧结机均采用这种密封装置（图7-12）。

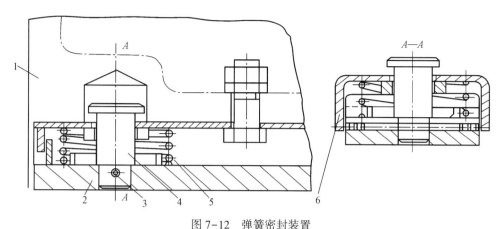

图 7-12　弹簧密封装置

1—台车车体；2—密封滑板；3—弹簧销；4—销；5—弹簧；6—门形柜体

7.2.5.3　采用胶皮（或塑料板）密封

　　烧结机头、尾的密封有许多形式，一种是重锤式密封，即在密封板的中部焊一根圆轴，安在半圆形凹槽的底座上，在密封板的一端配有重锤，重锤是用螺栓固定在密封板的端部。密封板的两端可绕圆轴上下摆动，起到密封与保证烧结机正常运行的作用。图7-13 所示为胶皮密封示意图。

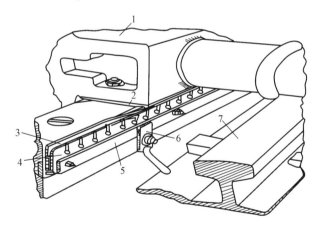

图 7-13　胶皮密封示意图

1—台车体；2—滑道；3—密封板；4—支撑板；5，6—压板；7—轨道

　　另一种形式是杠杆重锤式密封，由密封板及其支座、配重、调节螺杆、安装框架等组成。密封板沿台车宽度方向分成 6 段，各段可通过调节螺旋杆将密封板调节到合适的位置，使其既不与台车梁底面接触而产生磨损，又使漏风量尽可能地降到最低程度。此密封装置采用全金属结构，使用寿命长，维修量小且密封可靠，有利于烧结机作业率的提高。

　　此外较新式的密封是将一整块密封板装在金属弹簧上，以弹簧的压力使密封板与台车底面接触，防止漏风，使用效果较好。

为了防止风箱与风箱之间的窜风问题，在风箱与风箱之间设置有中间隔板，使温度测量更加准确。

课后复习题

1. 简述影响冷却效果的因素。
2. 简述如何处理高温烧结矿。

试题自测 7

8 烧结节能与环保技术

8.1 烧结节能减排措施

8.1.1 节能措施

8.1.1.1 降低固体燃料的消耗

固体燃料在烧结工序能耗中占的比重最大，达 75%~80%，降低工序能耗首先要考虑的是降低固体燃料的消耗。

A 控制燃料的粒度及粒度组成

固体燃料粒度的大小对烧结过程的影响很大。粒度过大，燃烧速度慢，燃烧带变宽，烧结过程透气性变差，垂直烧结速度下降，烧结机利用系数降低。而且，大颗粒燃料布料时因偏析集中在料层下部，加上料层的自动蓄热作用，使下层热量大于上层，容易产生过熔，同样影响料层透气性；反之，粒度过小，燃烧速度快，液相反应进行得不完全，烧结矿强度变差，成品率降低，烧结机利用系数降低。

B 改善固体燃料的燃烧条件

由于近年来普遍加强混合料制粒作用，传统的燃料添加方法会造成矿粉深层包裹焦粒，从而妨碍燃料颗粒的燃烧。燃料分加则是把少部分细粒燃料配入混合料，把大部分燃料（往往是粗粒度）加入二次混合机。这样，以焦粉为核心，外裹矿粉球粒数量及深层嵌埋于矿粉附着层的焦粉数量都受到抑制，而大多数焦粉附着在球粒的表面，改善了焦粉的燃烧条件，使其处于有利的燃烧状态。因此，焦粉分加有利于燃料的燃烧，并降低固体燃耗。

C 厚料层烧结

在抽风烧结过程中，台车上部烧结饼受空气急剧冷却的影响，结晶程度差，玻璃质含量高，强度差。随着料层厚度的增加，成品率相应提高，返矿率下降，进而减少了固体燃料消耗。

烧结料层的自动蓄热作用随着料层高度的增加而加强，当料层高度为 180~220mm 时，蓄热量只占燃烧带热量总收入的 35%~45%；当料层厚度达到 400mm 时，蓄热量达 55%~60%；当料层达到 650mm 及以上时，蓄热量更高。因此，提高料层厚度，采用厚料层烧结，充分利用烧结过程的自动蓄热，可以降低烧结料中的固体燃料用量，提高节

课件—烧结
节能措施

能效果。根据实际生产情况，料层每增加 10mm，燃料消耗可降低 1.5kg/t 左右。

　　D　采用球团烧结或小球烧结工艺

　　球团烧结是 1988 年日本福山制铁所开发的技术，是一种将含铁原料、返矿、熔剂、黏结剂和少部分燃料混合润湿后，在造球盘内造成 3~10mm 的小球，再在圆筒混合机内外滚煤粉，在烧结机上抽风烧结的工艺。

　　小球烧结技术把原有的圆筒混合机改造为强力混合造球机，提高了造球效果，采用燃料分加、偏析布料等措施实现了小球烧结，改善了料层透气性，显著提高了烧结机利用系数，大幅度降低固体燃耗，同时改善烧结矿质量。

　　与传统烧结工艺相比，小球烧结料粒度均匀，强度高，改善料层的透气性，也为厚料层烧结创造条件。小球烧结可改善燃料的附着状态，大量燃料黏附于小球表面，使燃料与氧气充分接触，有利于燃烧反应的充分进行。小球团烧结工艺减少了残碳，并且有利于厚料层烧结，从而能提高烧结过程的热利用率和烧结矿的质量，大幅度降低固体燃料消耗，一般可节能能耗 20%。

　　双碱度烧结、混合料预热、热风烧结等新工艺对降低烧结固体燃料消耗也是很有帮助的。

8.1.1.2　降低电耗

　　电耗在烧结工序能耗中是仅次于固体燃耗的第二大能耗，约占 13%~20%，而在烧结工序的动力成本中占 80% 以上的费用，因此降低电耗也是降低烧结工序能耗的重要措施。

　　A　减少设备漏风率

　　烧结机抽风系统的有害漏风，直接影响到主抽风机能力的发挥和烧结机生产能力的提高。降低烧结机抽风系统的漏风，不但能提高产量，而且能有效地降低烧结工序的能耗。烧结机系统的漏风主要是烧结机本体的漏风，包括台车与台车之间、台车与烧结机首尾密封板之间、台车挡板与台车体之间的漏风，以及风箱伸缩节、双层卸灰阀、抽风系统的管道及电除尘器的漏风等。另外，台车挡板的开裂、变形及边缘效应等使挡板处漏风也相当严重。生产实践表明烧结台车和首尾风箱（密封板）、台车与滑道、台车与台车之间的漏风占烧结机总漏风量的 80%，因此改进台车与滑道之间的密封形式，特别是首尾风箱端部的密封结构形式，可以显著地减少有害漏风，增加通过料层的有效风量，提高烧结矿产量，节约电能。还有及时更换、维护台车，改善布料方式，减少台车挡板与混合料之间存在的边缘漏风等，都可以有效地减少有害漏风。

　　B　采用节能变频调速

　　变频调速技术是近年来发展的一种安全可靠、合理的调速方法，它通过将日常生产用的交流电经变换器，变换为可改变频率和电压的交流电，从而达到调整电机转速的目的。

　　变速电机采用变频调速后降低了平均电流，节约了电能。实际生产中，为了追求设备作业率，加上设备质量、操作等方面的原因，往往人为地把电机功率增大，造成

"大马拉小车"现象,使电机无功功率升高,浪费了电能。在选用电机时,要尽量使电机的负荷率接近或达到设计负荷,提高功率因数,减少无功功率,节约电能。使用节能电器设备,如节能变压器、节能照明灯具和大型电机软启动等等。

C　减少大功率设备空转时间

烧结生产中,由于主抽风机等大功率设备占烧结厂总装机容量的比重相当大,在设备停机检修完毕后,为了稳妥起见,往往提前较长时间开启风机,造成电能的浪费。据测算,1台21000m³/min风机关风门空转1h,要浪费2250kW·h左右的电能。因此,在生产过程中遇突发事故应及时关风门,若需较长时间停机应及时停风机。检修完毕后,在组织生产前15min左右启动风机既可满足生产要求,也节约了大量电能。

8.1.1.3　降低点火热耗

烧结点火应满足如下要求:有足够高的点火温度,有一定的点火时间,适宜的点火负压,点火烟气中氧含量充足,沿台车宽度方向点火要均匀。点火热耗占烧结工序能耗的3%~5%,降低点火热耗对降低烧结工序能耗也具有重要意义。

A　采用新型节能点火器

点火器的结构、烧嘴类型形式对烧结料面点火质量、点火能耗影响很大。20世纪五六十年代流行小型点火器,20世纪70年代趋向于采用大型点火器,20世纪80年代后又逐渐开始采用小型节能点火器。小型节能点火器和大型点火器相比,具有结构简单、投资省、火焰沿台车宽度方向点火均匀、点火能耗低的优点。

近年来,烧结点火技术的进步表现在:采用高效低燃耗的点火器;选择合理的点火参数;合理组织燃料燃烧。高效低燃耗点火器的特点是:采用集中火焰直接点火技术,缩短点火器长度,降低炉膛高度(400~500mm),点火器容积缩小,热损失减少;降低点火风箱的负压,避免吸入冷空气,使台车宽度方向的温度分布更均匀。目前国内大型烧结机以双斜式点火炉为主,点火煤气消耗降低到0.055GJ/t。

B　严格控制点火温度和点火时间

点火的目的是点燃表面烧结料中的燃料,提供一定的氧气保证燃料继续燃烧,使表层烧结料烧结成块。点火温度的高低和点火时间的长短应根据各厂的具体原料条件和设备情况而定。点火温度过高,将造成烧结料表面过熔,形成硬壳,降低料层的透气性,并使表层烧结矿FeO的含量增加,同时,点火热耗升高;点火温度过低,会使表层烧结料欠熔,不能烧结成块,返矿量增加。因此,点火温度既不能过高也不能过低,根据生产经验,点火温度一般控制在1050±50℃,点火时间要根据点火温度而定,若点火温度较低,可适当延长点火时间;若点火温度较高,应缩短点火时间。

降低煤气消耗的关键是控制好空气与煤气的混合比例,当然使用不同的燃料其比值也不同,在采用焦炉煤气作燃料时,通常是按1:5~1:7进行控制。另外就是点火炉的压力控制,当点火炉内为正压时,炉膛内的火苗向外喷射,消耗了煤气;当炉膛内为负压时,炉膛外的冷空气向炉膛内涌入,导致台车边缘点火温度降低较多,而且负压越高,点火深度也越深,使煤气消耗增加。因此炉膛内压力对点火质量和煤气消耗影响很大，通常将炉膛压力控制在-5~0Pa。由于无烟煤和焦粉的着火温度在700~1000℃，因此在点火温度达到1000℃，甚至更低就可以把燃料点着，满足点火的要求，同时节约了煤气消耗。近年来，很多烧结厂已普遍采用低温点火技术，在保证点火工艺的前提下降低点火温度使点火热耗大幅度下降。还有的烧结厂利用烧结低温烟气点火，降低了点火煤气消耗。

8.1.1.4　烧结余热回收利用

烧结余热的回收利用是我国"十一五"期间冶金环保重点开发及推广的技术，在宝钢、武钢等企业已得到较好应用，有许多经验可供借鉴。在"十二五"的第一年，国家工信部将烧结冷却系统余热回收利用作为行业标准推广实施。烧结工序有两部分余热可回收利用，一是烧结机后部几个风箱内的烟气余热，温度达300~350℃，并含有较多的氧气；二是烧结终了时，热成品矿具有显热，烧结矿温度约750~800℃，具有显热（标煤）25kg/t，占烧结能耗30%~40%左右。回收利用这部分余热，对降低烧结能耗有重要意义。

烧结过程中可供利用的余热占钢铁厂总热耗的12%，其中烧结矿的余热占8%，烧结废气余热占4%，烧结生产过程可被回收利用的热量是烧结烟气显热和冷却机废气显热。烧结烟气平均温度一般不超过150℃，所含显热约占总热量的23%，机尾烟气温度达300~400℃。冷却机废气温度在100~400℃之间变化，其显热约占总热量的28%，故回收这两部分热量是烧结工序节能的一个重要环节，对烧结生产节能增效、降低成本起着重大的作用。烧结烟气和冷却机热废气属于中、低温热源，对其进行回收利用，提高热回收率和经济性是十分重要的。

余热利用有两种方式：一是动力利用，即将热能转化为电能或机械能；二是热利用，即利用余热来预热、干燥、供热、供暖等。

受工艺布置等方面的影响，对烧结机尾部风箱排出的热废气进行回收利用的厂家目前还不多，其主要原因是烧结机头电除尘器要求有一定的温度，防止极板结露。但很多厂家已将冷却机高温段热废气进行了回收利用，主要方法有：安装余热锅炉生产蒸汽、热风烧结、预热混合料、预热助燃空气点火等。对冷却机烧结矿显热的利用，推广梯级利用方法，将高温段和低温段区分开，高温段产蒸汽（供暖、发电及其他用途），低温段用于热风烧结、预热混合料、预热助燃空气点火、产热水及其他用途。另外还有将低温烟气作为上一级冷却用风，温度叠加后提高烟气温度，使冷却机中烧结矿显热充分利用。

A　生产蒸汽

回收冷却机高温段热废气，采用蒸汽发生装置生产蒸汽，这种方式目前为我国大多数烧结机普遍采用，宝钢和太钢烧结冷却机余热采用的是余热锅炉回收技术。热管/翅片管蒸汽发生装置结构简单，投资较低，因采用的是自然对流和无热风叠加，蒸汽产生量少。因烧结生产过程需消耗热量，如混合料预热、机头除尘器灰斗保温等，余热锅炉回收技术所产蒸汽在满足烧结自身消耗外，还有大部分蒸汽可以与蒸汽主管并网或发电。据测算，若烧结矿进入冷却机温度约 800℃，出冷却机的温度约 150℃，高温段废气温度 250~350℃，带走的热量大约是烧结工序总耗热的 29.3%，若将低温段也计算进去，则由烧结矿带走的显热，占烧结工序总耗热的 40% 以上。

宝钢二期 450m² 的烧结机，配以一台 460m² 鼓风环冷机，年产烧结矿 419.75 万吨，余热回收效果很显著，扣除热回收装置自身用电，每年可节约能源 31000~43500t。新余钢铁公司利用烧结冷却机余热发电，平均每吨烧结矿发电 18kW·h，取得很好的经济效益。唐钢将烧结机尾部高温段的 5 个风箱的余热回收，每吨烧结矿可回收蒸汽 95~135kg/h。

B　预热混合料

利用鼓风冷却机与抽风烧结机压力差，设置自流式热风管道和热风罩，利用环冷机的低温烟气（100~150℃），以降低燃料消耗，改善烧结矿质量。将冷却机热废气于点火前，对上层混合料进行预热、干燥。如津西钢铁公司 200m²、265m² 烧结机均采用此种预热方式，可降低固体燃耗 2~3kg/t。

C　热风烧结

采用热风工艺可增加料层上部的供热量，提高上层烧结温度，增宽上层的高温带宽度，减慢烧结饼的冷却速度，提高硅酸盐的结晶强度。减少玻璃质的含量和微裂纹，减轻相间应力，提高成品率和烧结矿强度。在相应减少固体燃料用量的同时，可提高烧结过程中料层的氧位，消除料层下部的过熔现象，改善磁铁矿的再氧化条件，可降低烧结矿氧化亚铁含量，改善烧结矿还原性能。当烧结矿总热耗量基本不变时，重点是提高烧结矿强度，但料层阻力有所提高，需依靠提高成品率来维持烧结机利用系数不降低；当适当降低总热量消耗时，可以做到在保证烧结矿强度基本不变的情况下，降低烧结矿氧化亚铁含量，改善烧结矿还原性能，且大量节省固体燃料用量，降低烧结矿成本和少量提高烧结矿品位。

热风烧结就是在烧结机点火器后面，装上保温热风罩，往料层表面供给热废气或热空气来进行烧结的一种新工艺。热废气温度可高达 600~800℃，也可使用 200~250℃ 的低温热风烧结。热废气来源有煤气燃烧的热废气、烧结机尾部风箱或冷却机的热废气，也有用热风炉的预热空气。热风罩的长度可达烧结机有效长度的三分之一。

环冷机增加余热锅炉回收热量后，仍有大量热量没有被利用，如果把这些热量用来进行热风烧结，可以改善烧结料层的温度分布，补充上部料层的热量不足，减少热应力破坏，改善烧结矿的矿物结构，提高烧结矿产量、质量，降低能耗，提高烧结过程热利用率。

欧洲普遍采用该方法，德国赫施公司、克虏伯公司和蒂森公司，法国的索拉克公司、福斯公司以及英国钢铁公司的斯肯索普厂和雷德厂都安装了这种系统。在赫施公司，环冷机 25% 的表面用罩子覆盖着，回收的热量可使点火煤气消耗下降 3m³/t。在蒂森公司的施韦尔根的第三烧结厂，环冷机 40% 的表面被罩住，回收的热量为 31~48MJ/t。

据沙钢 3 号 360m² 烧结机对比测试，进行热风烧结，烧结矿转鼓强度提高约 1.5%。鞍钢新烧结厂 1 号 265m² 烧结机使用平均温度为 252.45℃、风量为 2.50×10⁶m³/h 的

热废气进行烧结，使烧结矿产量、质量提高，冶金性能改善，烧结矿成品率提高
1.42%，垂直烧结速度增加 0.21mm/min。生产率提高 3.79%，烧结矿品位提高
0.19%，成品烧结矿的 FeO 降至 7.58%，降低了 1.2%，表层烧结矿转鼓指数提高了
3.6%，900℃ 还原度提高了 3.0%，每吨烧结矿干焦粉耗量减少 8.71kg，折合标准
煤 7.01kg。

D　余热发电

余热发电技术主要有单压余热发电技术、双压余热发电技术、闪蒸余热发电技术、
补燃余热发电技术等。

单压系统相对简单，节省投资，运行操作、维护容易。双压、闪蒸均采用补汽式汽
轮机，但双压系统是补低压过热蒸汽，而闪蒸系统是补饱和蒸汽。双压、闪蒸适用于低
温热源较多的情况，不同的是双压系统设备较多，而闪蒸系统给水泵功率较大。双压比
单压系统能多发电 8% 左右，但系统较复杂。补燃发电技术可通过利用相对较少的厂网
富余高炉煤气，有效降低汽轮机单位汽耗率，使系统发电量有较大提高，还能对烟气、
废气温度的波动起到一定的平衡调节作用，对整个厂网而言还能避免浪费，减少管网蒸
汽、煤气放散量，获得很好的经济效益和环境效益。

近年来，发电系统装备水平和烧结生产技术、操作水平的不断提高，为烧结余热回
收发电创造了更加有利的条件。中、低温参数汽轮机成本的降低，也使烧结余热电站的
建设变得安全、经济、可靠。

世界上最早用冷却机废气产生蒸汽来发电的是日本钢管公司的扇岛厂和福山厂，
其余热回收方式是在冷却机高温段鼓入 100℃ 的循环空气，该部分空气经环冷机后温度
可达 350℃，再经过余热锅炉产生 14~20MPa 的蒸汽用于发电。另外，日本新日铁君津
3 号烧结机和住友金属小仓 3 号烧结机的余热电站也是运行较早的烧结余热电站。

国内只有部分较大型的烧结厂设置了余热回收系统，2004 年 9 月 1 日，马钢第二炼
铁总厂在两台 300m² 烧结机上开工建设了国内第一套余热发电系统，该系统于 2005 年 9
月 6 日并网发电。废气锅炉采用卧式自然循环汽包炉，汽轮发电机组采用多级、冲动、
混压、凝汽式。2006 年全年累计发电 6.10×10^7 kWh，产生经济效益 2367 万元。可节约
标煤 3 万吨/年，意味着每年减少排放 CO_2 约 8 万吨，SO_2 约 300t，具有很好的社会效
益和环境效益。该余热电站采用了自然循环废气锅炉，烟风系统和汽水系统综合了热风
循环技术、闪蒸余热发电技术和汽轮机补气技术，能很好地适应烧结余热电站出力波动
性较大的特性，使余热电站在烧结机运行参数经常调整的情况下也能够长期稳定运行。
国内有 10 多个烧结余热电站在运行，还有多个烧结余热电站正在建设当中。

8.1.1.5　其他节能措施

A　合理使用冶金废料

综合利用冶金废料不但可以减少资源浪费、降低成本，而且还可以降低能源消耗。

（1）高炉灰、钢渣的使用。高炉灰、钢渣都是经过冶炼后的废料，没有分解热耗，
作为含铁原料参与混匀矿的配料造堆，混匀后供烧结使用。由于高炉灰中含有 15% 的

固定碳，可以减少烧结固体燃料的配用量；钢渣中含有较高的 CaO，可以减少石灰石的用量，从而降低能耗。

（2）炼钢污泥的使用。将炼钢污泥的水分脱除后，进行混匀配料，可降低烧结能耗。

B 实行双层、双碱度烧结

（1）双层烧结技术。实施双层烧结技术，可提高烧结过程中烧结温度的均匀性，尤其是燃料的合理偏析，烧结矿燃料消耗可降低 4~6kg/t，降低烧结矿成本，降低烧结机烟气排硫量，提高环保效果。提高烧结机上部烧结矿物质成结率，提高烧结矿的成品率 2% 左右，减少烧结内部返矿循环量，降低烧结矿单位加工制造费用。

（2）双碱度烧结技术。实施双碱度烧结技术，可为优化高炉炉料结构提供便利条件，可生产高碱度和低碳度搭配的烧结矿。烧结机上部料层为高碱度烧结矿，可弥补上部热量的不足，提高烧结矿的黏结相、强度和成品率；烧结机下部料层为低碱度（或酸性）烧结矿，可充分发挥烧结过程中自动蓄热的作用，以高温度充足的热量弥补低碱度烧结矿黏结相不足的情况，保证烧结矿的强度和成品率。

8.1.2 减排措施

（1）烟气脱硫。

一般情况下，烧结过程的二氧化硫（SO_2）排放量占钢铁企业排放总量的 40% ~ 60%，控制烧结机生产过程 SO_2 的排放是钢铁企业控制 SO_2 污染的重点。目前，对烧结烟气 SO_2 排放控制的主要方法有低硫原料配入法；高烟囱稀释排放；烟气脱硫法。高烟囱排放简单经济，但我国已对 SO_2 实行排放浓度和排放总量双重控制，因此，必须对烧结烟气进行脱硫处理才能达到环保要求。

随着烟气脱硫技术不断发展，可用于烧结烟气脱硫处理的技术也越来越多。目前可用于烧结烟气脱硫的技术主要有石灰石（石灰）-石膏法、钢渣石膏法、氨硫铵法、双碱法、活性焦吸附法、电子束法等。

（2）控制粉尘排放。

1）当前国内外先进的烧结厂普遍采用高效除尘器，即干法的电除尘器和布袋除尘器，并实现了除尘系统的计算机自动控制。

2）完善和优化粉尘产生点的集气功能，如采用机尾延长的大容积密闭罩等措施，最大限度减少粉尘的无组织排放量。因地制宜地采用就地除尘机组、分散式除尘系统和大型集中式除尘系统，鼓励采用大型集中式除尘系统，目前的大型除尘系统，可以汇集几十个乃至近百个抽风点，以满足除尘方面的环境保护要求。

3）控制粉尘的二次污染，主要是防止除灰尘在收集、装卸、运输过程的二次污染。除尘器收集的粉尘要采取密闭输送、粉尘加湿处理等措施。

（3）废水综合利用。

在采用干法除尘的烧结厂，不产生工业废水，冷却水循环系统所排污水可以作为混合制粒工艺用水和除尘灰加湿水。当冷却水循环系统排污水小于工艺用水和加湿用水时，可以实现生产废水的"零排放"。

（4）固体废物再利用。

烧结固体废物（主要是除尘器收集的粉尘）作为烧结原料予以回收利用，综合利用率基本达到100%。对于烧结机头除尘器捕集的粉尘，尤其是末电场的，因粉尘颗粒极细，作为烧结原料直接回用，不仅影响烧结生产，也影响机头除尘器的运行效率，部分钢铁厂已将该粉尘重新选矿。无法回收利用的油脂，安排专业公司回收，做无害化处理。

8.2　烧结除尘

烧结厂在整个生产工艺过程，如原料准备、配料、混料、烧结、筛分、冷却及运输过程都会产生大量的粉尘，因此工人在含尘浓度过高的环境下长期工作，可能会产生硅肺病，从而丧失劳动能力，给国家造成重大损失；其次是大量含尘气体被排出，不仅使许多有用原料被浪费，而且使大气受到污染，影响人民的健康；除此以外还会降低设备使用寿命，如抽风系统的除尘效果不好，就会严重损坏抽风机的转子，缩短使用寿命，甚至影响整个生产。因此，对烧结厂产生的粉尘必须进行治理。

8.2.1　烧结烟气特点

烧结烟气是烧结混合料点火后随台车运行，在高温烧结成型过程中所产生的含尘废气。它与其他环境含尘气体有着明显的区别，具有其自身特点：

（1）烧结烟气排放量大，一般为$4000 \sim 6000 m^3/t$（标态）。

（2）烟气温度较高。一般在150℃左右，而这部分烟气同时也带走了烧结过程的大部分能量。有统计表明，85%的烧结输入能量最终被排放到大气中去。

（3）烟气含尘量大。粉尘主要由金属、金属氧化物或不完全燃烧物质等组成，氧化铁粉占40%以上，含有重金属、碱金属等。

（4）粉尘粒径细。微米级和亚微米级占60%以上，一般浓度达$10 g/m^3$。

（5）烟气湿度较大。为了提高烧结混合料的透气性，混合料在烧结前必须适量加水制成小球，所以含尘烟气的含湿量较大，水分含量在8%~13%左右。

（6）烟气含腐蚀性气体，如SO_x、NO_x、HCl、HF等。一旦烟气降温会产生强酸性冷凝水，将造成严重的腐蚀问题。

课件—烧结除尘

（7）不稳定性。由于烧结工艺自身的不稳定，所产生的烟气流量、温度、SO_2浓度会有大幅度变动，且变化频率高。烟气流量变化可高达30%以上，一般为设计流量的0.5~1.5倍。烟气温度变化可在80~180℃范围内变化，SO_2浓度值取决于烧结生产负荷、所用铁矿粉、熔剂、燃料及其他添加物的成分等，一般为$300 \sim 2000 mg/m^3$，最高可达$7000 mg/m^3$以上，低至$300 mg/m^3$以下。

（8）烧结烟气还含有1%~3%的CO，甚至还有微量的高致癌物质——二噁英和呋喃（PCDD/Fs）。

8.2.2 烧结烟气排放限值

环境保护是我国发展的基本国策。自 1985 年国家环境保护局发布的《钢铁工业污染物排放标准》到 2012 年环境保护部发布的《钢铁烧结、球团工业大气污染物排放标准》，不仅对烧结生产的粉尘和 SO_2 排放限值更加严格，而且新增加了 NO_x、氟化物和二噁英的排放限值。烧结作为钢铁工业生产工序之一，其环保治理工作特别是烧结烟气污染物的控制越来越严格。同时国家陆续公布了《中华人民共和国环境保护法》《中华人民共和国清洁生产促进法》《中华人民共和国环境影响评价法》。对企业法人和当地政府的环境保护工作进行考核，并启动问责和约谈制度。面对严峻的环境形势和环保压力，各企业先后设置了烧结烟气除尘设备和脱硫设备，但这远远不够，还需开展新技术研发，对污染物进行协同控制，而不单单是从末端对单一污染物治理。

河北省钢铁工业烧结（球团）生产企业大气污染物排放标准，执行 DB 13/2169—2015 版本，见表 8-1。

表 8-1 大气污染物排放标准 （mg/m³）

生产工序或设施		最高允许排放浓度		
		现有企业	新建企业	特别排放限值
烧结机头球团焙烧设备	颗粒物排放限值	50	40	40
	二氧化硫排放限值	180	180	160
	氮氧化物（以 NO_2 计）排放限值	300		
	其他污染物排放限值二噁英类（ng-TEQ/m³）	0.5		
烧结机尾、带式焙烧机机尾以及其他生产设备	颗粒物排放限值	30	20	20
有厂房车间	企业大气污染物无组织排放浓度限值污染物项目：颗粒物	8.0		
无完整厂房车间		5.0		
厂界		1.0		

注：二噁英除外。

烧结烟气的综合治理，不仅要考虑除尘工艺，还要考虑脱硫脱硝脱二噁英等的综合治理。

8.2.3 烧结除尘工艺及设备

烧结机头、机尾的粉尘配套静电除尘器；一混、二混产生的粉尘配套自激湿式除尘器；烧结原料破碎、配料产生的粉尘配套布袋除尘器。

8.2.3.1 烧结机废气除尘工艺

烧结抽风系统废气中的粉尘，不仅浓度高（与烧结原料特性和工艺过程有关，可达 2~6g/m³），数量大（1t 烧结矿可达 8~36kg），而且粒度组成很不均匀。因此，采用一次除尘或单一的除尘方式，均达不到允许的废气排放标准。一般都采取两段除尘方式，第一段利用大烟道（降尘管），第二段采用其他除尘器，可以用多管除尘器或静电除尘器。烧结抽风系统设备包括烧结机的风箱、风箱支管、大烟道、放灰系统、除尘器、抽风机及烟囱。除尘装置见图8-1。

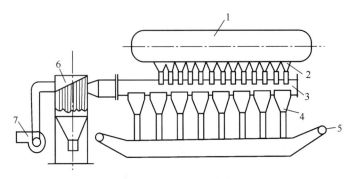

图 8-1   烧结设备除尘装置

1—烧结机；2—风箱；3—降尘管；4—水封管；5—水封拉链机；6—多管除尘器；7—风机

8.2.3.2   除尘设备

A   大烟道

大烟道连接抽风箱集气支管与抽风机的废气总管。其作用为集气和除尘。

大烟道除尘原理是：含尘废气经集气支管从切线方向进入截面积突然扩大的大烟道，一则因作螺旋前进运动，灰尘与管壁碰撞、摩擦失去动能；二则因流速降低，大颗粒灰尘则靠离心力和重力作用而沉降下来，进入集灰管中，再经水封拉链机或放灰阀排走。

大烟道的结构是：由钢板焊接成的圆形管道，内部有钢丝网固定的耐热、耐磨保温材料充填的内衬，外部还铺有二层保温材料，以防止灰尘磨损和废气降温过多，造成除尘器和风机挂泥，导致风机振动和叶轮使用寿命降低。

大烟道的特点是：优点是设备简单、投资少、容易维护、阻力损失小；缺点是设备庞大、占地多，只能脱除50μm以上的尘粒，而且除尘效率低仅50%~80%。

B   除尘器

a   旋风除尘器

旋风除尘器的结构主要由进气管、圆柱体，圆锥体、排气管和排灰口组成，如图8-2所示。

旋风除尘器的除尘原理：含尘废气由切线方向引入除尘器后，沿筒体向下作旋转运动。尘粒受离心力作用抛向筒壁失去动能，沿锥壁下落到集灰斗。旋转气流运动到锥体底部受阻，再从中心返回上部，由中央排气口导出，达到两者分离的目的。

影响旋风除尘器除尘效果的因素有气流速度、筒体直径、灰尘粒度及密度等。不难理解，粒子沉降速度越快，越易于气流分离，除尘效果越好。而当其他条件一定时，尘粒越粗，密度越大，沉降速度就越快；要除去小而轻的灰尘，则必须增大气流速度或减

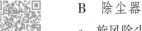

动画—
主排气管

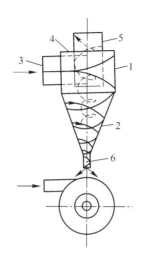

图 8-2 旋风除尘器示意图

1—筒体；2—锥体；3—进气管；4—顶盖；5—中央排气管；6—灰尘排除口

小除尘器直径。但气流速度太高，阻力损失将急剧增大，并可能将已沉淀的灰尘重新卷起，影响除尘效果。一般气流入口速度选 15~25m/s，阻力损失 700~1000Pa，除尘效率可达 80%~85%。除尘器尺寸减小，虽对提高除尘效果有利，但处理废气的能力太小，不能适应生产的需要。为此将若干小旋风除尘器并联在一起，既可提高除尘效果，又适应了废气处理量大的要求。这就出现了多管旋风除尘器，它在烧结废气除尘中得到广泛的应用。

b 多管除尘器

多管除尘器结构：它由一组并联除尘管组成，见图 8-3。除尘管则由旋风子和带导向叶片的导气管组合而成。在旋风子上是气流分配室，其气流进口与大烟道相连，在导气管上气流汇集后从出口进入与风机相连的管道，气流分配室与导气管出口间用花板隔开，旋风子下是锥形集灰斗。

多管除尘器除尘原理与旋风除尘器基本相同。即含尘气体经分配室进入每个单体内，沿着导气管的导向叶片在旋风子内作旋转下降运动，在离心力作用下，尘粒被甩向管壁，碰撞后失去动能而沿锥体壁沉降到集灰斗中，净化了的气流则回转上升，从导气管排出，实现两者的分离。可见，它与旋风除尘器的区别在于气流产生旋转是借助了导流叶片的作用。

影响多管除尘器的除尘效率的因素：

（1）气流分布的均匀性。当废气自大烟道进入多管除尘器时，由于截面积突然扩大，必然造成气流分布不均，为此，应采取以下措施：首先，对单体个数加以限制。一般，沿进气方向的单体数不多于 10 个，横向不多于 12 个。若单体个数超过此数，则应组装成两个或多个单元并联使用；其次，为使各小区气流分布均匀，在进气口处设置分配烟气的导流板。

（2）旋风管漏风情况。当除尘器焊接不严密或集灰斗密封不好，外界空气漏入旋风管，或旋风管磨穿"串风"时，都将打乱气流分布而严重影响除尘效率。为此，生产中应加强检查维护，发现漏风及时处理。另外，对磨损严重的进气口第一排导气管表

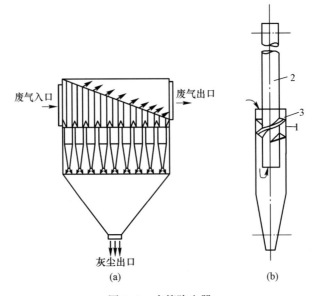

图 8-3　多管除尘器

(a) 多管除尘器总图；(b) 单个除尘管图

1—旋风子；2—导气管；3—导气螺旋

面加焊保护板。

(3) 排灰系统堵塞情况。若排灰不及时，或水汽冷凝将灰尘润湿，旋风管下端堵塞，则尘粒可能被气流带走，使除尘效率降低。

(4) 除尘器的安装质量。包括旋风管支撑架的平整性、旋风管与导气管的同心度、垂直度及上下花板填料的密实度等。它们影响进气的均匀性和管子磨损的均匀性，进而影响除尘效率，故应保证安装质量。

(5) 导向器形式。导气管上导流器的形式有螺旋形和花瓣形两种，前者由两块螺旋板组成，它与导气管成 25°角；后者由八瓣叶片组成，它与导气管成 25°或 30°角。花瓣形的净化程度较高，故烧结厂多选用这种形式。

c　电除尘器

电除尘器是一种高效除尘设备。其除尘效率可达 97%~98%，被除的灰尘粒度可小于 0.1~1μm。

电除尘器的结构：它由电极、振打装置、放灰系统、外壳和供电系统组成。负电极为放电极，用钢丝、扁钢等制作成芒刺形、星形、菱形等尖头状，组成框架结构，接高压电源；正极接地，为收尘极，用钢管或异形钢板制成，吊挂于框架上。

现场视频—
电除尘

电除尘器有管式、板式、湿式、干式和立式、卧式之分。对于烧结废气的除尘，以板式、干式和卧式更为适宜。因为板式与管式（指阳极板的形状）电除尘器相比，前者制造、检修、振打都比后者方便；干式与湿式（指电极上灰尘清除的方式）比，干式不存在污水处理问题，且对金属构件的腐蚀性小；卧式与立式（指气流通过电场的方向）比，在相同的条件下，卧式比立式除尘效率高，并可按除尘效果的要求设置几个除尘室和电场。卧式电除尘器结构如图 8-4 所示。

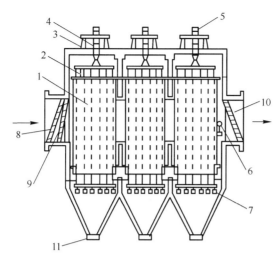

图 8-4 卧式电除尘器

1—电极板；2—电晕线；3—瓷绝缘支座；4—石英绝缘管；5—电晕线振打装置；6—阳极板振打装置；

7—电晕线吊锤；8—进口第一块分流板；9—进口第二块分流板；10—出口分流板；11—排灰装置

电除尘器的除尘原理：在负极加以数万伏的高压直流电，正负两极间产生强电场，并在负极附近产生电晕放电。当含尘气体通过此电场时，气体电离形成正、负离子，附着于灰尘粒子表面，使尘粒带电。由于电场力的作用，荷电尘粒向电性相反的电极运动，接触电极时放出电荷，沉积在电极上，使粉尘与气体分离。

由于气体是在负极附近电离，电离产生的负离子在飞向正极时，如果距离较长，与尘粒碰撞的机会多，电荷的尘粒就多，因而收尘极上沉积的灰尘就多；相反，飞向负极的正离子经过的路程短，附着的灰尘就少。所以，灰尘主要靠正极收集。定时振打收尘极，灰尘便落入集灰斗中。

d 布袋除尘器

（1）性能及工作原理。

布袋除尘器主要是采用滤料（织物或毛毡）对含尘气体进行过滤，使粉尘阻留在滤料上，达到除尘的目的。

过滤的过程分为两个阶段，首先是含尘气体通过清洁滤料，这时起过滤作用的主要是纤维；其次，当阻留的粉尘不断增加，一部分粉尘嵌入到滤料内部，一部分覆盖在表面上形成一层粉尘层，在这一阶段含尘气流的过滤主要是依靠粉尘层进行的，这时粉尘层起着比滤料更为重要的作用。对于工业用的布袋除尘器，除尘的过程主要是在第二阶段进行的。

布袋除尘器的性能在很大程度上取决于过滤风速的大小，风速过高会使积于滤料上的粉尘层压实，阻力急剧增加，甚至使粉尘透过滤料，使出口浓度增加。过滤风速过高时还会导致滤料上迅速形成粉尘层，引起过于频繁的清灰；在低过滤风速的情况下，阻力低，效率高，然而需要的设备占地面积大，因此，过滤风速要选择适当。

在正常的情况下，布袋除尘器有较高的除尘效率。对于布袋除尘器而言，重要的是在运行中保持滤袋的完好，否则，只要滤袋上出现一个小孔，会导致除尘效率的急剧下降。

（2）布袋除尘器的分类。

布袋除尘器的形式、种类很多，可以根据它的不同特点进行分类：

1）按清灰方式分机械清灰、逆气流清灰、脉冲清灰、声波清灰。

2）按除尘器内的压力分负压式除尘器、正压式除尘器。

3）按滤袋的形状分圆袋、扁袋。

4）按含尘气流进入滤袋的方向分内滤式、外滤式。

5）按进气口的位置分下进风、上进风。

（3）常见的布袋除尘器。

布袋除尘器的结构形式很多，下面介绍两种常用布袋除尘器的结构及其工作原理。

机械振打布袋除尘器基本部件由滤袋、外壳、灰斗、振打机构所组成。其中振动器清灰的布袋除尘器是一种结构简单的除尘器（图8-5）。振动器设于振动架上，滤袋悬挂于其上，清灰时，由于振动器的振动使滤袋产生高频微振，粉尘沿袋面滑至灰斗。

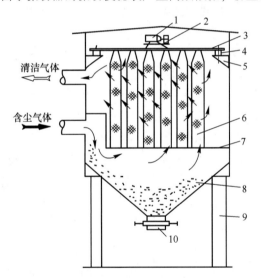

图 8-5 振动器清灰袋式除尘器

1—电机；2—偏心块；3—振动架；4—橡胶；5—支座；6—滤袋；7—花板；
8—灰斗；9—支柱；10—密封插板

由于振动器的振动范围有限，除尘器只适用于小的尘源点，处理风量不能太大。为了达到好的清灰效果，通常采用停风清灰。对于处理大风量烟气，一般采用低压长袋脉冲袋式除尘器（图8-6）。

其配备了阻力低、启闭快和清灰能力大的脉冲阀，采用脉冲式喷吹清灰，滤袋可达6m及以上。滤袋以靠在袋口的弹性涨圈嵌在花板上，拆装方便。该除尘器是一种高效、可靠、经济、处理能力大和使用简便的除尘设备。

e 湿式除尘器

湿式除尘的过程是基于含尘气流与某种液体（通常是水）接触，借助于惯性碰撞、扩散机理将粉尘予以捕集。

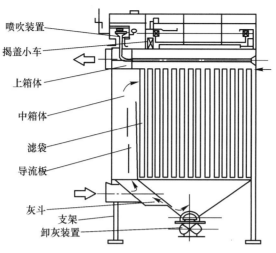

图 8-6 低压长袋脉冲袋式除尘器

在湿式除尘器中，水与含尘气流接触大致可以有三种形式：水滴、水膜、气泡。在实际除尘中可能兼有以上两种甚至三种形式。

（1）除尘机理。

1）通过碰撞、接触阻留尘粒，与液滴、液膜发生接触，使尘粒加湿、增重、凝聚；

2）细小尘粒通过扩散与液滴、液膜接触；

3）由于烟气增温，尘粒的凝聚性加强；

4）高温烟气中的水蒸气冷却凝结时，要以尘粒为凝结核，形成一层液膜包围在尘粒表面，增加了粉尘的凝聚性。

（2）分类。通常湿式除尘器可分为两类：

1）尘粒随气流一起冲入液体内部，尘粒加湿后被液体捕集。它的作用是液体洗涤含尘气体。属于这一类的湿式除尘器有自涤式除尘器、卧式旋风水膜除尘器、泡沫塔等；

2）用各种方式向气流中喷入水雾，使尘粒与液滴、液膜发生碰撞。属于这类的湿式除尘器有文丘里除尘器、喷淋塔雾式除尘器等。

8.3 半干法烧结烟气脱硫

8.3.1 NID 半干法烟气脱硫设备

8.3.1.1 工作原理及功能

阿尔斯通半干法烟气脱硫工艺（NID 增湿法）是从烧结机的主抽风机出口烟道引出 130℃ 左右的废烟气，经文丘里管喷射进入反应器弯头，在反应器混合段将混合机溢

课件—烧结
烟气脱硫

流出的循环灰裹挟接触，通过循环灰表面附着水膜的蒸发，烟气温度瞬间降低至设定温度（91℃）。同时烟气的相对湿度大大增加，形成很好的脱硫反应条件，在反应器中快速完成物理变化和化学变化，烟气中的 SO_2 与吸收剂反应生成亚硫酸钙和硫酸钙。反应后的烟气继续裹挟干燥后的固体颗粒进入其后的布袋除尘器，固体颗粒被布袋除尘器捕集并从烟气中分离，经过灰循环系统，与补充的新鲜脱硫剂一起再次增湿混合进入反应器，如此循环多次，达到高效脱硫及提高脱硫剂利用率的目的。洁净烟气经布袋除尘后的增压风机引出排入烟囱。烟气脱硫工作原理示意图如图 8-7 所示。

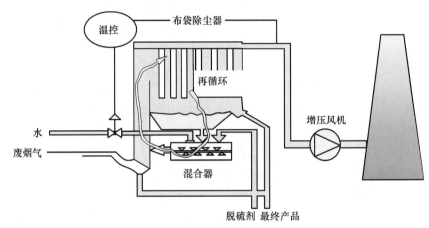

图 8-7　烟气脱硫工作原理示意图

　　NID 工艺是以 SO_2 和消石灰 $Ca(OH)_2$ 之间在潮湿条件下发生反应为基础的一种半干法脱硫技术，常用的脱硫剂为 CaO。CaO 在消化器中加水消化成 $Ca(OH)_2$，再与布袋除尘器除下的大量的循环灰相混合进入混合器，在此加水增湿，使得由消石灰与循环灰组成的混合灰的水分含量从 2% 增湿到 5% 左右，然后以混合机底部吹出的流化风为动力借助烟道负压的引力导向进入直烟道反应器，大量的脱硫循环灰进入反应器后，由于有极大的蒸发表面，水分蒸发很快，在极短的时间内使烟气温度从 115~160℃ 左右冷却到设定温度（91℃），同时烟气相对湿度则很快增加到 40%~50%，一方面有利于 SO_2 分子溶解并离子化；另一方面使脱硫剂表面的液膜变薄，减少了 SO_2 分子在气膜中扩散的传质阻力，加速了 SO_2 的传质扩散速度。由于有大量的灰循环，未反应的 $Ca(OH)_2$ 进一步参与循环脱硫，所以反应器中 $Ca(OH)_2$ 的浓度很高，有效钙硫比很大，形成了良好的脱硫工况。反应的最终产物由气力输送装置送到灰库。

　　整个过程的主要化学反应如下：

　　在消化器内生石灰的消化反应：$CaO + H_2O \longrightarrow Ca(OH)_2 + 热量$

　　在反应器内反应生成亚硫酸钙：$Ca(OH)_2 + SO_2 \longrightarrow CaSO_3 \cdot 1/2H_2O + 1/2H_2O$

　　有少量的亚硫酸钙会继续被氧化生成硫酸钙（即石膏 $CaSO_4 \cdot 2H_2O$）：

$$CaSO_3 \cdot 1/2H_2O + 1/2O_2 + 3/2H_2O \longrightarrow CaSO_4 \cdot 2H_2O$$

　　通常伴随了一个副反应：

　　烟气当中的二氧化碳和石灰反应生成碳酸钙（石灰石）：

$$Ca(OH)_2 + CO_2 \longrightarrow CaCO_3 \cdot H_2O$$

NID 工艺可根据烟气流量大小布置多条烟气处理线。每条处理线包括一套烟道系统设备（文丘里、烟风挡板门）、一台脱硫反应器、一台底部带流化底仓的布袋除尘器、一套给灰系统（新灰和循环灰给料机、消化器、混合器、阀门架等）、入口烟道、旁通烟道、一台增压风机。辅助设备包括流化风机、给水泵、水箱、空压机、气力输灰泵、新灰仓、脱硫渣灰仓、密封风机及各类阀门仪表等。

8.3.1.2　反应器

NID 反应器是一种经特殊设计的集内循环流化床和输送床双功能的矩形反应器，是整套脱硫装置当中的关键设备，采用了 ALSTOM 公司的专利技术（图 8-8）。

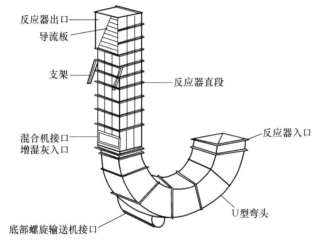

图 8-8　NID 反应器结构示意图

循环物料入口段下部接 U 形弯头，入口烟气流速按 20~23m/s 设计，上部通沉降室，出口烟气流速按 15~18m/s 设计，其下部侧面开口与混合器相连，反应器侧面开口随混合器出口而定。在反应器内，一方面，通过烟气与脱硫剂颗粒之间的充分混合，即物料通过切向应力和紊流作用在一个混合区里（反应器直段）被充分分散到烟气流当中；另一方面，循环物料当中的氢氧化钙与烟气当中的二氧化硫发生反应时，通过物料表面的水分蒸发，使烟气冷却到一个适合二氧化硫被吸收（脱硫）的温度，来进一步提高二氧化硫的吸收效率。烟气在反应器内停留时间为 1~1.5s。

为防止极少数因增湿结团而变得较粗的颗粒在重力的作用下落在反应器底部，减小烟气流通截面，在 U 形弯头底部设有一个螺旋输送机，通过该螺旋输送机将掉到底部大块结团的物料输送出去，并经电动锁气器排入输灰系统。

8.3.1.3　沉降室

沉降室位于 NID 反应器和布袋除尘器之间，是这两个设备的连接部件，设计成灰斗形式。烟气在反应器顶部导流板的作用下，烟气降低流速进入沉降室后，使颗粒较大的粉尘能通过重力沉降直接进入沉降室下方的流化底仓中，大大降低了对布袋除尘器布袋的磨损，提高了布袋的寿命。

8.3.1.4　消化器

消化器是 NID 脱硫技术的核心设备之一，其主要作用是将 CaO 消化成 $Ca(OH)_2$，采用 ALSTOM 公司的专利技术产品，消化器结构如图 8-9 所示。

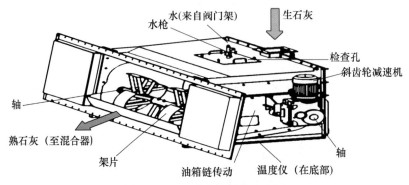

图 8-9　NID 消化器结构示意图

CaO 来自石灰料仓，通过螺旋输送机送至消化器，在消化器中加水消化成 $Ca(OH)_2$，再输送至混合器，在混合器中与循环灰、水混合增湿。消化器分两级，可以使石灰的驻留时间达到 10min 左右。在第一级当中，石灰从螺旋输送机过来进入消化器，同时工艺水由喷枪喷洒到生石灰的表面，通过叶片的搅拌被充分混合，同时将消化器温度沿轴向控制在 85~99℃ 左右。消化生成的消石灰的比重比生石灰轻很多，消石灰飘浮在上面并自动溢入第二级消化器，水和石灰反应产生大量的热量，形成的蒸汽通过混合器进入烟气当中。在第二级当中，几乎 100% 的 CaO 转化为 $Ca(OH)_2$，氢氧化钙非常松软呈现出似流体一样的输送特性，在消化器的整个宽度上形成均匀的分布，在这一级装配了较宽的叶片，使块状物保留下来，其他物料则溢流进入混合器当中。通过调节消化水量和石灰之间的比率（水灰比），消石灰的含水量可以达到 10%~20%，其表面积接近于商用标准干消石灰的两倍，非常利于对烟气中 SO_2 等酸性物质的吸收。

8.3.1.5　混合器

NID 混合器如图 8-10 所示，包括一个雾化增湿区（调质区）和一个混合区。在混合区，根据系统温度控制循环灰量，通过 SO_2 排放量控制从消化器来的消石灰量，将循环灰和消石灰在混合器内混合。

混合部分有两根平行安装的轴，轴上装有混合叶片，混合叶片的工作区域互相交叉重合。这些叶片与轴的中心线有一定的角度，但叶片旋转时，叶片的外围部分是沿着轴向前后摆动的。为了降低混合器的能耗，在混合器底部装有流化布，混合动力是 20kPa 左右的流化风，使循环灰和消石灰两者充分流化，增加空隙率及混合机会，然后由摆动的叶片完成两者的混合，不仅动力消耗低、磨损小，而且混合均匀。在与混合区相连的雾化增湿区，喷枪的内管和外管之间通入流化风，可以防止喷嘴末端堵塞。被雾化的工

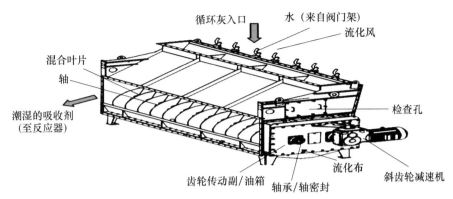

图 8-10 NID 混合器结构示意图

艺水喷洒在混合灰的表面，使灰的水分由原来的 1.5%~2% 增加到 3%~5% 左右（质量百分含量），此时的灰仍具有良好的流动性，再经反应器的导向板溢流进入反应器。

8.3.1.6 生石灰仓底变频螺旋和生石灰输送螺旋

螺旋输送机是一种常用的粉体连续输送机械，其主要工作构件为螺旋，螺旋通过在料槽中做旋转运动将物料沿料槽推送，以达到物料输送的目的。螺旋输送机主要用于输送粉状、颗粒状和小块状物料，具有构造简单、占地小、设备布置和安装简单、不易扬尘等特点。生产中一般采用多级螺旋，单级螺旋不超过 8m。

8.3.2 氨-硫酸铵湿法烟气脱硫设备

8.3.2.1 工艺原理及工艺流程

A 工艺原理

氨-硫酸铵湿法烟气脱硫工艺利用氨吸收烟气中的 SO_2 生产亚硫酸铵溶液，并在富氧条件下将亚硫酸铵氧化成硫酸铵，再经浓缩结晶或加热蒸发结晶析出硫酸铵，经旋流、离心固液分离、干燥后得到化肥产品。主要包括吸收、氧化、结晶过程，反应式为：

$$SO_2 + 2NH_3 \cdot H_2O =\!=\!= NH_4HSO_3$$
$$SO_2 + 2NH_3 \cdot H_2O =\!=\!= (NH_4)_2SO_3 + H_2O$$
$$(NH_4)_2SO_3 + SO_2 + H_2O =\!=\!= 2NH_4HSO_3$$
$$NH_4HSO_3 + NH_3 \cdot H_2O =\!=\!= (NH_4)_2SO_3 + H_2O$$
$$2(NH_4)_2SO_3 + O_2 =\!=\!= 2(NH_4)_2SO_4$$

氨法烟气脱硫工艺流程按主要工序的工艺及设备差异分类如下：

（1）按脱硫机理分高温氨法、低温氨法。

（2）按脱硫塔形式分复合单塔型、双塔型。

（3）按副产物的结晶方式分塔内结晶、塔外结晶，其中塔外结晶又分为单效蒸发、二效蒸发等。

B　工艺流程

脱硫系统的工艺流程通过以上分类可组合成多种工艺流程，以下是三种典型流程：

a　典型的低温氨法塔内结晶的烟气脱硫工艺流程（图 8-11）

（1）原烟气进入吸收塔，通过吸收液洗涤脱除 SO_2 后，烟气成为湿的净烟气，净烟气经除雾器除去雾滴后通过塔基烟囱或原烟囱排放。

（2）吸收液与烟气中 SO_2 反应后在吸收塔的氧化池被氧化风机送来的空气氧化成硫酸铵。

（3）吸收液在与原烟气接触过程中水被蒸发，在塔内吸收液喷淋过程中形成硫酸铵结晶。

（4）含硫酸铵结晶的吸收液送副产物处理系统，经旋流器、离心机的固液分离产生湿硫酸铵，湿硫酸铵进干燥机干燥后成干硫酸铵，干硫酸铵经包装后得成品硫酸铵。

（5）吸收液在循环的过程中根据脱硫需要从吸收剂储存系统的氨罐补充吸收剂。

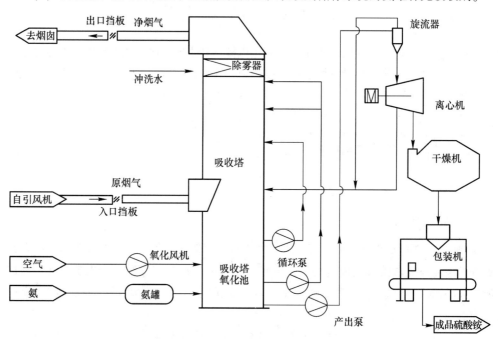

图 8-11　低温氨法塔内结晶的烟气脱硫工艺流程图

b　典型的低温氨法塔外结晶的烟气脱硫工艺流程（应用较多）（图 8-12）

（1）原烟气通过增压风机增压后进入浓缩降温塔，在浓缩降温塔内原烟气与吸收液发生热量交换，从而使吸收液的水分蒸发达到初步浓缩的目的。降温后的原烟气进入脱硫塔并与循环吸收液发生反应，脱除 SO_2 后的烟气被脱硫塔内除雾器除去雾滴后通过塔基烟囱排放。

（2）脱硫剂由补氨泵补充到循环吸收液里。循环吸收液与烟气中 SO_2 反应后在脱硫塔内被氧化风机来的空气氧化成硫酸铵。

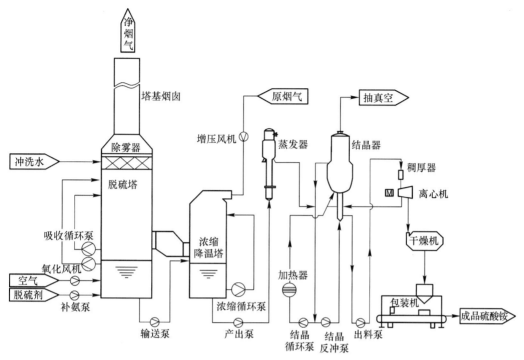

图 8-12 低温氨法塔外结晶的烟气脱硫工艺流程图

（3）硫酸铵溶液经过浓缩降温塔初步浓缩后送副产物处理系统的二效蒸发结晶系统，将水分蒸发后形成硫酸铵结晶。

（4）含硫酸铵结晶的浆液送旋流器、离心机进行固液分离产生湿的硫酸铵，湿的硫酸铵进干燥机干燥后形成干的硫酸铵，干的硫酸铵经包装后得成品硫酸铵。

c 典型的高温氨法塔外结晶的烟气脱硫工艺流程（应用较少）（图 8-13）

（1）原烟气通过增压风机增压后进入反应塔，烟气中的 SO_2 与氨气反应后进入洗涤塔，脱除 SO_2 后的烟气经过洗涤后成为净烟气，净烟气经除雾器除去雾滴后通过烟囱排放。

（2）洗涤液中亚硫酸铵被氧化风机送来的空气氧化成硫酸铵。

（3）硫酸铵溶液经过副产物处理系统的二效蒸发结晶系统，将水分蒸发后形成硫酸铵结晶。

（4）含硫酸铵结晶的浆液通过旋流器、离心机进行固液分离产生湿的硫酸铵，湿的硫酸铵进干燥机干燥后形成干的硫酸铵，干的硫酸铵经包装后得成品硫酸铵。

（5）从吸收剂储存系统的氨罐补充脱硫剂至反应塔。

8.3.2.2 主要设备

A 增压风机

脱硫装置安装运行后，烟气要经过脱硫塔后再进入烟囱排入大气。由于烟气流程增长，原设计的引风机的压升已不足以克服脱硫装置所增加的阻力并满足脱硫工艺的要

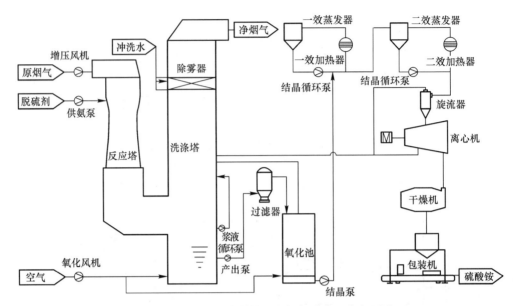

图 8-13　高温氨法塔外结晶的烟气脱硫工艺流程图

求，因而在脱硫系统中必须设置增压风机。当然，若是同步设计烧结系统和脱硫系统，可考虑烧结主引风机的选型同时满足脱硫工艺需要。但从生产操作角度考虑，一般都是脱硫另设置增压风机。

增压风机的基本类型有离心风机和轴流风机，一般选择轴流风机，轴流风机可分为静叶可调轴流风机和动叶可调轴流风机。

B　浓缩降温塔

双塔塔外结晶工艺配置浓缩降温塔。原烟气通过增压风机增压后进入浓缩降温塔，在浓缩降温塔内原烟气与浆液发生热量交换，从而使浆液的水分蒸发达到初步浓缩的目的。降温后的原烟气通过除雾器后进入脱硫吸收塔。塔底浓缩浆液同时洗涤了烟气中部分粉尘，浆液抽出过滤或沉淀后送往蒸发结晶系统制备成品硫酸铵。

C　吸收塔

吸收塔的功能是对烟气进行洗涤，脱除烟气中的 SO_2，生成亚硫酸铵，同时去除部分粉尘，并有一定的脱硝功能。烟气从吸收塔中部进入，首先经过喷淋区，一般配有 2~4 层喷淋层，每层喷淋层都配有一台与喷淋组件、管道相连接的吸收塔循环泵，喷淋层及喷嘴的设计要保证吸收塔内 200% 以上的吸收浆液覆盖率。喷淋层上部是除雾器，一般设置两级除雾器，配有冲洗管道及喷嘴，定期进行冲洗，保证除雾器表面清洁。吸收塔的除雾设计是非常重要的，要缓解烟囱雨及硫酸铵的逃逸。烟气最后由吸收塔塔顶烟囱直接排出或是通过落地烟囱排放，烟囱需防腐。

吸收塔底部为浆液池，脱硫剂氨水一般被注入浆液池中，与浆液中亚硫酸氢铵反应生成亚硫酸铵。

配备氧化空气系统，由氧化风机和氧化布气装置组成，把吸收所得的亚硫酸铵氧化成硫酸铵。

若是单塔塔内结晶，还需配置扰动喷管或搅拌器，使浆液池中的固体结晶颗粒保持悬浮状态。双塔工艺也有配置扰动喷管或搅拌器，主要是防止灰渣沉积。

若是双塔工艺，吸收塔的浆液送往浓缩降温塔，浓缩降温塔的浆液送往蒸发结晶系统，生产硫酸铵成品。若是单塔塔内结晶工艺，吸收塔浆液抽出直接送入硫酸铵制备系统，进行固液分离，生产硫酸铵成品。

D　液氨稀释器

脱硫剂氨水可用焦化氨水或液氨，液氨需稀释成 10%~20% 的氨水。液氨稀释器就是把液氨直接稀释成低浓度氨水，因液氨是危险化学品，液氨稀释过程反应较剧烈，所以该岗位需有危险化学品操作证。

E　硫铵制备设备

若是单塔塔内结晶，吸收塔浆液（含有硫酸铵固体）抽出后经过水力旋流器、离心机、干燥机，得到硫酸铵成品。水力旋流器的基本原理是基于离心沉降作用，当有固含物的浆液以一定的压力从水力旋流器的上部周边切线进入后，产生强烈的旋转运动，由于轻相和重相存在密度差，受离心沉降作用，大部分重相（含有硫酸铵固体）经旋流器底流口排出，而轻相则从顶流口排出，从而达到固液分离的目的。一般吸收塔浆液含 5% 硫酸铵固体，经一级旋流后浆液含 15% 硫酸铵固体，经二级旋流后浆液含 50% 硫酸铵固体，再经离心后，得到含水率 5% 的硫酸铵固体，再经干燥，得到水分小于 2% 的硫酸铵成品，称量包装送入成品库。旋流器顶流液及离心机上清液进入过滤液箱，滤除其中粉尘后清液回吸收塔。

若是双塔塔外蒸发结晶，浓缩塔塔底浆液为浓度约 30% 的硫酸铵溶液，由泵送出，先进入过滤器或沉淀池去除其中所含杂质，然后进入蒸发系统的一效加热器被蒸汽加热到 90℃ 左右，加热蒸发出来的气液混合物进入一效分离器，一效分离器内分离出的二次蒸汽进入二效加热器作为二效加热的热源。分离出的液体一部分通过一效循环泵打到一效加热器进行循环加热，一部分进入二效加热器进一步二次蒸发。二效分离器分离出的二次蒸汽进入表面冷凝器，经冷却后冷凝液排出。分离出的液体一部分通过二效循环泵打到二次加热器循环加热，一部分（浓度在 45%~50%）流入结晶槽。蒸发系统采用真空蒸发。结晶槽内分离的硫酸铵结晶及少量母液排放到离心机内进行离心分离，滤除母液。离心分离出的母液与结晶槽溢流出来的母液一同自流回母液槽，经母液泵打到蒸发系统循环蒸发。从离心机分离出的硫酸铵结晶，由螺旋输送机送至干燥器，经热空气干燥后进入硫铵贮斗，然后称量包装送入成品库。

F　事故浆液箱

设置事故浆液箱用来储存吸收塔在停运检修期间吸收塔浆液池中的浆液。事故浆液池的容量满足吸收塔检修排空和其他浆液排空的要求，并作为吸收塔重新启动时的硫酸铵晶种。

G　设备、管道防腐

常温浆液管道一般采用玻璃钢管或碳钢管衬胶，蒸发结晶的管道因有高温，采用双相不锈钢。

　　吸收塔壳体由碳钢制作，内表面及支撑梁采用衬鳞片的防腐设计，或是用玻璃钢的。吸收塔入口段干湿界面烟道采用衬 C276 防腐。吸收塔内部构件采用非金属材料制造，如喷嘴 SiC，喷淋管 FRP，除雾器 PP。

　　设备基础表面采用耐酸砖防腐。为防止泄漏液体散排，在基础周围设置围堰，高度150mm，围堰内采用耐酸砖防腐。

课后复习题

1. 简述小球烧结工艺的定义与好处。
2. 简述烧结烟气特点。
3. 简述 NID 半干法烟气脱硫工作原理。
4. 简述氨—硫酸铵湿法烟气脱硫工作原理。

试题自测 8

9 烧结技术进步

改善烧结矿质量的有效措施主要有烧结精料和优化配矿、厚料层低碳烧结、强化制粒燃料分加、低硅烧结、低温烧结、热风烧结等。

9.1 烧结精料和优化配矿

高炉精料方针很大程度上取决于烧结实施精料和优化配矿，生产优质烧结矿。

烧结精料主要指使用的铁矿粉、熔剂、固体燃料有益成分含量高，有害成分含量低，粒度组成和水分适宜。

烧结优化配矿指配料前对选用的各种铁矿粉进行烧结基础特性测定，遵循烧结综合配矿原则。

9.2 强化制粒燃料分加技术

强化制粒燃料分加技术是 20 世纪 80 年代烧结工艺的重大突破，是厚料层烧结技术的完善和发展。其特点是通过强化制粒改善烧结过程料层透气性，实现厚料层作业，达到提高烧结矿转鼓强度，降低固体燃耗，改善烧结矿冶金性能的目的。

随着原料资源紧缺和降低原料成本等诸多因素的制约，各企业强化制粒效果不同程度地受到影响，强化制粒燃料分加技术的作用不能很好发挥。

9.2.1 强化制粒的含义

通过提高混烧比和改进制粒机的工艺参数，改进加水方式和加水点，减少烧结料中 -1mm 小粒级和 8~10mm 大粒级，增加 3~5mm 中间粒级，改善烧结料层透气性，提高烧结矿产量及质量。

9.2.2 强化制粒的好处及效果

强化制粒改善烧结料粒度组成且提高料球强度，料球孔隙率大，摩擦力小，改善烧结料层透气性，提高单位时间内通过料层的气体量，改善水分蒸发条件，减薄干燥带厚度，减少料层下部冷凝水量，减轻过湿带的影响，降低过湿带和预热干燥带的阻力，合理分布气流，有利于实施厚料层低碳低水低温烧结，改善烧结矿冶金性能，提高烧结矿产质量。

课件—烧结
技术进步

9.2.3　燃料分加技术的含义

将烧结料中固体燃料配比分两次加入，一部分在配料室（一次混合之前）加入，叫内配固体燃料，与混匀矿、熔剂等物料一并进入一次混合机内进行混匀；另一部分在混合料制粒完成（二次混合机或制粒机）后加入，与制粒后的混合料一并进入三次混合机内进行外裹固体燃料，使固体燃料赋存于料球表面，叫外配固体燃料。普通工艺与燃料分加工艺比较见表9-1。

表9-1　普通工艺与燃料分加工艺比较

加工工艺	固体燃料加入方式	固体燃料分布	燃耗比较
普通工艺	在配料室一次性加入全部固体燃料	（1）固体燃料被其他物料包裹； （2）同一工艺条件下，固体燃料分布更多向大颗粒混合料中偏析	燃耗高
燃料分加工艺	在配料室加入一部分，制粒后分加一部分固体燃料	（1）固体燃料分布更多向小粒级混合料中偏析； （2）不同粒级混合料中碳含量极差明显缩小，混合料中碳含量平均水平下降； （3）固体燃料明显向料层上部偏析，弥补普通工艺料层上部热量不足的弊端	燃耗低

9.2.4　燃料分加的作用

燃料分加的作用如下：

（1）改善固体碳的燃烧动力学条件，加快碳的燃烧速度。

（2）减少固体燃料的还原损失。

（3）有助于固体燃料在料层中形成合理的偏析分布。

（4）燃料分加是强化制粒烧结的完善和发展。

9.3　厚料层低碳烧结技术

烧结机料层厚度在500mm以上，为厚料层烧结。

9.3.1　烧结料层自动蓄热作用

抽入烧结料层的空气，经过热烧结矿带，被预热到较高的温度后，参加燃烧带的燃烧，燃烧后的废气又将下层预热带的烧结料预热，因而料层越往下，热量积蓄越多，达到很高的温度，烧结料层这种积蓄热量的过程如同热风炉蓄热室格子砖蓄热，称为烧结料层自动蓄热作用。

烧结过程中，料层自动蓄热作用所提供的热量约占烧结总热量的35%以上。烧结料层下部温度远较上部温度高,其原因是自动蓄热作用。烧结料层越厚,自动蓄热作用越强。

9.3.2 厚料层低碳烧结的好处

厚料层低碳烧结的好处如下:

(1)充分利用厚料层自动蓄热作用,延长高温保持时间,增加液相生成量,矿物结晶完善,发育良好,提高烧结矿转鼓强度。

(2)因厚料层降低料层上部烧结矿比例,返矿量减少,成品率提高,有助于烧结矿粒度组成趋向均匀。

(3)厚料层低碳烧结,氧化性气氛增强,烧结温度低,利于低价铁氧化物的氧化,减少高价铁氧化物的分解热耗,利于产生低熔点黏结相,同时进一步发挥厚料层自动蓄热作用,利于降低燃耗。

(4)降低固体燃耗和点火煤气单耗,降低烧结矿 FeO 含量,改善烧结矿还原性。

(5)厚料层低碳烧结,利于减轻劳动强度,改善工作环境。

9.3.3 厚料层低碳烧结注意方面

料层铺得过薄,通过料层的气流速度加快,料层蓄热作用减弱,烧结矿层冷却速度加快,液相中玻璃质数量增加,转鼓强度变差,表层烧结矿比例相对增加,成品率下降。

料层厚度并非越高越好,适宜为好。

料层厚度达到一定值后,随着料层进一步增厚,提高烧结矿产质量空间很小。厚料层烧结带来上层热量不足,烧结矿转鼓强度差,下层热量过剩,烧结矿 FeO 含量高,还原性差,质量不均匀等技术问题。

9.3.4 改善厚料层烧结的工艺措施

改善厚料层烧结的工艺措施如下:

(1)解决厚料层烧结负压升高、料层阻力增大、产能相对降低的问题,重点从强化制粒、改善固体燃料的燃烧性、改善料层热态透气性入手,解决厚料层烧结燃烧带过宽的问题,提高垂直烧结速度。

(2)解决厚料层烧结上层热量不足而下层热量过剩的不均衡烧结温度问题,优化固体燃料粒度组成,实施-1mm 燃料分加、燃料分加结合熔剂分加是有效提高固体燃料燃烧性的方法,是超高料层烧结生产的重要技术措施。

-1mm 燃料分加后,外裹燃料能更好地燃烧,燃料燃烧效率上升,能克服超高料层烧结时燃烧带供氧不足的问题,且更容易生成有效液相。

采用燃料分加结合熔剂分加新技术,分加熔剂可以有效防止外裹燃料的脱落以及迁移,并提供催化燃烧的可能性。

9.4　低温烧结

9.4.1　低温烧结的实质

烧结矿质量主要与其矿物组成和结构有关。铁酸钙理论研究表明，对于赤铁矿粉烧结，理想的烧结矿矿物组成和结构是约 40% 未反应的残留赤铁矿和约 40% 以硅铝铁酸钙 SFCA 针状结晶为主要黏结相的非均相结构，这种结构的烧结矿具有还原性好、低温还原粉化性良好、冷强度高的综合优质质量，这种针状铁酸钙是在较低烧结温度下形成的，温度较高将熔融分解转变为其他形态，这一理论是基于复合铁酸钙理论的低温烧结。

低温烧结的实质是在较低烧结温度 1230~1280℃ 下，生产以发展强度高、还原性好的针状铁酸钙为主要黏结相，同时含有较高比例的还原性好的残留原矿——赤铁矿的烧结方法。为此在工艺操作上，低温烧结要求控制理想的加热曲线，烧结料层温度不能超过 1280℃，以减少磁铁矿的生成，同时要求在 1250℃ 的时间要长，以稳定针状铁酸钙和残存赤铁矿的形成条件，使烧结料中作为黏附剂的一部分矿粉起反应，CaO 和 Al_2O_3 在熔体中部分溶解，并与 Fe_2O_3 反应生成一种强度好、还原性好的较理想矿物——针状铁酸钙，它是一种硅铝钙铁 SFCA 固熔体，并黏结包裹未起反应的残余赤铁矿粉。这种烧结方法不同于熔剂性烧结矿的普通烧结法，熔剂性烧结矿虽然可在较低温度下烧结，但它仍然是一种熔融型烧结，其烧结矿还原性普遍较低，RI 值 60%~65%。

一般认为烧结温度高于 1300℃ 为高温烧结，低于 1300℃ 为低温烧结。低温烧结的理论基础是"铁酸钙理论"。

9.4.2　低温烧结工艺基本要求

9.4.2.1　理想的准颗粒

烧结反应均匀而充分地进行，烧结前的混合料均匀和质量至关重要。在混合料制粒过程中，细小粉末颗粒黏附在核粒子的周围或相互聚集，形成"准颗粒"才能使烧结料具有良好透气性；同时细粒粉末相互接触，可加速烧结反应速度，良好的制粒可减少台车上球粒的破损，球粒在干燥带仍保持成球状态；只有制成准颗粒才能使黏附粉层的 CaO 浓度较高，碱度较高而形成理想的 CaO 浓度分布。

烧结料制粒小球的结构特征表明，-0.25mm 黏附细粒和 1~3mm 核颗粒，统称为"准颗粒"，有利于改善制粒效果，要有适当比例。而 0.25~1mm 中间颗粒既不能作为制粒核心，又不能黏附到球核上进一步制粒，难于粒化成球，不仅影响料层透气性，而且恶化烧结矿低温还原粉化性，其比例越少越好。

理想的准颗粒结构以多孔的赤铁矿、褐铁矿或高碱度返矿作为成核颗粒，含 SiO_2 脉石的密实矿石和能形成高 CaO/SiO_2 比例熔体的成分适宜作黏附层，烧结料中的核粉比一般为 50∶50 或 45∶55。

9.4.2.2 理想的烧结矿结构

大量研究表明,原生的细粒赤铁矿比再生赤铁矿的还原性高,针状铁酸钙比柱状铁酸钙还原性高,所以烧结工艺的目标是生产具有残余赤铁矿比例高,并同时形成具有高强度和高还原性的针状铁酸钙黏结相。理想烧结矿的矿相结构是由两种矿相组成的非均质结构,一种是硅铝钙铁四元针状铁酸钙黏结相 SFCA;另一种是被这一黏结相所黏结的残留矿石颗粒。

9.4.2.3 理想的烧结过程热制度

理想的烧结矿显微结构是在理想的烧结过程热制度条件下,发生一系列烧结反应后形成的。

当烧结料中的固体碳被点燃后,随着烧结温度的升高,理想的烧结反应过程可概括如下:

(1) 从 700~800℃ 开始,随着温度升高,由于固相反应,开始生成少量铁酸一钙。

(2) 接近 1200℃,生成二元或三元系的低熔点物质 $CaO \cdot Fe_2O_3$(1250℃)、$FeO \cdot SiO_2$(1180℃)、$CaO \cdot FeO \cdot SiO_2$(1216℃),1200℃ 左右熔化,在溶液中 CaO 和 Al_2O_3 很快熔于此熔体中并与氧化铁反应,生成针状的固溶了硅铝酸盐的铁酸钙即 SFCA。

(3) 控制烧结最高温度不超过 1300℃,避免已形成的针状铁酸钙分解成赤铁矿或磁铁矿。

(4) 低温烧结在低于 1300℃ 下进行,作为核粒子的粗粒矿石没有进行充分反应,而作为原矿残留下来,因而要求这些粗粒原矿应是还原性良好的铁矿石。

低温烧结矿性能优于普通熔融烧结矿性能。

低温烧结难以形成熔点高的硅酸钙系列矿物,有利于提高烧结矿质量。

9.4.3 实现低温烧结的生产措施

(1) 进行原料整粒和熔剂细碎。

要求富矿粉粒度<8mm,熔剂中−3mm 粒级≥90%,固体燃料中−3mm 粒级≥75%,其中 −0.125mm 粒级≤20%。原料化学成分稳定。

(2) 强化烧结料制粒效果。

要求制粒小球中,使用还原性好的赤铁矿、褐铁矿或高碱度返矿作核粒子,并配加足够的生石灰,增强黏附层的强度,烧结料中的核粉比为 50∶50 或 45∶55。

国外低温烧结采用赤铁矿粉,而我国为了充分利用国产细磨磁铁精矿粉,减少了还原性好且作为准颗粒的赤铁矿粉和褐铁矿粉配比,开发并掌握了赤铁矿粉和褐铁矿粉中配加磁铁精矿粉的低温烧结工艺及其特性。

(3) 生产高碱度烧结矿。

碱度以 1.9~2.2 为宜,使复合铁酸钙达到 30%~40%。

（4）调整烧结矿化学成分。

尽可能降低烧结料中 FeO 含量，铝硅比 Al_2O_3/SiO_2 在 0.1~0.35 不超 0.4，最佳值由具体条件而定。

（5）低水低碳厚料层烧结。

烧结温度曲线由熔融转变为低温型，烧结最高温度控制在 1250~1280℃，并保持 1200℃以上的时间在 5min 以上。

强化制粒厚料层低水低碳低温烧结技术，得益于对"铁酸钙固结理论""烧结料层自动蓄热原理""低温烧结理论"的深入理解。

自动蓄热作用有利于降低固体燃耗，减少 CO_2 的排放，符合节能减排的发展趋势。

烧结温度从高温型（大于 1300℃）向低温型（1230~1280℃）发展，促进优质铁酸钙黏结相生成，改善烧结矿转鼓强度和还原性指标，既促进烧结又有利于高炉炼铁的节能减排。

厚料层烧结，延长高温氧化区保持时间，烧结热量由"点分布"向"面分布"的变化作用，可抑制烧结过程"过烧"和"轻烧"等不均匀现象，烧结矿物结晶充分，改善烧结矿结构。

厚料层低水低碳低温烧结技术，有利于褐铁矿粉分解后产生的裂纹和空隙的弥合致密，提高褐铁矿粉的用量，扩大铁矿石使用资源范围和资源高效利用。

9.5　低硅烧结

低硅烧结的主要途径是配加高品位低 SiO_2 含量的铁矿粉，尤其选矿采用细磨深选提高精矿粉品位，控制烧结矿 SiO_2 含量低于 6% 或更进一步低于 5.5%。

高铁低硅烧结是目前高炉精料技术发展的一大趋势。提高烧结矿品位，降低 SiO_2 含量是高炉精料追求的主要目标。高炉炼铁通过不断提高入炉矿品位，低渣量冶炼，改善高炉技术经济指标。

9.5.1　低硅烧结的优点

低硅烧结的优点是烧结矿品位高，SiO_2 含量低，有助于提高入炉品位，提高高炉利用系数，减少冶炼渣量，对高喷煤比操作有重要意义。

低硅烧结矿还原性好，软熔性能好，软熔温度升高，软熔温度区间变窄，高温（1200℃）还原性好，可使高炉内软熔带位置下移，软熔带厚度减薄，提高滴落带透气性，有利于高炉发展间接还原，改善料柱透气性和透液性，提高生铁产量，降低焦比，降低吨铁成本，提高炼铁效益。

9.5.2　低硅烧结工艺条件

低硅烧结最佳工艺条件是低 SiO_2 含量、高碱度、低 MgO 含量、低配碳、适宜水分。

低硅烧结工艺条件对烧结矿黏结相强度影响的强弱顺序是：低配碳（烧结温度）>

高碱度>低 MgO 含量>低 SiO₂ 含量。

保持适当配碳量，对增加液相量、提高低硅烧结矿转鼓强度有益。低配碳高碱度是促进铁酸钙液相，抑制玻璃相，保证低硅烧结矿转鼓强度的关键。MgO 具有稳定磁铁矿晶格结构的不良作用，抑制铁酸钙液相的生成。控制较低 MgO 含量是保证低硅烧结矿强度的必要条件，为保证低硅烧结矿转鼓强度，烧结矿 MgO 含量<1.6%，不宜太高。

适宜水分有利于改善烧结料制粒效果，提高烧结矿转鼓强度。

9.5.3 低硅烧结矿质量问题及改善措施

9.5.3.1 低硅烧结矿质量问题

由于低硅烧结矿的 SiO₂ 含量降低，黏结相量减少，导致成品烧结矿强度降低和成品率下降。低硅烧结需解决的问题有增加黏结相量，提高黏结相的强度。

9.5.3.2 低硅烧结措施

高铁低硅烧结生产既有配矿的优化，又有生产工艺的优化。

（1）优化配矿结构，生产微孔厚壁高强度烧结矿。

理论研究和生产实践表明，矿种不同，铁矿粉的同化性、液相流动性和铁酸钙的生成能力以及黏结相的强度均不同。总的都反映出烧结矿的产量和强度不同，因此应根据各种铁矿粉的基础特性和烧结反应性优化配矿结构，合理配矿。通常经过研究和实验，综合不同配矿方案的利用系数、成品率、转鼓强度和固体燃耗选定配矿方案，达到实现合理配矿的目的。包括化学成分、粒度组成、烧结反应性的选择和搭配，合理配矿、优化配矿是实现高品位低 SiO₂ 烧结的重要环节。

（2）优化熔剂结构，生石灰高配比烧结。

实验研究和生产实践表明，白云石粉、生石灰和蛇纹石等各种熔剂的烧结特性不一样，应加以选择和合理搭配，通过合理搭配达到提高黏结相数量及其强度的目的。使用蛇纹石作为熔剂，可以获得较高的结构强度和转鼓强度。用蛇纹石代替石灰石和白云石的效果：利用系数和成品率有明显提高；转鼓强度大幅度提高；固体燃料有所降低。

（3）低碳厚料层烧结。

提高料层厚度是改善烧结生产指标的基础，厚料层烧结有利于降低燃耗，降低烧结矿的 FeO 含量，提高烧结矿转鼓强度和改善烧结矿的矿物组成。厚料层烧结也是高品位低硅烧结的基础条件。宝钢 450m² 烧结机、料层厚度 700mm 生产实践数据表明厚料层烧结的效果：

1）料层提高 10mm，负压升高 160Pa 左右，吨矿风量下降 13m³ 左右。

2）料层提高 100mm，配碳量下降约 0.1kg/t，吨矿工序能耗（标煤）降低约 1.1kg/t，烧结矿 FeO 含量降低约 0.06%，转鼓强度提高约 0.23%。

厚料层烧结的特点：料层密实度升高，透气性下降，混合料水分下降，成品率明显升高，返矿量下降。

（4）高碱度烧结。

碱度是影响烧结矿的矿物组成及其质量的基本因素，高碱度烧结是构成高铁酸钙含量的必要条件，也是高品位低 SiO_2 烧结生成足够黏结相的必要条件。不同碱度烧结矿的矿物组成见表9-2。

表9-2　某厂不同碱度烧结矿的矿物组成

碱度 R_2	成分（质量分数）/%					
	Fe_3O_4	Fe_2O_3	SFCA	玻璃相	$2CaO \cdot SiO_2$	未矿化熔剂
1.31	50~55	7~10	10~15	20	3~5	1~2
1.78	30~35	10~15	35~40	3~5	10	2~3
1.96	25~30	15	40	2~3	10	1~2
2.15	30	7~10	45	1~2	15	3~5

高碱度（$R>1.8$）烧结矿有利于提高SFCA生成比例，提高转鼓强度，改善烧结矿粒度组成，改善烧结矿冶金性能。

（5）低 MgO 烧结。

理论研究和生产实践表明，不论在高 SiO_2 条件下，还是低 SiO_2 条件下，MgO 都有利于生成镁磁铁矿（$Fe_3O_4 \cdot MgO$），从而降低 SFCA 的生成比例，降低烧结矿转鼓强度和还原性，降低成品率。高品位低 SiO_2 烧结必须实现低 MgO 烧结，当然必须同时低 Al_2O_3 烧结，因为高 Al_2O_3 不利于提高烧结矿转鼓强度。MgO 含量对烧结矿指标和冶金性能的影响见表9-3、表9-4。

表9-3　实验室研究 MgO 含量对烧结矿指标的影响

碱度 R_2	MgO 含量/%	利用系数 /t·(m²·h)⁻¹	成品率/%	燃耗/kg·t⁻¹	转鼓强度/%	SFCA/%	RI/%
1.8	2.0	1.448	71.34	70.98	63.33	26.24	77.12
	1.5	1.555	73.90	69.00	66.67		80.10
	1.0	1.473	72.69	68.79	68.67	28.29	80.75
1.9	2.0	1.474	74.02	68.13	65.20	30.08	79.12
	1.5	1.585	72.78	68.70	67.33	31.15	81.56
	1.0	1.608	75.71	66.04	68.40	32.94	85.51

表9-4　实验室研究 MgO 含量对烧结矿冶金性能的影响

碱度 R_2	MgO 含量 /%	FeO 含量 /%	900℃ 还原性 RI/%	500℃ 低温还原粉化 $RDI_{+3.15mm}$/%	软熔性能			
					TBS/℃	ΔTB/℃	TS/℃	ΔT/℃
1.82	2.03	7.75	81.9	57.4	1126	216	1342	168
1.88	2.10	8.56	78.1	59.6	1108	202	1310	170
1.88	2.30	8.73	74.1	61.8	1130	200	1330	175

降低烧结矿 MgO 含量的优点是显而易见的，但因高炉炉料中 Al_2O_3 含量高，为了控制高炉炉渣适量的 MgO/Al_2O_3 比值，在炉料中加入 MgO 是必须的，因此使用高 MgO 含量的球团矿或直接在高炉炉料中配加 10~40mm 的白云石块，既满足高炉炉渣 MgO/Al_2O_3 比值的需求，也大幅降低烧结矿 MgO 含量，取得提高烧结矿品位、改善烧结矿物化性能和冶金性能、降低烧结能耗、提高烧结生产率的效果。

低硅烧结矿转鼓强度相对低，主要因烧结过程中产生液相量减少。生产高碱度（R 在 1.9~2.2 为宜）烧结矿，且提高赤铁矿配比，增加低熔点铁酸钙生成量，有利于改善低硅烧结矿的转鼓强度。

低硅烧结液相不足，发展铁酸钙黏结相是提高低硅烧结矿品质的主要途径。

低硅烧结多配加同化性和液相流动性较强的铁矿粉，增加有效液相量，满足低硅烧结矿对黏结相数量的要求，有利于提高转鼓强度。

适当提高烧结料中的粉/核比例，粒度细的粉粒能促进固相反应快速进行，易生成烧结液相。

9.6 热风烧结

（1）热风烧结的方式。

热风烧结的方式有两种。方式一：点火用的助燃空气使用热风。方式二：在点火炉后面设置保温炉，往料层表面供给热废气或热空气进行烧结。热风烧结多指方式二。

热废气来源有煤气燃烧的热废气、烧结机尾风箱热废气、环冷机前段热废气等。保温炉长度可达烧结机有效长度的三分之一。

（2）热风烧结的好处。

1）热风带入部分物理热，有助于降低固体燃耗，改善烧结气氛，还原区相对减少，降低烧结矿 FeO 含量，提高还原性。

2）在相应减少固体燃耗的同时，可提高烧结废气的氧位，烧结料层的温度分布均匀，克服料层上部热量不足、冷却速度快、烧结矿转鼓强度差，而料层下部热量过剩和过熔、烧结矿 FeO 含量过高、还原性差的缺点，减小上下层烧结矿质量差别。

3）由于抽入热风，料层受高温作用的时间延长和冷却速度缓慢，有利于生成液相和增加液相量，利于晶体的析出和长大，各种矿物结晶较完全；减轻因急冷而引起的内应力，烧结矿结构均匀，提高转鼓强度和成品率。

（3）热风烧结的弊端。

由于抽入热风，降低空气密度，增加抽风负荷，气流的氧含量相对降低，烧结速度受到一定影响，需改善料层透气性和适当增加烧结负压等措施，保持烧结生产率不降低。

课后复习题

1. 简述燃料分加技术的含义及作用。
2. 简述厚料层低碳烧结的好处。
3. 简述改善厚料层烧结的工艺措施。
4. 简述实现低温烧结的生产措施。
5. 简述低硅烧结工艺条件。

试题自测 9

10　烧结主要技术经济指标

10.1　烧结产能指标

10.1.1　烧结机作业率

衡量烧结机运转率的指标有日历作业率和扣外作业率。

10.1.1.1　烧结机日历作业率

日历作业率指烧结机运转时间占日历时间的百分数。

日历作业率=（烧结机运转时间/日历时间）×100%=［（日历时间-计划停机时间-
外因停机时间）/日历时间］×100%

烧结机开、停机时间的依据：以圆辊给料机给料、停止给料时间为准。

10.1.1.2　烧结机扣外作业率

扣外作业率指扣除外部因素影响停机时间后的作业率，更真实反映和衡量烧结机的
实际运转状况。

扣外作业率=［烧结机运转时间/（日历时间-外因停机时间）］×100%
=［（日历时间-计划停机时间-外因停机时间）/（日历时间-
外因停机时间）］×100%

外部因素影响停机包括突发停电、停水、停煤气、自然灾害等故障停机和上级指令
性停机等，统称为非计划停机。

定修定检停机是计划内停机，扣外作业率不扣除此部分。

内部事故包括机械、电气、生产操作及其他事故，扣外作业率不扣除此部分。

10.1.2　烧结机利用系数

烧结机利用系数指一台烧结机每平方米烧结面积每小时的成品烧结矿产量。

烧结面积（m^2）= 风箱有效长度（烧结机有效长度）（m）×台车下沿内宽（m）

利用系数（$t/(m^2 \cdot h)$）= 成品烧结矿产量（t）/（烧结面积（m^2）×台时（h））

利用系数（$t/(m^2 \cdot h)$）=（台时产量（$t/(台 \cdot h)$）×台数）/烧结面积（m^2）

全厂利用系数（$t/(m^2 \cdot h)$）= 总成品烧结矿产量（t）/（总烧结面积（m^2）×平均台时（h））

利用系数是衡量烧结机生产效率指标，与烧结面积大小无关。

传统烧结机风箱宽度与台车宽度相等即台车不扩宽，烧结机不扩容。现代烧结机普
遍采取扩宽台车10%提产，即台车宽度是风箱宽度的1.1倍。

如烧结机有效长度 90m，风箱有效宽度 5m，台车下沿内宽由 5m 扩宽到 5.5m，则烧结面积由 90m×5m＝450m² 扩容到 90m×5.5m＝495m²，计算烧结机利用系数时，烧结面积应取 495m²。

10.1.3　烧结机台时产量

烧结机台时产量指一台烧结机每小时生产的成品烧结矿产量，台时产量是衡量烧结机生产能力的指标，与烧结面积大小有关。

烧结机台时产量(t/(台·h))＝成品烧结矿产量(t)/台时(h)

烧结机台时产量(t/(台·h))＝(利用系数(t/(m²·h))×烧结面积(m²))/台数

全厂烧结机台时产量(t/(台·h))＝总成品烧结矿产量(t)/平均台时(h)

烧结机台时产量

$$Q = 60BHv\rho CP(1 - H_2O) = 60Sv_\perp \rho CP(1 - H_2O) \quad (10-1)$$

式中　Q——烧结机台时产量，t/台·h；

　　　B——台车下沿内宽，m；

　　　H——料层厚度，m；

　　　S——烧结面积，m²；

　　　v——烧结机机速，m/min；

　　　$v_\perp$——垂直烧结速度，m/min，$v_\perp$＝料层厚度（H）/烧结时间（t）；

　　　ρ——烧结料堆密度，t/m³；

　　　C——烧结料出矿率，%，C＝(机尾烧结饼/干基烧结料量)×100%；

　　　P——烧结成品率，%，P＝(成品烧结矿量/机尾烧结饼量)×100%；

　　　H_2O——烧结料水分，%。

10.2　烧结质量指标

烧结质量指标包括烧结矿物理性能、化学性能、质量稳定率、冶金性能指标，见表 10-1。

表 10-1　YB/T 421—2014 铁烧结矿技术指标

项目		化学成分（质量分数）				物理性能		冶金性能	
		TFe/%	FeO/%	S/%	R_2	筛分指数 -5mm/%	转鼓强度 +6.3mm/%	还原度 RI/%	低温还原粉化 $RDI_{+3.15mm}$/%
优质烧结矿		≥56	≤9	≤0.03		≤6.0	≥78	≥70	≥68
		±0.4	±0.5		±0.05				
普通 烧结矿	一级	±0.5	≤10	≤0.06	±0.08	≤6.5	≥74	≥68	≥65
	二级	±1.0	≤11	≤0.08	±0.12	≤8.5	≥71	≥65	≥60

10.2.1 烧结矿物理性能

烧结矿物理性能包括落下强度、转鼓强度、抗磨强度、筛分指数、粒度组成、堆密度、孔隙率等。

10.2.1.1 烧结矿落下强度的含义和检测方法

落下强度是检验烧结矿抗压、抗摔打、耐磨、抗冲击能力的一种方法，即烧结矿耐转运的能力，是评价烧结矿冷强度的一项指标。

（1）中国标准（GB）检测烧结矿落下强度方法。

取 10~40mm 成品烧结矿 20±0.2kg，装入可上下移动的落下装置装料箱内，将箱体自动提到离地面 2m 的高度，打开箱体底门，烧结矿自由落到厚度大于 20mm 的地面钢板上，下降落下装置将钢板上全部烧结矿收集装入装料箱内，重复 4 次落下试验，用筛孔 10mm 的筛子筛尽落下烧结矿，以 4 次+10mm 粒级总质量百分数表示烧结矿落下强度，用 F 表示。

$$落下强度 \ F = (M_1/M_0) \times 100\% \tag{10-2}$$

式中　F——落下强度，%；

　　M_0——落下烧结矿试样质量，kg；

　　M_1——落下后筛分+10mm 粒级总质量，kg。

（2）日本标准（JIS 8711—77）检测烧结矿落下强度方法。

与中国标准（GB）比较，不同之处是取+10mm 成品烧结矿，其他均相同。

10.2.1.2 烧结矿转鼓强度

转鼓强度 TI 是衡量烧结矿在常态下抗压、抗冲击能力的重要指标。

抗磨强度 AI 是衡量烧结矿在常态下耐磨、抗摔打能力的重要指标。

ISO 标准检测转鼓强度方法如下所述。

转鼓机 $\phi_内$ 1000mm，内宽 500mm，钢板厚度大于 5mm，如果转鼓的任何局部位置的厚度已磨损至 3mm，应更换新的鼓体。转鼓机内侧焊有两块对称的 50mm×50mm×5mm、长 500mm 的等边角钢提升板，其中一块焊在卸料口盖板内侧，另一块焊在对面鼓壁内侧，二者成 180°角布置，角钢长度方向与转鼓轴平行。如果角钢高度已磨损至 47mm 应更换。卸料口盖板内侧与转鼓内侧光滑平整，盖板密封良好，以免试样损失。电动机功率不小于 1.5kW，以保证转速均匀 25±1r/min，且在电动机停转后转鼓必须在一圈内停止。转鼓配备自动控制装置和计数器。

取当期生产的干基成品烧结矿 60kg 以上，如果烧结矿经打水或露天存放已久，应在 105±5℃ 恒温烘干箱中烘干。

成品烧结矿经套筛筛分后 10~16mm、16~25mm、25~40mm 三个粒级，按比例配鼓 15±0.15kg 装入转鼓机内，关闭装料口，自动启动转鼓机以 25r/min 的转速旋转 8min 后停止，在密封状态下静置 2min，让粉尘沉淀下来后打开盖板，点动转鼓机将烧结矿倒入筛孔 6.3mm×6.3mm、0.5mm×0.5mm 的机械摇筛内，自动启动机械摇筛以 20 次/

min 的速度往复筛分 1.5min 后停止，继续启动机械摇筛直至筛尽为止。以+6.3mm 粒级质量百分数表示转鼓强度，以-0.5mm 粒级质量百分数表示抗磨强度。

$$转鼓强度\ TI = (M_1/M_0) \times 100\%$$
$$抗磨强度\ AI = [1 - (M_1 + M_2)/M_0] \times 100\%$$

(10-3)

式中　TI——转鼓强度，%；

　　　AI——抗磨强度，%；

　　　M_0——入鼓试样质量，kg；

　　　M_1——鼓后筛分+6.3mm 粒级质量，kg；

　　　M_2——鼓后筛分 0.5~6.3mm 粒级质量，kg。

10.2.1.3　烧结矿筛分指数

筛分指数反映烧结矿在转运和储存过程中的粉碎程度。

筛分指数分为成品烧结矿（出烧结工序筛分）和入炉烧结矿（高炉工序槽下筛分）筛分指数。

A　成品烧结矿筛分指数

烧结矿经环冷机冷却后进入成品筛分整粒系统，进行 10mm、16mm 或 20mm、5mm 三段冷筛筛分，形成+5mm 成品烧结矿输出供高炉冶炼，-5mm 烧结内返重新返回配料室参与配料。

成品烧结矿中大多为+5mm 粒级料，但因冷筛筛板开孔率一定，同时受给料量大小和给料粒度组成波动的影响，成品烧结矿中会有少部分-5mm 小粒级料筛不出去，这少部分-5mm 粒级质量占成品烧结矿总质量的百分数，称为成品烧结矿筛分指数。

同样烧结内返中大多为-5mm 粒级料，但因冷筛筛板孔径磨大或磨损漏料、焊缝开焊等原因，烧结内返中会有少部分+5mm 粒级料。于是得出评价 5mm 冷筛筛分效率指标计算方法：

5mm 冷筛筛分效率=[内返量/（内返量+成品烧结矿量×筛分指数）]×100%

为达到烧透筛尽，选用筛分效率高的 5mm 冷筛，如复频筛筛分效率可达 86%以上。

B　入炉烧结矿筛分指数

为改善高炉料柱透气性，成品烧结矿（连同球团矿和富块矿）在入炉之前需采用上 8mm 下 5mm 的双层筛进行再筛分（有的厂为了改善高炉料柱透气性，提高入炉料粒级，加大上下筛孔径；有的厂为了增加烧结入炉量，减小上下筛孔径，如采用上 5mm 下 3.5mm 筛孔），形成+5mm 入炉烧结矿进入高炉冶炼，-5mm 高炉返矿重新返回烧结参与配料。

入炉烧结矿-5mm 粒级质量占入炉烧结矿总质量的百分数为入炉烧结矿筛分指数。

高炉要求入炉烧结矿筛分指数越小越好，较适宜的入炉烧结矿粒度组成为：-5mm 粒级<3%~5%，5~10mm 粒级<30%，10~25mm 粒级 50%~60%，+40mm 粒级<8%。

C　测定烧结矿筛分指数的方法

采用内长 800mm，内宽 500mm，筛板高 100mm，筛孔为 40mm、25mm、16mm、

10mm、5mm 的方孔套筛，取 100±1kg 烧结矿等分为 5 等份，每份 20±0.2kg，倒入套筛中筛分筛尽各粒级烧结矿，以-5mm 粒级总质量百分数表示烧结矿筛分指数，用 C 表示。

$$筛分指数\ C = (M_1/M_0) \times 100\% \qquad (10-4)$$

式中　C——筛分指数，%；

　　M_1——筛分后-5mm 粒级总质量，kg；

　　M_0——取样总质量，kg。

10. 2. 1. 4　烧结矿粒度组成

将成品烧结矿用标准套筛进行筛分后，测得其不同粒级质量百分数，为烧结矿粒度组成。

中国标准选用 40mm、25mm、16mm、10mm、5mm 方孔套筛，日本标准选用 50mm、25mm、16mm、10mm、5mm 方孔套筛检测烧结矿粒度组成。烧结矿平均粒径计算见表 10-2。

表 10-2　烧结矿平均粒径 D 计算

项　　目	烧结矿粒度组成/mm					
	+40	40~25	25~16	16~10	10~5	-5
各粒级含量/%	12. 89	19. 45	19. 44	12. 52	27. 58	8. 12
各粒级平均颗粒直径/mm	48. 28	32. 50	20. 50	13. 00	7. 50	4. 27
烧结矿平均粒径 D/mm	6. 22	6. 32	3. 99	1. 63	2. 07	0. 35
	20. 58					

+40mm 粒级平均颗粒直径 =（40+40×1. 414）/2 = 48. 28（mm）

-5mm 粒级平均颗粒直径 =（5+5/1. 414）/2 = 4. 27（mm）

10. 2. 2　烧结矿化学性能

烧结矿化学性能指包括有害元素在内的化学成分，主要有 TFe、FeO、CaO、SiO_2、MgO、Al_2O_3、S、P、F、K_2O、Na_2O、Pb、Zn、As、TiO_2 等。

物料化学成分指某元素或某化合物占该干基物料质量的百分数，单位%。

例：水分 10% 的巴西粉 1kg，测其 SiO_2 重 0.06kg，计算其 SiO_2 含量。计算结果保留小数点后两位小数。

解：干基巴西粉质量 = 1kg×（1-10%）= 0.9kg

　　SiO_2 含量 =（0.06/0.9）×100% = 6.67%

10. 2. 2. 1　烧结矿全量

（1）全量定义。

烧结矿 TFe、FeO、SiO_2、CaO、MgO、Al_2O_3、MnO、TiO_2、P_2O_5、S 等化学成分总和接近一个常数，叫做全量。

（2）全量计算公式。

全量 $Y = 1.429TFe - 0.111FeO + SiO_2 + CaO + MgO + Al_2O_3 + MnO + TiO_2 + P_2O_5 + S$

（3）全量分析标准。

精确度 100%±0.5%，允许误差包括微量杂质、仪器、化学分析误差等。

烧结矿成分分析中，FeO 含量用化学分析法，C 和 S 用红外碳硫分析仪，其他成分用荧光 X 分析法。

（4）全量分析作用。

通过全量分析统计绘制分析曲线寻找出正常全量值，发现分析超标时及时查清原因复验纠正，确保分析仪器和分析结果精度，避免因化验分析误差而导致操作误调整。

全量分析中任何一项化验成分波动时，影响其他成分化验值，此时要具体分析对比各项化验值与烧结矿正常值，查清原因后再校核成分分析结果。

10.2.2.2　烧结矿品位

（1）烧结矿表观品位。

即烧结矿全铁含量 TFe，包括 Fe_2O_3、FeO 中的 Fe 和少部分金属 Fe。

（2）扣除 CaO 含量的烧结矿品位。

$$TFe_{扣CaO} = [TFe/(100-CaO)] \times 100\% \tag{10-5}$$

式中　　$TFe_{扣CaO}$——扣除 CaO 含量的烧结矿品位，%；

　　TFe，CaO——烧结矿 TFe、CaO 含量，%。

（3）扣除碱性氧化物含量的烧结矿品位。

$$TFe_{扣碱} = [TFe/(100-CaO-MgO)] \times 100\% \tag{10-6}$$

式中　　　　$TFe_{扣碱}$——扣除碱性氧化物含量的烧结矿品位，%；

　TFe，CaO，MgO——烧结矿 TFe、CaO、MgO 含量，%。

（4）扣除有效 CaO 含量的烧结矿品位。

$$TFe_{扣有效CaO} = [TFe/(100-CaO_{有效})] \times 100\%$$

$$CaO_{有效} = CaO_{烧} - R_{2高炉渣} \times SiO_{2烧} \tag{10-7}$$

式中　　　　　　$TFe_{扣有效CaO}$——扣除有效 CaO 含量的烧结矿品位，%；

TFe，$CaO_{有效}$，$CaO_{烧}$，$SiO_{2烧}$——烧结矿 TFe、有效 CaO、CaO、SiO_2 含量，%；

　　　　　　　$R_{2高炉渣}$——高炉炉渣二元碱度，$R_{2高炉渣} = CaO_{高炉渣}/SiO_{2高炉渣}$。

高炉生产实践表明"扣除有效 CaO 含量的烧结矿品位"更接近实际冶炼价值。

10.2.2.3　烧结矿碱度

A　碱度的定义

碱度指碱性氧化物含量与（酸性氧化物+中性氧化物）含量的比值。

碱度一般分二元碱度和四元碱度，烧结矿用二元碱度表示，高炉炉渣用二元碱度和四元碱度表示。

二元碱度指 CaO 含量与 SiO_2 含量的比值，符号为 R_2。

四元碱度指（CaO+MgO）含量与（$SiO_2 + Al_2O_3$）含量的比值，符号为 R_4。

（1）烧结矿 TFe 为 58.35%，FeO 含量 8.9%，CaO 含量 9.63%，SiO_2 含量 5.26%，MgO 含量 1.46%，Al_2O_3 含量 1.12%，计算烧结矿二元碱度。计算结果保留小数点后两位小数。

解：烧结矿碱度 $R_2 = CaO/SiO_2 = 9.63/5.26 = 1.83$

（2）高炉炉渣 CaO 含量 11.9%，SiO_2 含量 4%，MgO 含量 9%，Al_2O_3 含量 15%，计算高炉炉渣四元碱度。计算结果保留小数点后一位小数。

解：高炉炉渣碱度 $R_4 = (11.9+9)/(4+15) = 20.9/19 = 1.1$

B　烧结矿碱度分类

烧结矿碱度分类及其特征见表 10-3。

表 10-3　烧结矿碱度分类及其特征

烧结矿碱度分类		二元碱度 R_2	主要黏结相	主要冶金性能
酸性烧结矿		$R_2 < 1.0$	铁橄榄石	难还原，软熔温度低
自熔性烧结矿		R_2 1.4 左右	钙铁橄榄石	还原性随碱度提高而提高
熔剂性烧结矿	高碱度	R_2 1.85~2.2	铁酸一钙	还原性好，软熔性能好
	超高碱度	$R_2 > 2.2$	铁酸二钙 铁酸一钙	还原性和软熔性降低

酸性、自熔性、熔剂性烧结矿铁矿物组成基本相同，但黏结相组成差别较大。熔剂性烧结矿强化烧结过程和改善烧结矿质量，利于高炉冶炼。

10.2.2.4　烧结矿 SiO_2 含量分类

根据 SiO_2 含量的高低将烧结矿划分为：

低硅烧结矿，SiO_2 含量 <6%。

中硅烧结矿，SiO_2 含量在 6%~8%。

高硅烧结矿，SiO_2 含量 >8%。

10.2.3　烧结矿质量稳定性

烧结矿的质量稳定性用质量稳定率恒量。质量稳定率包括 TFe 稳定率、R 稳定率、FeO 稳定率、一级品率、合格率等。

目前烧结行业无统一的烧结矿质量稳定率统计方法，各企业依据 "YB/T 421—2014 铁烧结矿技术指标" 并结合各自原料和高炉需求规定统计范围，评价烧结矿质量稳定率。大多企业执行以下统计范围：

（1）烧结矿 TFe 稳定率。指 TFe±0.4 或±0.5 分析试样数占总分析试样数的百分数。

（2）烧结矿 R 稳定率。指 R±0.05 或±0.08 分析试样数占总分析试样数的百分数。

（3）烧结矿 FeO 稳定率。指 FeO±0.5 分析试样数占总分析试样数的百分数。

（4）烧结矿一级品率。指 TFe 稳定率、R 稳定率、FeO 稳定率、S≤0.03%、转鼓强度不小于规定值（企业自行定），以上条件同时满足的分析试样数占总分析试样数的百分数。

（5）烧结矿合格率。指 TFe±1.0、R±0.12、FeO±1.0、S≤0.03%、转鼓强度不小于规定值（企业自行定），以上条件同时满足的分析试样数占总分析试样数的百分数。

（6）烧结矿废品。烧结矿 TFe、R、FeO、S、转鼓强度任何一项指标不合格，判定为废品。

10.2.4　烧结矿冶金性能

烧结矿冶金性能指在高温热态和还原反应条件下的物化性能，包括还原性能、低温还原粉化性能、荷重还原软化性能、熔融滴落性能，其中还原性是基本冶金性能，低温还原粉化性能和荷重还原软化性能反映高温还原强度，是重要冶金性能指标，熔融滴落性能反映高炉料柱透气性和软熔带位置高低及温度区间大小，是关键冶金性能指标。

10.2.4.1　烧结矿还原性能

A　含义

还原性是指用还原气体从烧结矿中夺取与铁结合氧的难易程度的一种量度。

还原度是以三价铁状态为基准（假定烧结矿中铁全部以 Fe_2O_3 形态存在，且 Fe_2O_3 中的氧计为100%），模拟烧结矿从高炉上部进入900℃中温区的条件，用还原气体还原一定时间后烧结矿被还原的程度，以质量分数表示。

还原度指数 RI 是以三价铁状态为基准，还原3h后烧结矿被还原的程度，以质量分数表示。

还原速率是以三价铁状态为基准，烧结矿单位时间内被还原程度的变化值，以质量分数/min 表示。

还原速率指数 RVI 是以三价铁状态为基准，当原子个数比 O/Fe=0.9（相当于还原度为40%）时的还原速率，以质量分数/min 表示。

大多企业将烧结矿还原度指数 RI 作为常规生产检验指标，以预测指导高炉冶炼操作和改进烧结矿质量。

B　GB/T 13241—1991 测定烧结矿还原度指数 RI 的方法

取粒度 10~12.5mm 成品烧结矿 500±1g 放入双壁 $\phi_内$75mm 的还原反应管内并置于还原炉内，通入流量 15L/min、N_2：CO = 70：30、允许杂质含量（H_2+CO_2+H_2O）< 0.2%、O_2<0.1%的还原气体，在 900±10℃下等温还原 3h 后切断还原气体，将还原管连同试样在炉外自然冷却或通入惰性气体冷却，测得还原度指数 RI 和还原速率指数 RVI。

$$RI = \{[(M_0 - M_1)/0.43M_0W_2] + (0.111W_1/0.430W_2)\} \times 100\% \qquad (10-8)$$

式中　M_0——试样质量，g；

　　　M_1——试样还原3h后质量，g；

　　　W_1——试验前试样中 FeO 含量，%；

　　　W_2——试验前试样中 TFe 含量，%；

$0.43M_0W_2$——试样还原前以 Fe^{3+} 存在时的总氧量，g；

0.111——FeO 氧化为 Fe_2O_3 时需氧量换算系数；

$$4FeO+O_2=2Fe_2O_3 \quad 1 个 O_2/4 个 FeO \approx 0.111$$

0.430——TFe 全部氧化为 Fe_2O_3 时需氧量换算系数。

$$4Fe+3O_2 === 2Fe_2O_3 \quad 3 个 O_2/4 个 Fe \approx 0.430$$

$$RVI === dRt/dt = 33.6/(t_{60} - t_{30}) \tag{10-9}$$

式中　t_{60}——还原度为 60% 时所需时间，min；

t_{30}——还原度为 30% 时所需时间，min。

一般低硅烧结下，烧结矿 RI 主要随碱度而变化，自熔性烧结矿 RI 较低，在 60% 左右；高碱度烧结矿 RI 高，在 80% 以上；超高碱度烧结矿 RI 较高，在 80%~85%。

一般认为铁矿石 RI<60% 为还原性差的铁矿石，RI>80% 为还原性好的铁矿石。

10.2.4.2　烧结矿低温还原粉化性能

A　含义

低温还原粉化性是反映烧结矿进入高炉炉身上部 400~600℃ 低温区时，因烧结矿（特别是以富矿粉为主料和 TiO_2 含量高的烧结矿）受热冲击和 Fe_2O_3（尤其是骸晶状 Fe_2O_3）还原为 Fe_3O_4 或 FeO 发生晶格变化体积膨胀，同时存在 CO 析碳反应 $2CO === CO_2\uparrow +C$，在双重作用下烧结矿产生裂缝而粉化程度的一种度量，即烧结矿在高炉低温区还原过程中发生碎裂粉化的特性，反映烧结矿的还原强度，是衡量烧结矿在热态下抗冲击和耐磨性的能力。这种性能强弱用低温还原粉化指数 $RDI_{+3.15mm}$ 或 $RDI_{-3.15mm}$ 表示，$RDI_{+3.15mm}$ 值越小或 $RDI_{-3.15mm}$ 值越大，表示低温还原粉化越严重，还原强度越差。

RDI 是衡量烧结矿在高炉低温还原过程出现粉化，恶化透气性的一项技术指标。

B　测定烧结矿低温还原粉化率的方法

测定烧结矿低温还原粉化率的方法分静态法和动态法两种。

静态法有三种方法：国际标准 ISO4696 检测方法；日本标准 JIS—M8714 检测方法；中国标准 GB 13241 检测方法。

动态法有三种方法：国际标准 ISO/DP4696 检测方法；德国奥特弗莱森研究协会检测方法；苏联标准检测方法。

动态法是将烧结矿样直接装入转鼓机内，边转边通入还原气体进行恒温还原的试验方法。

a　国际标准 ISO4696 静态检测方法

（1）条件要求。

烧结矿粒度 10~12.5mm，质量 500g。

双壁 $\phi_{内}$75mm 还原反应管。

还原气体成分 CO：CO_2：N_2 = 20：20：60，允许杂质 H_2<0.2%，O_2<0.1%，H_2O<0.2%。

还原气体流量 20L/min，500±10℃ 下恒温还原 1h。

转鼓机 ϕ130mm×200mm，转速 30r/min，转鼓时间 10min。

（2）检测步骤。

取烧结矿样放入还原反应管中铺平，封闭还原反应管顶部并置于还原炉内，连接热电偶，还原反应管内通入 5L/min 氮气，缓慢加热还原炉≤10℃/min，升温接近 500℃时氮气流量增加到 20L/min，500±10℃恒温下通入 20L/min 还原气体代替氮气，连续还原 1h 后停止还原气体，通入氮气冷却，将还原管移出炉外冷却到 100℃以下。

从还原管中小心取出全部试样装入转鼓机中，以 30r/min 的转速旋转 10min 后，用 6.3mm、3.15mm、0.5mm 的方孔筛进行分级筛分，分别计算各粒级试样质量占入鼓总质量的百分数，为烧结矿静态低温还原粉化指数 $RDI_{+6.3mm}$、$RDI_{+3.15mm}$、$RDI_{-0.5mm}$。

b 日本标准 JIS—M8714 静态检测方法

（1）条件要求。

烧结矿粒度 20±1mm 或 15~20mm，质量 500g。

单壁 $\phi_内$ 75mm 还原反应管，还原时间 30min。

还原气体成分 $CO:CO_2:N_2=26:14:60$，流量 20L/min，500±10℃恒温还原；

或还原气体成分 $CO:N_2=30:70$，流量 15L/min，550±10℃恒温还原。

转鼓机 ϕ130mm×200mm，转速 30r/min，转鼓时间 30min。

（2）检测步骤。

取烧结矿样放还原反应管中，加热还原炉到还原温度下，通入还原气体连续还原 30min 后停止还原气体，通入氮气冷却，将还原管移出炉外冷却到 100℃以下。

从还原管中小心取出全部试样装入转鼓机中，以 30r/min 的转速旋转 30min 后，用 3mm、0.5mm 的方孔筛进行分级筛分，分别计算各粒级试样质量占入鼓总质量的百分数，为烧结矿静态低温还原粉化指数 $RDI_{-3.0mm}$、$RDI_{-0.5mm}$。

c 中国标准 GB 13241 静态检测方法

（1）条件要求。

烧结矿粒度 10~12.5mm，质量 500g。

双壁 $\phi_内$ 75mm 还原反应管。

还原气体成分 $CO:CO_2:N_2=20:20:60$，允许杂质 $H_2<0.2\%$。

还原气体流量 15L/min，500±10℃下恒温还原 1h。

转鼓机 ϕ130mm×200mm，转速 30r/min，转鼓时间 10min。

（2）检测步骤。

取烧结矿样放入还原反应管中铺平，封闭还原反应管顶部并置于还原炉内，连接热电偶，还原反应管内通入流量 5L/min 氮气，缓慢加热还原炉≤10℃/min，升温接近 500℃时氮气流量增到 15L/min，500±10℃恒温下通入 15L/min 还原气体代替氮气，连续还原 1h 后停止还原气体，通入氮气冷却，将还原管移出炉外冷却到 100℃以下。

从还原管中小心取出全部试样装入转鼓机中，以 30r/min 的转速旋转 10min 后，用 6.3mm、3.15mm、0.5mm 的方孔筛进行分级筛分，分别计算各粒级试样质量占入鼓总质量的百分数，为烧结矿静态低温还原粉化指数 $RDI_{+6.3mm}$、$RDI_{+3.15mm}$、$RDI_{-0.5mm}$，其中以 $RDI_{+3.15mm}$ 为评定考核指标，$RDI_{+6.3mm}$ 和 $RDI_{-0.5mm}$ 只作为参考指标。

d 国际标准 ISO/DP4697 动态检测方法

（1）条件要求。

烧结矿粒度 10~12.5mm，质量 500g。

还原气体成分 CO：N_2 = 30：70，流量 15L/min，500±10℃下恒温还原 1h。

转鼓机 ϕ130mm×200mm，转速 10r/min。

（2）检测步骤。

将烧结矿试样直接装入转鼓机内，在升温的同时通入保护性气体氮气，以 10r/min 的转速旋转转鼓机，当温度升高到 500℃时，通入还原气体置换氮气，500±10℃恒温下还原 1h，经氮气冷却后取出烧结矿样，用 6.3mm、3.15mm、0.5mm 的方孔筛分级筛分，分别计算各粒级试样质量占入鼓总质量的百分数，为烧结矿动态低温还原粉化指数 $RDI_{+6.3mm}$、$RDI_{+3.15mm}$、$RDI_{-0.5mm}$。

e 德国奥特弗莱森研究协会动态检测方法

（1）条件要求。

烧结矿粒度 12.5~16mm，质量 500g。

还原气体成分 CO：CO_2：N_2 = 24：16：60。

还原气体流量 15L/min，500±10℃下恒温还原 1h。

转鼓机 ϕ150mm×500mm，转速 10r/min。

（2）检测步骤。同"国际标准 ISO/DP4697 动态检测方法"。

f 苏联标准动态检测方法

（1）条件要求。

烧结矿粒度 10~15mm，质量 500g。

还原气体成分 CO：N_2 = 35：65，流量 15L/min，500±10℃下恒温还原 1h。

转鼓机 ϕ145mm×500mm，转速 10r/min。

（2）检测步骤。

将烧结矿试样直接装入转鼓机内，以 10r/min 的转速旋转转鼓机，通入氮气的同时以 15℃/min 升温至 600℃，以 1.43℃/min 升温至 800℃，通入还原气体置换氮气，500±10℃恒温下还原 1h，经氮气冷却后取出烧结矿样，用 10mm、5mm、0.5mm 的方孔筛分级筛分，分别计算各粒级试样质量占入鼓总质量的百分数，为烧结矿动态低温还原粉化指数 RDI_{-10mm}、RDI_{-5mm}、$RDI_{-0.5mm}$。

C 烧结矿低温还原粉化率静态法和动态法比较

（1）静态法的优点。

静态法还原可与烧结矿还原度测定方法使用同一装置，还原反应管温度分布均匀，测温点更接近试样的温度，误差较小。

烧结矿低温还原粉化率静态法转鼓检测是在常温条件下进行，工作条件好，密封性好，易于操作，试验结果稳定。

因此大多数国家采用低温粉化试验静态还原后再冷转鼓的方法，即静态法测定烧结矿低温还原粉化率。

（2）动态法的优点。

动态法的还原与转鼓在同一装置内完成，操作简单。

（3）静态法和动态法的关系。

静态法和动态法测定结果存在良好的线性关系，然而不论是静态法或是动态法，检测结果只具有相对意义，与高炉内实际结果有定性的相关关系，但绝对值相差很大。

10.2.4.3　烧结矿荷重还原软化性能

A　意义

高炉冶炼过程中随着温度升高和还原反应的进行，铁矿石发生形态变化，由固体转变为液体，但铁矿石不是纯物质晶体，不能在一个固定熔点上转变，而是在一定温度范围内完成由固体到软化再到熔化的过程。这样铁矿石荷重还原软化性能需用两个指标来表述：一是开始软化变形的温度；二是从开始软化到软化终了的软化温度区间。

荷重还原软化性指铁矿石在高炉炼铁过程中，在荷重和升温还原条件下发生软化收缩直至熔化滴落的特性。

荷重还原软化性反映烧结矿加入高炉后，随着炉料的下降和炉温上升不断被还原，在炉身下部和炉腰部位软化带的透气性，表现出烧结矿体积收缩即开始软化温度 T_{BS} 和软化终了温度 T_{BE} 的特性。

烧结矿开始软化温度越低，软化温度区间越宽，越易产生液相。

B　测定方法

我国对铁矿石荷重还原软化性能和熔融滴落性能的测定方法尚未标准化，常用的升温法工艺参数见表10-4。

表 10-4　铁矿石荷重还原软化性能和熔融滴落性能测定方法的工艺参数

工艺参数	荷重还原软化性能	熔融滴落性能
反应管尺寸/mm×mm	$\phi19\times70$（刚玉质）	$\phi48\times300$（石墨质）
试样粒度/mm	2~3（预还原后破碎）	10~12.5
试样量	反应管内20mm高	反应管内65±5mm高
荷重/N·cm⁻²（10kPa）	0.5×9.8	9.8
还原气体成分	中性气体（N₂）	CO：N₂=30：70
还原气体量/L·min⁻¹	10（0~900℃） 5（>900℃）	10（950℃恒温60min） 5（>950℃）
过程测定	试样高度随温度的收缩率	试样的收缩值、差压、熔滴带温度、滴下物
结果表示	T_{BS}：开始软化温度（收缩4%） T_{BE}：软化终了温度（收缩40%） $\Delta T_B=T_{BE}-T_{BS}$：软化温度区间	T_S：开始熔化温度 T_D：开始滴落温度 $\Delta T=T_D-T_S$：熔滴温度区间 ΔP_{max}：滴落带最大压差，Pa

在还原气体的气流中还原 150~240min，烧结矿收缩率4%时的温度称为开始软化温度 T_{BS}，收缩率 40%时的温度称为软化终了温度 T_{BE}，二者温度差称为软化温度区间 $\Delta T_B = T_{BE} - T_{BS}$。

装置一般由加热升温、供气、荷重、熔滴物收集和参数测试等系统组成。

加热升温系统采用高温 1500~1600℃ 发热元件的电炉和耐高温反应管及程序控温装置。反应管下设置称重传感器，收集熔滴物和滴落报警，以测定开始滴落温度和研究滴落物数量变化规律。

测试的主要参数模拟高炉生产实际而制定，包括试样准备、升温制度、还原气体的成分与流量、荷重制度等。

a 试样准备

一般试样粒度为 10~12.5mm，相当于高炉内矿石的平均直径，石墨坩埚直径 ϕ50mm，试样质量约 200g，使其在坩埚内的料层高度达到 60mm。

b 升温制度

试样加热速度在 900℃ 以下，相当于高炉上部热交换区，以 10℃/min 升温速度加热；900℃ 时，相当于高炉热储备区，恒温 30 分钟；高于 900℃ 时，相当于高炉下部热交换区，以 5℃/min 升温速度加热。可根据用户需要进行调整。

c 气体成分和流量

500℃ 以下通入 N_2 保护；500℃ 以上通入还原气体 30%CO+70%N_2，气体流量为 10L/min，应保证试验处于自模区，即气体流速对还原性的变化已不显著。

d 荷重制度

荷重参数为 0.5~1.5kg/cm^2。

测试操作包括：

（1）将准备好的试样置于石墨坩埚内，在试样料层的顶部与底部铺有 10mm 厚的小粒焦炭，以作直接还原、渗碳之用，焦层还起还原气体热交换、调整试样高度、保持铁滴及渣滴的作用；

（2）按拟定的程序升温、增加荷重及调整煤气成分；

（3）自动记录升温过程，通过中空压杆的电偶测试试样温度，用位移变送器连续测定压杆的位移和试样的收缩率，用差压变送器连续测定气体流过试样层的压差；

（4）根据称重传感器的信号进行滴落报警，来判断渣、铁开始滴落温度。

C 测定结果分析及评价

（1）开始软化温度表征开始出现软化的温度，一般以收缩率 10%时的温度为开始软化温度。

（2）软化终了温度一般以试样收缩 40%的温度为软化终了温度。

（3）软化区间指软化终了温度和开始软化温度差。温差大表示软化区间长。

（4）熔化开始温度。由于铁矿石是一个含多种氧化物的复杂体系，不存在明确的熔化温度，只有一个温度区间，所以熔化开始温度常以通过试样层的气流压差陡升时的温度来表示，一般陡升压差设为定值 490Pa 或与 45℃线相切时的温度。

（5）最大压差。在整个试验过程中压差最高，压差高，透气差。

（6）特性值 S 是压差开始陡升至滴落之间由压差曲线所围成的面积。S 值表征软熔层的透气性。

10.2.4.4　烧结矿熔融滴落性能

A　意义

铁矿石被加热还原生成大量 FeO，易与矿石中 SiO_2、CaO、Al_2O_3 等脉石矿物生成低熔点的液相。随着温度升高，液相数量增加。当升高到一定温度后，铁矿石在荷重条件下开始变形、收缩、软化。继续升温则继续软化收缩，矿石在经过软化收缩后，由于生成大量液相而开始熔化，完全填充所有空隙并进行相互扩散。随温度升高，液相流动性改善，渣铁分离，在重力作用下形成渣或铁的液滴滴落。

高炉内铁矿石软化后继续往下运行，进一步被加热和还原，铁矿石熔融转为熔渣和金属铁，达到自由流动并积聚成液滴，从软熔带滴落进入滴落带的焦柱。

熔滴性能是模拟高炉内高温软熔带，在一定荷重和还原气氛下，按一定升温速度，还原气体自下而上穿过试样层，以试样加热过程中某一收缩值的温度表示开始软化温度和软化区间，以气体通过料层的压差变化表示软熔带对透气性影响。

烧结矿熔融滴落性能是反映高炉下部熔滴带的性能状态，因这一带压降约占高炉总压降 60% 以上，熔滴带的厚薄不仅影响高炉下部透气性，而且直接影响炼铁脱硫和渗碳反应，影响高炉产质量，因此熔滴性能是烧结矿最重要的冶金性能。

烧结矿开始熔融，在熔渣和金属达到自由流动并积聚成液滴前，软熔层中透气性极差，煤气通过受阻，因此出现很大的压力降。

高炉冶炼希望铁矿石开始熔化温度 T_S 高，开始熔化到开始滴落温度区间 ΔT 小，滴落带 ΔP_{max} 小，软熔带位置下移，软熔带变薄，扩大块状带，改善料柱透气性，提高生铁产量。

B　测定方法

荷重软化和熔滴特性方法见表 10-5。

表 10-5　国际标准 ISO/DP7992 测定铁矿石荷重软化和熔滴特性方法

试样容器 /mm	试样		还原气体		荷重 /×98kPa	测定项目评定标准
	质量/g	粒度/mm	CO：N_2/%	流量 /L·min^{-1}		ΔH、ΔP、T_{10}、T_{40}、T_S、T_m、ΔT
$\phi125$ 耐热炉管	1200	10~12.5	40：60	85	0.5	$R=80\%$ 时的 ΔP $R=80\%$ 时的 ΔH

注：T_{10}，T_{40}—收缩率 10%、40% 时的温度；T_S—压差陡升温度；T_m—滴落开始温度；ΔT—软熔区间；ΔP—压差；ΔH—变形量；R—还原性。

模拟高炉冶炼条件下软熔和滴落过程，采用压差陡升温度表示铁矿石开始熔化温度

T_S，第一滴液滴下落温度表示开始滴落温度 T_D，最后一滴液滴下落温度表示滴落终了温度 T_E，开始熔化温度 T_S 和开始滴落温度 T_D 的温度差表示熔滴温度区间 $\Delta T = T_\mathrm{D} - T_\mathrm{S}$，用最高压差 $\Delta P_{\max}$ 判断滴落带的透气性状况，并用 T_S、T_D、ΔT、$\Delta P_{\max}$ 作为评价铁矿石熔滴性能的指标。

当温度升高到 1400~1500℃时，炉料熔化后滴落在下部接收试样盒内，冷却后熔化产物经破碎分离出金属和熔渣，测定其相应的回收率和化学成分，以此作为评价熔滴特性指标。

10.3 烧结消耗指标

10.3.1 铁料单耗

铁料单耗指生产1t成品烧结矿所消耗的干基铁料公斤数或吨数，单位：kg/t 或 t/t。烧结原料成本包括铁矿粉、熔剂、循环利用物成本等。

烧结原料成本中，铁矿粉单位成本所占的比例最大。

10.3.2 熔剂单耗

熔剂单耗指生产1t成品烧结矿所消耗的干基熔剂公斤数或吨数，单位：kg/t 或 t/t。生产1t烧结矿消耗生石灰40.8kg，则生石灰单耗为40.8kg/t。

某烧结生产1t烧结矿消耗熔剂如下：生石灰40.8kg，水分3%的白云石粉59.6kg，水分4%的石灰石粉70.2kg，计算熔剂单耗。

解：生石灰单耗 = 40.8kg/1(t) = 40.8(kg/t)
　　白云石单耗 = 59.6 × (1 - 3%)(kg)/1(t) = 57.81(kg/t)
　　石灰石单耗 = 70.2 × (1 - 4%)(kg)/1(t) = 67.39(kg/t)
　　熔剂单耗 = 40.8 + 57.81 + 67.39 = 166(kg/t)

10.3.3 固体燃耗

固体燃耗指生产1t成品烧结矿消耗所有固体燃料干基公斤数或吨数。单位：kg/t 或 t/t。

固体燃耗 = 干基固体燃料消耗量（kg）/成品烧结矿量（t）

某烧结生产铁料水分8.5%配比78.6%，生石灰配比5%，固体燃料水分9.6%配比5.2%。某日生产成品烧结矿7320t，内返910t（视为返矿平衡），出矿率85%，计算铁料单耗、生石灰单耗、固体燃耗。计算结果保留小数点后两位小数。

解：根据"出矿率 =（机尾烧结饼量／干基烧结料量）× 100%""机尾烧结饼量 = 成品烧结矿量 + 内返量"得出：

某原料干基消耗量(t) =（成品烧结矿量(t) + 内返量(t)）/ 出矿率(%) × 原料干配比(%)

　　铁料干基消耗量 =（7320 + 910）/85% × 78.6% × (1 - 8.5%) = 6963.55(t)

生石灰消耗量 = (7320 + 910)/85% × 5% = 484.12(t)

固体燃料干基消耗量 = (7320 + 910)/85% × 5.2% × (1 - 9.6%) = 455.07(t)

铁料单耗 = 6963.55(t)/7320(t) = 951.30(kg/t)

生石灰单耗 = 484.12(t)/7320(t) = 66.14(kg/t)

固体燃耗 = 455.07(t)/7320(t) = 62.17(kg/t)

10.3.4　电耗

电耗指生产1t成品烧结矿所消耗的电量kWh，单位：kWh/t。

烧结生产中，主抽风机是电耗大户。某烧结某月生产成品烧结矿25万吨，用电862.5万度，计算当月电耗。计算结果保留小数点后一位小数。

解：电耗 = (862.5 × 10^4)(kWh)/(25 × 10^4)(t) = 34.5(kWh/t)

10.3.5　工序能耗的组成、降低途径

10.3.5.1　工序能耗概念和组成

工序能耗（标煤）指生产1t成品烧结矿所消耗的各种能源折标准煤公斤数的总和，单位为kg/t。

工序能耗 = 各种能源折煤数总和(kg)/ 成品烧结矿量(t)

工序能耗包括固体燃耗、电、点火煤气、水、压缩空气、氧气、氮气，蒸汽等所有能源消耗。其中固体燃耗所占的比例最大，约占75%~85%，其次是电耗，点火煤气单耗约占5%~10%。

某能源折标煤系数 = 某能源热值（MJ）/标准煤热值29.31(MJ)

规定低位发热值为29.31MJ(7000kCal) 的煤为标准煤。

能源分为一次能源和二次能源，煤和天然气为一次能源，焦炭、焦炉煤气、高炉煤气、蒸汽、电为二次能源。一次能源经过加工或转换得到二次能源。

10.3.5.2　工序能耗计算实例

(1) 一台90m^2 烧结机点火用焦炉煤气，发热值16.73MJ/m^3，焦炉煤气平均流量510m^3/h，烧结机利用系数1.55t/(m^2·h)，计算焦炉煤气单耗。计算结果保留小数点后三位小数。

解：焦炉煤气消耗量 = 16.73(MJ/m^3)×510(m^3/h) = 8532.30(MJ/h) = 8.5323(GJ/h)

台时产量 = 1.55(t/(m^2·h)) × 90(m^2) = 139.51(t/h)

焦炉煤气单耗 = 8.5323(GJ/h)/139.51(t/h) = 0.061(GJ/t)

(2) 某厂2016年生产成品烧结矿300万吨，消耗干基焦粉15.4万吨，消耗点火煤气627285GJ/t，电量消耗5700万千瓦时，工业水220万立方米，其他能耗忽略不计，折标煤系数分别为标煤/焦粉为0.9714kg/kg，标煤/煤气为34.2kg/GJ，标煤/电为0.42kg/kWh，标煤/水为0.18kg/m^3，计算2016年烧结工序能耗。计算结果保留小数点后两位小数。

解：焦粉折标煤单耗(标煤) = 15.4 × 1000/300 × 0.9714 = 49.87(kg/t)

点火煤气折标煤单耗(标煤) = 627285/3000000 × 34.2 = 7.15(kg/t)

电耗折标煤单耗(标煤) = 5700/300 × 0.42 = 7.98(kg/t)

工业水折标煤单耗(标煤) = 2200/300 × 0.18 = 1.32(kg/t)

工序能耗(标煤) = 49.87 + 7.15 + 7.98 + 1.32 = 66.32(kg/t)

10.4 烧结生产成本指标

烧结生产成本指生产 1t 成品烧结矿所需原料成本和加工成本之和。烧结原料成本指生产 1t 成品烧结矿所需铁料成本和熔剂成本之和。烧结加工成本指生产 1t 成品烧结矿所需固体燃料、润滑油、胶带、炉条、动力、水、人工工资、设备折旧费和维修费等成本之和。

劳动生产率指每人每年生产成品烧结矿的吨数，反映企业管理水平和生产技术水平，又称全员劳动生产率。

某厂某月生产成品烧结矿 34190t，铁料消耗费用 4388913 元，熔剂消耗费用 249067.6 元，固体燃料消耗费用 508906 元，动力消耗费用 451405.52 元，工资费用 117185.17 元，车间经费及辅助材料费用 317103.86 元，计算烧结生产成本、原料成本和加工成本。计算结果保留小数点后两位小数。

解：烧结原料成本 = (4388913+249067.6)/34190 = 135.65(元/t)

烧结加工成本 = (508906+451405.52+117185.17+317103.86)/34190 = 40.79(元/t)

烧结生产成本 = 135.65+40.79 = 176.44(元/t)

课后复习题

1. 简述烧结矿低温还原粉化性含义。
2. 简述烧结矿荷重还原软化性含义。
3. 简述烧结矿熔融滴落性能含义。

试题自测 10